环境经济政策研究前沿丛书

中国环境经济政策改革与实践
（2011—2015）

董战峰　葛察忠　李红祥　郝春旭　编著

中国环境出版集团·北京

图书在版编目（CIP）数据

中国环境经济政策改革与实践. 2011-2015/董战峰
等编著. —北京：中国环境出版集团，2019.12
（环境经济政策研究前沿丛书）
ISBN 978-7-5111-4196-5

Ⅰ.①中… Ⅱ.①董… Ⅲ.①环境经济-环境政策-
研究-中国-2011—2015 Ⅳ.①X-012

中国版本图书馆 CIP 数据核字（2019）第 278222 号

出 版 人 武德凯
责任编辑 陈雪云
文字编辑 王宇洲
责任校对 任 丽
封面设计 彭 杉

更多信息，请关注
中国环境出版集团
第一分社

出版发行 **中国环境出版集团**
（100062 北京市东城区广渠门内大街 16 号）
网　　址：http://www.cesp.com.cn
电子邮箱：bjgl@cesp.com.cn
联系电话：010-67112765（编辑管理部）
　　　　　010-67112735（第一分社）
发行热线：010-67125803，010-67113405（传真）
印　　刷 北京中科印刷有限公司
经　　销 各地新华书店
版　　次 2019 年 12 月第 1 版
印　　次 2019 年 12 月第 1 次印刷
开　　本 787×1092　1/16
印　　张 14.25
字　　数 320 千字
定　　价 78.00 元

序

　　环境经济政策是利用财税、价格、交易等经济政策工具调控经济主体环境行为的一类政策，通过对经济主体环境行为的经济刺激来实现环境保护的目标，被认为是建立环境保护长效机制的重要政策手段。环境经济政策一直是近些年社会各界关注的热点，几乎每年都是全国人大代表、政协委员在两会上建言献策的重点。"十二五"时期我国环境经济政策改革进入"快车道"，特别是"十八大"以来，生态文明建设被上升到"五位一体"的高度，《关于加快推进生态文明建设的意见》《生态文明体制改革总体方案》等生态文明建设纲领性政策的出台实施，体现了国家对创新运用环境经济政策前所未有的重视，这为环境经济政策改革与创新提供了良好的宏观环境。环境财政、环境资源价格、生态补偿、排污权交易、绿色金融等环境经济政策频繁出台。新《环境保护法》的修订实施更是为环保投融资、环境污染责任险、生态补偿等环境经济政策改革夯实了法律基础。

　　环境经济政策体系不断发展与完善。环保投入总体呈上升趋势，2015年环保投资总量为8 806.3亿元，相比2011年增长46%。脱硫脱硝除尘环保电价政策，有力促进了燃煤发电企业环保设施建设及运行。积极推进高污染、高能耗企业实施阶梯电价，以及水价、再生水价等资源价格改革，反映市场供求关系、资源稀缺程度和环境损害成本的资源性产品价格形成机制在不断推进。排污收费"费改税"在积极推进，《环境保护税法（征求意见稿）》向社会各界公开征求意见，标志着我国酝酿多年的环境税费改革迈出关键性一步，费改税有望取得实质性突破；开始将电池、涂料纳入消费税征收范围，一些环保相关税种的绿色化在稳步推进。多个领域的生态补偿探索取得很大进展。国家重点功能区转移支付范围逐年扩大，资金逐年提高，2015年中央财政预算安排达到509亿元；全国17个省（自治区、直辖市）推行了省域内流域生态补偿，新安江跨省界流域生态补偿启动；森林生态效益补偿资金逐年增加，实施草原生态保护补助奖励。节能量、碳排放权、排污权、水权交易制度积极推行，排污权交易制度使用和试点范围不断扩大，交易量稳步增加；碳排放权交易政策试点启动，北京、湖北等七省（市）碳交易量总成交量达到3 263.9万t，成交额为8.36亿元。绿色金融积极探索，金融政策不断加大对绿色产业、节能环保企业的支持，但是商业银行发展绿色金融的积极性依然有限。作为环境经济政策实施配套的《环境保护综合名录》成为国家发展改革委、工信部等部门制定产业结构调整政策的重要依据。总体看，环境经济政策改革取得积极进展，有力推进了污染减排和环境质量改善，助推了生态文明建设体制改革。

"十二五"时期的环境经济政策实践依然面临着不少问题和挑战。突出体现在以下方面：一是服务于生态文明建设的环境经济政策仍然存在结构性短缺，需要通过继续深化改革来解决。虽然自然资源资产产权、自然资产负债表、资源有偿使用、领导干部生态环境离任审计等多项环境经济政策已经启动，但是总体上处于试点阶段，尚未实现制度化。绿色投融资政策力度不足，生态产品价格形成机制不完善，更多运用经济杠杆进行环境治理和生态保护的市场体系不健全，这与生态文明建设要求建立系统完备的环境经济政策体系存在较大落差。二是"绿水青山就是金山银山"的政策通道还没有形成。环境经济政策主要还是在末端治理调控，对经济决策和运行过程的生产端、消费端、过程端调控均不足。不符合"两山"理论要求的行为，牺牲"绿水青山"的"金山银山"在一些地方还普遍存在。三是解决突出生态环境问题的环境经济政策有效供给不足。随着我国环境保护工作进入深水区，多阶段、多领域、多类型生态环境问题交织，需要综合运用法律、经济、社会、科技以及必要的行政手段来解决环境问题。但是对创新运用环境经济政策的认识还不到位，环境经济政策的作用空间比较小、调控范围比较窄、力度比较弱、激励强度不够，政策手段供给还不够。特别是在一些关键领域、关键环节的环境经济政策严重滞后，如结构性调整、绿色生活与消费、区域与流域生态环境综合治理、生态保护与修复、气候变化减缓与适应、生态环境风险管控等。四是重制定、轻实施严重影响了环境经济政策的有效性。虽然"十二五"时期我国制定了大量的环境经济政策，但是一些政策的实施效果还存在问题。在环境经济政策领域尚未建立评估机制，缺乏评估技术规范或指南，政策执行状况缺乏定期规范评估，政策实施效果无法通过科学方法和量化数据进行系统评估，影响了环境经济政策的实施水平。

随着绿色发展转型加快推进、结构性调整不断深入，生态环境短板加快补齐、补强，环境经济政策改革必然面临更大、更多的创新需求。需要进一步加快完善环境经济政策体系，推进绿色财政预算支出、生态环境价格税费、资源生态环境权益交易、生态补偿、绿色金融等重点环境经济政策改革，政策创新要进一步强化系统性、协同性、差异性、科学性，以适应新形势的生态环境保护工作需求。

回顾过去是为了更好地展望未来。系统开展"十二五"时期环境经济政策改革实践评估，总结环境经济政策改革进展，识别环境经济政策改革取得的成绩、存在的问题，对进一步深化改革具有重要意义。本书在长期研究跟踪国家和地方环境经济政策实践的基础上编撰而成，希望可以为有兴趣研究和了解我国环境经济政策的同仁们提供一些参考，也更希望通过促进分享交流，助推我国环境经济政策研究和决策。

本书编写过程中，得到了原环境保护部政策法规司、规划财务司等管理部门领导的大力支持和指导，得到了原江苏、山东、甘肃以及湖北省环境保护厅等地方环境保护部门的大力支持，在此表示衷心的感谢！感谢陈雪云编辑对出版工作的辛苦贡献，感谢郝春旭博士、李红祥博士等研究人员对本书写作和出版的重要贡献，本书的出版离不开他们辛勤而又卓有成效的工作。

希望本书的出版会对环保有关政府部门管理人员、高校院所从事环境经济政策研究的专家学者，以及有关专业的研究生提供参考。此外，有必要指出的是，限于编写人员的能力水平，以及资料占有的局限性，一些结论也可能不可避免会存在争议，希望诸位同仁一起多加探讨交流，也恳请广大读者批评指正！

董战峰

2019 年 10 月 1 日

目　　录

第1章

环境经济政策改革总体形势

1.1 国家高度重视环境经济政策的创新运用

生态环境是 2020 年我国实现小康社会目标建设的一大"短板",生态文明制度建设需要高度重视生态环境制度的创新。随着生态文明制度建设的深入推进,以及环境保护工作的深入开展,创新利用市场经济手段建立长效的环境经济政策机制正不断受到重视。近些年中央密集出台了一系列关于生态文明制度建设和环保工作的重大部署,《中共中央 国务院关于加快推进生态文明建设的意见》《生态文明体制改革总体方案》共同形成了下一阶段深化生态文明体制改革的战略部署和制度架构,不仅体现了中央对环境经济政策体系建设的高度重视,同时也为环境经济政策改革指明了方向,并创造了良好的实践条件。

1.《中共中央 国务院关于加快推进生态文明建设的意见》提出了环境经济政策建设的时间表和路线

从意见提出到 2020 年,生态文明重大制度要基本确立。基本形成涵盖源头预防、过程控制、损害赔偿、责任追究的生态文明制度体系,自然资源资产产权和用途管制、生态保护红线、生态保护补偿、生态环境保护管理体制等关键制度建设要取得决定性成果。同时从健全自然资源资产产权制度和用途管制制度、完善经济政策、推行市场化机制、健全生态保护补偿机制四个方面对环境经济政策建设提出了具体任务和要求。

2.《生态文明体制改革总体方案》为环境经济政策建设提供了施工图

明确提出了要加强自然资源资产产权制度、国土空间开发保护制度、空间规划体系、资源总量管理和全面节约制度、资源有偿使用和生态补偿制度、环境治理体系、环境治理和生态保护市场体系、生态文明绩效评价考核和责任追究制度 8 项制度建设,并明确制度建设的具体目标和主要任务。其中,资源有偿使用和生态补偿制度、环境治理和生态保护市场体系对生态补偿、排污权有偿使用与交易、环境税费、环境价格、环境金融等重点环境经济政策的建设提出了明确的建设任务。

3. 新《环境保护法》为新时期环境经济政策创新改革提供了法律基础

新《环境保护法》明确提出运用环境财政、生态补偿、环境污染责任保险、环境税费等手段开展环保工作。生态补偿、环境污染责任险等更是首次在这部新修订的环境保护基本法中明确提出。一是提出各级人民政府应当加大保护和改善环境、防治污染和其他公害的财政投入，提高财政资金的使用效益。对保护和改善环境有显著成绩的单位和个人，由人民政府给予奖励。从法律上明确各级政府要建立环境财政投入以及绩效导向机制。二是国家采取财政、税收、价格、政府采购等方面的政策和措施，鼓励和支持环境保护技术装备、资源综合利用和环境服务等环境保护产业的发展。明确指出了国家要重视环保产业发展的新要求，综合运用各类有效的经济政策调控手段促进环保产业发展。三是建立、健全生态保护补偿制度。这是首次在环境保护基本法中明确生态补偿制度。四是国家鼓励投保环境污染责任保险。指出了我国在新时期正处于环境风险事故高发期，需要利用社会化的保险政策手段来分散环境风险，推动环境风险防控。环保基本法中的这些相关要求，为有关环境经济政策下一步的改革，推进制度化建设提供了法律基础，解决了长期存在的环境经济政策探索中面临的法律依据不足的问题，有利于全面深化新时期环境经济政策探索。

4. 大量环境经济政策出台实施

如图 1-1 所示，"十二五"以来环境经济体系建设取得重大进展，国家出台了大量的环境经济政策，涉及财政、税费、价格、补偿、排污权交易等多个方面。

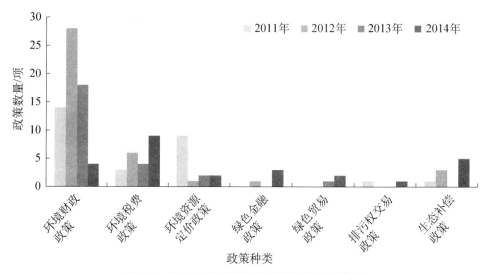

图 1-1 "十二五"时期国家环境经济政策数量

1.2 环境经济政策作用不断提升

1. 环境经济政策体系建设取得较大突破

除了环境财政、税费、资源定价等环境经济政策发展较快，其他环境经济政策相对进展较慢，但也有较大突破。国家发布了《绿色信贷指引》推动银行业积极调整信贷结构，防范环境与社会风险，促进了经济发展方式转变和经济结构调整；《关于开展环境污染强制责任保险试点工作的指导意见》出台，强制型环境污染责任险在重点典型行业试点启动。2014 年 8 月 25 日，《国务院办公厅关于进一步推进排污权有偿使用和交易试点工作的指导意见》出台实施，这是国家首次出台有关排污权有偿使用与交易的政策文件，虽然主要是指导地方试点深化探索，但在一定程度上表明探索多年的排污权交易政策终于取得了进展，目前已有 11 个省份成为生态环境部和财政部联合批复的国家试点省份。生态补偿也取得较大进展，重点生态功能区、林业、草地、流域等领域的生态补偿体系基本建立，新安江跨省流域生态补偿试点对我国跨区域补偿问题做出了有益探索。

2. 环境财税、定价政策是改革重点

"十二五"时期环境经济政策进入快速发展期。其中，环境财政政策、环境税费政策、环境资源定价政策是重点。国家实施了"良好湖泊专项资金"政策、"大气污染防治行动计划"专项资金，以及对"环保财政资金"项目基于绩效的推进实施工作的管理试点等。绿色税收建设也在加快，资源税从价计征范围逐步扩大，原油、天然气资源税改革在全国全面铺开；消费税、增值税和车船税等环保相关税种的绿色化也是"十二五"绿色税收改革的重点；环境税费改革也在推进，尽管环境税改革方案没有出台，但是已经在集中论证阶段；排污费改革取得突破，现行排污收费制度从 2003 年开始建立，已经实施 11 年之久，也暴露出了一系列问题，特别是征收标准低的问题，污水类和废气类污染物排污费征收标准仅分别为每污染当量 0.7 元和 0.6 元，自 2015 年 6 月开始上调一倍，说明排污收费改革取得较大突破。全国全面实施燃煤电厂脱硫、脱硝和除尘电价政策，目前脱硫电价加价标准为 1.5 分/（kW·h），脱硝电价为 1 分/（kW·h），除尘电价为 0.2 分/（kW·h）。环保电价对调动燃煤电厂安装环保设施的积极性，减少大气污染物的排放发挥了重要作用。截至 2014 年 3 月，全国脱硫机组装机达 7.5 亿 kW，脱硝机组和采用新除尘技术机组的装机容量已分别达到 4.3 亿 kW 和 8 700 万 kW。出台《污水处理费征收使用管理办法》，将污泥处置成本纳入污水处理费。水价改革主要集中在阶梯水价，2015 年年底前，设市城市原则上要全面实行居民阶梯水价制。通过税费、价格政策释放有利于环境保护的市场信号，形成"绿色市场"预期，激励市场主体提升环境保护绩效。

3. 消费、投资、贸易政策"绿色化"取得新突破

在绿色消费方面，《关于对电池　涂料征收消费税的通知》，将高污染产品纳入消费税征收范围。《关于印发〈企业绿色采购指南（试行）〉的通知》引导和推动企业建立绿色供应链。在绿色投资方面，《对外投资合作环境保护指南》指导中国企业在"走出去"过程中做好环境保护工作；《环境保护综合名录》成为国家发展改革委和工信部制定"产业结构调整指导目录"等产业政策以及农药、涂料、染料等行业准入政策的环保依据。在绿色贸易方面，400 多种"双高"（"高污染、高环境风险"）产品被财政部列入了《取

消出口退税的商品清单》，或者被商务部列入了《加工贸易禁止类商品目录》。

4. 市场机制在环保工作中的地位和作用逐渐加强

充分发挥市场机制在资源配置中的作用是解决环境资源无序使用的重要措施，"十二五"时期利用市场机制深入推进环保工作取得较大进展，主要体现在：一是新《环境保护法》的颁布，对违法排污企业实行上不封顶和"按日计罚"，提高了违法成本，解决了过去调控企业污染责任处罚经济政策手段不够硬的问题；二是企业环境信用体系建设逐渐完善，"十二五"期间，《企业环境信用评价办法（试行）》颁布并实施，加上新《环境保护法》规定环保部门应将企业的环境信用信息记录并公开发布，这对促进企业主动改进环境管理具有重要意义，构建环境保护"守信激励、失信惩戒"机制；三是绿色金融体系逐渐深化，全国有 27 个省（市、区）出台了有关绿色信贷的政策从而推进了绿色信贷试点；新《环境保护法》的有关规定固化了环境污染责任保险实施的法律基础，试点地区和范围迅速扩大，环境污染责任保险对重点领域环境风险防控的调控功能有望得以强化，绿色保险逐渐成为应对环境污染风险的有效市场手段；四是推进出台排污权有偿使用与交易政策的指导意见，明确了国家排污权有偿使用与交易政策试点探索的路线图，是完善环境市场制度的重大突破；五是大力推进实施 PPP（Public-Private Partnership，即政府和社会资本合作，是公共基础设施中的一种项目运作模式）和第三方治理，对于明确企业治理责任，吸引社会资本进入到环保市场，提高污染治理效率具有重要意义。

5. 企业环境成本合理负担机制不断健全

企业环境成本的负担主要有两种形式，包括税费和价格，"十二五"时期环境税费政策和环境资源价格政策体系逐渐完善，环境成本逐步体现。针对一些重点矿物资源征收的资源税、排污费标准的提高以及征收的污水处理费标准的提高，在一定程度上推进了企业环境成本的内部化。脱硫、脱硝、除尘的环保电价加价政策的出台实施，促进了燃煤发电企业对环保设施的投运。鼓励风力、太阳能、生物质等可再生能源发电的新能源价格政策也陆续出台，对能源结构调整发挥了重要作用。而针对高污染、高能耗企业实施阶梯电价，对于重点行业的落后产能专门实施了惩罚性加价政策，对加快"双高"重点行业落后产能的退出发挥了重要作用。

1.3 环境经济政策尚存在很多不足

虽然近些年我国环境经济政策取得了很大进展，但我们也要清醒地认识到环境经济政策还存在很多不足。

1. 服务于生态文明建设的环境经济政策存在结构性短缺

自然资产负债表、流域跨省界生态补偿、领导干部生态环境离任审计等很多环境经济政策还在试点阶段，自然资源资产产权制度、自然资源负债表、环境与经济综合评价政策尚未完全建立，绿色投融资政策不完善，诸多运用经济杠杆进行环境治理和生态保护的市场体系尚未真正形成，"绿水青山就是金山银山"的政策通道还没有形成，与生态文明建设要求建立的系统完备的环境经济政策体系存在较大差距。

2. 经济政策与环境政策"两张皮"现象还大量存在

习近平总书记强调"绿水青山就是金山银山"的"两山论"重要思想，我国生态文明建设步伐明显得到加快，但在许多经济决策和运行过程中，仍存在不符合"两山论"的行为。以牺牲"绿水青山"换得"金山银山"的现象还普遍存在，这导致了生态资源资产没有与经济社会同步发展，经济政策与环保政策脱节，从而呈现"两张皮"现象。目前来看还没有得到根本解决，发展方式、生产方式和生活方式仍未彻底转变过来。

3. 解决突出生态环境问题的环境经济政策有效供给不足

随着我国环境保护工作进入深水区，多阶段、多领域、多类型生态环境问题交织，需要综合运用法律的、经济的、社会的、科技的以及必要的行政手段来解决环境问题。但从总体上看，目前我国对运用创新性环境经济政策从而建立长效的环保机制的认识还不到位，环境经济政策的作用空间还比较小、调控范围还比较窄、力度还比较弱、激励强度也不够强，政策手段的供给还不够。特别是在一些关键领域、关键环节的环境经济政策仍严重滞后。

4. 重制定、轻实施严重影响了政策有效性

我国近些年制定并实施了大量环境经济政策，但经济政策试点示范"一窝蜂、一阵风"，部分环境经济政策由于制定及执行过程中的诸多问题造成了实际作用难以发挥。

第 2 章
环境财政政策

"十二五"期间，国家出台了多项环境财政政策，环保投资保持了稳定的增长态势，中央财政对环境保护的支持力度进一步加大，专项资金等政策对大气、水、生态等环境质量的改善起到了重要的促进作用。政府绿色采购稳步推进、企业绿色采购加快实施。此外，国家和地方颁布多项绿色补贴政策，促进了节能减排及环境治理。

2.1　环保投资

除 2015 年环保投资略有降低以外，2011—2014 年呈逐年增加趋势。2015 年环保投资总量为 8 806.3 亿元，相比 2011 年增长了 47%。但是，自 2012 年以来，环保投资占国内生产总值（GDP）的比例逐年下降，2015 年占比为 1.5%，如图 2-1 所示。

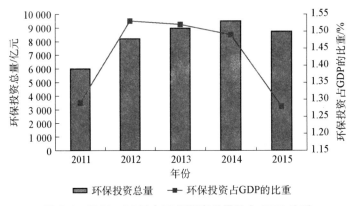

图 2-1　2011—2015 年环保投资总量及占 GDP 比重

从环保投资构成来看，城市环境基础设施建设投资总额略有上升，但比例小幅下降。如图 2-2 所示，建设项目"三同时"投资基本维持不变，工业污染源治理投资除 2015 年外逐年上升。2015 年，城市环境基础设施建设投资 4 946.8 亿元，工业污染源治理投资 773.7 亿元，建设项目"三同时"投资 3 085.8 亿元，分别占投资总额的 56.2%、8.8%、35%。城市环境基础设施建设投资是环保投资的主要来源。

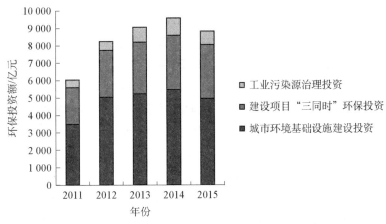

图 2-2　2011—2015 年环保投资构成变化情况

由于城市环境基础设施建设投资涵盖了以燃气、集中供热以及园林绿化等为主要目的的非环境保护领域，使得环保投资统计口径偏大，从而带来投资虚化的问题。在这种状况下，就需要分析环境污染治理设施直接投资的变化情况。污染治理设施直接投资是指用于污染治理的设施并具有直接环保效益的投资，具体包括在老工业污染源的污染治理投资、建设项目"三同时"环保投资以及城市环境基础设施投资中用于污水处理及再生利用、污泥处置和垃圾处理设施的投资。

污染治理设施直接投资占污染治理投资的比重有所波动，但是总体呈现上升趋势。这在一定程度上说明我国环保投资的虚化问题有所加重。如图 2-3 所示，2015 年，我国污染治理设施直接投资总额为 4 694.2 亿元，占环保投资总额的 53.3%，其中城市环境基础设施投资、老工业源污染治理投资和建设项目"三同时"环保投资分别占污染治理设施直接投资的 17.9%、16.4%、65.7%[①]。建设项目"三同时"环保投资是污染治理设施直接投资的主要来源。

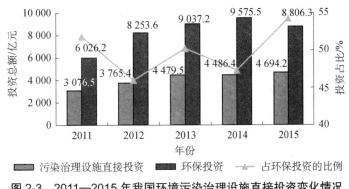

图 2-3　2011—2015 年我国环境污染治理设施直接投资变化情况

自 2012 年以来，污染治理设施运行费用逐年上涨，年增长率分别为 1.7%、11.8%、7.8%。各部分费用也逐年上涨，但比例基本维持不变。其中，2015 年，工业废气治理设施共 290 886 套（台），运行费用为 1 866.0 亿元，占污染治理设施总运行费用的 56.8%。

---

① 数据来源：《环境经济政策年度报告 2016》。

脱硫设施和脱硝设施运行费用分别为 653.3 亿元和 289.5 亿元，占废气治理设施运行费用的 35.0% 和 15.5%。废水治理设施运行费用 1 162.7 亿元，工业废水治理设施费用 685.3 亿元，占废水治理设施运行费用的 58.9%，比 2014 年增加了 3.7%。污水处理厂运行费用 477.4 亿元，占废水治理设施运行费用的 41.1%，比 2014 年增加了 8.5%。生活垃圾处理场运行费用 159.8 亿元，比 2014 年增加 33.4%。危险（医疗）废物集中处理（置）场运行费用 94.2 亿元，比 2014 年增加 28.3%，如图 2-4 所示。

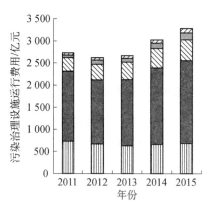

图 2-4　2011—2015 年我国污染治理设施运行费用构成变化

　　环保投资仍存在不少问题需要解决：第一，环保投资力度有待提高。环保投资总体偏少，投入不足且占 GDP 的比例偏低，投资力度需进一步加强，才能实现"多还旧账，不欠或少欠新账"。第二，工业污染治理投资力度有待加强。工业污染治理投资所占比例一直偏低，根本无法实现在我国长期以来"高投入、高消耗、高污染、低效益"的传统发展模式下经济与环境的协调发展，在一定程度上还是走"先污染、后治理"的老路。工业污染治理投资严重不足是目前大气污染和水环境污染问题没有得到有效控制的原因之一。第三，快速增长的运行费用仍难以满足治污需求。污染治理设施运行费用包括用于治理工业、生活产生的废水、废气和固体废物的设施运行的费用，不包括农村污染治理设施运行费用。运行费用增速远远高于污染治理投资增速。污染治理设施运行负荷较低、无法满足实际治污需求的现象仍然普遍存在。

　　创新环保投融资政策与机制的探索十分迫切。总体而言，目前环保投融资尚存在总量不足、效率不高等问题。尽管政府投资规模在不断增加，但缺乏稳定的渠道，且引导性需进一步加强。社会资本投入规模和占比均不高，社会资本生态环境保护投入的积极性也需进一步提高。一是要强化污染治理设施运营投入，优化资金使用方式，从而逐步加大对污染治理设施运营的投入力度，确保建成项目稳定发挥效益。逐步优化专项资金使用方式，综合采用财政奖励、投资补助、融资费用补贴、政府付费等方式，逐步从"补建设"向"补运营"及"前补助"向"后奖励"转变。与此同时，建立基于绩效的专项资金分配机制与奖惩机制，在项目投资补助、竞争立项等方面强化资金使用绩效。二是以专项资金落实政府环境事权，以环境保护基金调动市场积极性。环境基本公共服务属于政府事权，在合理划分政府事权的基础上，建立事权和支出责任相适应的制度，以专项资金支持政府环境事权范围内的项目。考虑到环境保护的公益性，避免环境保护资金统筹到其他领域，环境保护专项资金应进一步强化而非压缩，以调动市场积极性为目标，采用财政资金引导、社会资本投入为主、市场运作的方式，逐步与社会资本相结合，建立国家环境保护基金。基金采用债权和股权投资等有偿使用方式，重点支持环保 PPP 项目、环境污染第三方治理项目融资，充分调动地方和市场活力，实现财政资金引导和放大效应。

2.2 环保专项资金

1. 环保专项资金范围不断增加

随着国家环境保护工作的不断推进，在重金属污染防治专项资金、中央农村环境保护专项资金、城镇污水处理设施配套管网"以奖代补"资金、中央环境保护专项资金、自然保护区专项资金基础上，于 2013 年整合各项大气污染治理资金形成了大气污染防治专项资金。为引导地方按照"水系统筹、集中连片；保护优先、防治并举；综合施策、持续发展"的原则开展江河湖泊生态环境保护工作，国家将原湖泊生态保护专项资金和"三江三湖一江一库"及松花江流域水污染防治专项资金整合成为"江河湖泊专项资金"。2015 年，为加快推进水污染治理，国家新设水污染治理专项资金。"十二五"期间环保专项资金如表 2-1 所示。

表 2-1 "十二五"期间环保专项资金

专项资金名称	设立时间/年	2015 年规模/亿元
水污染治理专项资金	2015	130
大气污染防治专项资金	2013	106
重金属污染防治专项资金	2010	27.93
中央农村环境保护专项资金	2008	
城镇污水处理设施配套管网"以奖代补"资金	2007	
中央环境保护专项资金	2004	
自然保护区专项资金	2001	
主要污染物减排专项资金	2007	已取消

2. 江河湖泊专项资金支持力度增加

2011—2012 年，中央安排专项资金 24 亿元，启动支持良好湖泊生态环境湖泊试点，进一步提升和改善了湖泊水质和自然修复能力。2013 年，为引导地方按照"水系统筹、集中连片；保护优先、防治并举；综合施策、持续发展"的原则开展江河湖泊生态环境保护工作，国家将原湖泊生态保护专项资金和"三江三湖一江一库"及松花江流域水污染防治专项资金整合成为"江河湖泊专项资金"。按照"集中投入、逐个销号"的原则，对满足一定标准的湖泊通过择优竞争等方式选取部分予以重点支持，确定将千岛湖、太平湖等15个湖泊（水库）纳入国家重点支持动态名录，每个湖泊中央投资力度达到2亿~3亿元/年。

3. 大气污染防治专项资金于2013年设立并逐年增加

2013年在整合各项大气污染防治资金基础上，形成大气污染防治专项资金。此后，随着大气污染治理的深入，大气污染防治专项资金规模也逐年加大。2013—2015年分别安排50亿元、98亿元、106亿元。在中央大气污染防治专项资金支持下，各地建成了一大批大气污染治理重点项目，取得了良好的政策效果，专项资金成为大气污染治理的有效政策杠杆。

4. 2015年设立水污染防治专项资金

2015年中央财政对环境保护的支持力度进一步加大，新设立了水污染防治专项资金，规模为130亿元，其中62.7亿元用于湖泊生态环境保护，1.8亿元用于辽河水环境综合整治项目，5.5亿元用于国土江河综合整治试点，50亿元用于《水污染防治行动计划》其他任务落实，预留10亿元用于应对水污染突发事件，对水环境质量的改善起到了重要的促进作用。

2.3 绿色采购

政府绿色采购对市场行为产生了引导作用。中国企业采购调查显示[①]，在实际推动绿色采购过程中，企业认为最重要的影响因素是政府的政策法规，其次才是创新带来的竞争优势、客户要求、公司的文化及理念、社会责任等。推进绿色采购一直是近些年来政府重点关注的内容，《中华人民共和国国民经济和社会发展第十二个五年规划纲要》就明确提出，推行政府绿色采购，完善强制采购制度，逐步提高节能节水产品和再生利用产品比重。2013年2月，财政部公布了《关于印发2013年政府采购工作要点的通知》，在构建政府采购政策功能体系中明确提出要研究完善绿色采购标准体系和执行机制，细化节能环保产品参数指标体系，实施新增品目公示制度。2013年7月19日，财政部与环境保护部发布了《关于调整公布第十二期环境标志产品政府采购清单的通知》，要求政府采购工程项目应当严格执行环境标志产品政府优先采购制度。凡违反上述规定的，财政部门将依照有关规定严肃处理。2013年8月，国务院下发的《关于加快发展节能环保产业的意见》明确提出要提高采购节能环保产品的能效水平和环保标准，扩大政府采购节能环保产品范围，普通公务用车优先采购小排量汽车和新能源汽车。

政府绿色采购不断推进。2011年，中央政府有关部门出台了一系列政策来规范政府采购行为，强制要求各级政府基于制定的名录实施绿色采购。2015年发布了节能产品政府采购清单17期、18期，发布了环境标志产品政府采购清单13期、14期及15期。环

---

① 资料来源：《2013中国企业采购调查报告》。

境标志产品种类由最初的 14 大类增加到目前的 45 大类,企业数由 81 家增加到 1 318 家,产品型号也由 800 多个增长到 86 628 个。同时节能环保产品采购规模也大幅提高,2014 年全国强制和优先采购节能、环保产品金额分别为 2 100 亿元和 1 762.4 亿元,占同类产品的 81.7%和 75.3%,比 2013 年分别增加 260.9 亿元和 327.45 亿元。随着政府绿色采购的大规模实施,有效降低了能耗水平,减少了污染物排放,成为我国可持续发展战略的重要组成部分。但是我国绿色采购制度仍处于起步阶段,仍存在制度体系尚不健全、绿色采购制度覆盖面偏小、供应链应用不够等问题,今后要加快研究构建以政府为主导、企业为主体的绿色采购管理新模式,完善政府绿色采购政策体系,更加关注产品的全生命周期,将政府采购对最终产品的绿色要求扩展到产品的整个生命周期,完善政府采购政策的执行监管和评估机制。

企业绿色采购逐步受到重视。长期以来,我国更多的是从政府绿色采购的角度,来推行绿色供应链工作。近几年,企业绿色采购逐步受到重视,十八届四中全会明确提出,要“强化生产者环境保护的法律责任”。新修订的《环境保护法》对企业的环境保护责任做出了一系列明确规定,旨在通过引导、推动企业实施绿色采购,倒逼原材料、产品和服务的供应商不断提高环境管理水平,促进企业绿色生产,带动全社会绿色消费,逐步引导和推动形成绿色采购链。为了指导企业实施绿色采购,构建企业间绿色供应链,推进资源节约型、环境友好型社会建设,促进绿色流通和可持续发展,2014 年 12 月,商务部、环境保护部、工信部联合发布了《企业绿色采购指南(试行)》。《企业绿色采购指南(试行)》的主要内容包括:一是明确绿色采购的理念和主要指导原则,推动企业将环境保护的要求融入采购全过程,努力实现经济效益与环境效益兼顾。二是引导、规范企业绿色采购全流程,包括引导企业树立绿色采购理念、制定绿色采购方案,加强产品设计、生产、包装、物流、使用、回收利用等各环节的环境保护要求,更多采购绿色产品、绿色原材料和绿色服务,并根据供应商的环境表现采取区别化的采购措施等内容。三是有效发挥政府部门和行业组织的指导、规范作用。推动建立绿色采购和供应链的管理体系、宣传机制、信息平台和数据库等,为企业绿色采购提供保障和支撑。

企业绿色采购仍然存在诸多问题。目前企业绿色采购还处于起步阶段,还面临很多需要解决的问题。根据《2014 年中国企业绿色采购调查报告》显示,企业在实施绿色采购的过程中,遇到的障碍包括消费者绿色认知与需求不够、相关法规与行业标准不完善或执行不强、缺乏企业战略的支持、缺乏供应商的理解与配合、生产工艺流程的限制、缺乏新材料与技术支持。而 69.11%的企业认为缺乏新材料与技术支持是最主要的障碍,68.18%的企业认为消费者绿色认知与需求不够是实施绿色采购的障碍。相对而言,缺乏企业战略的支持是最弱的障碍,只有 50.81%的企业认为其是实施绿色采购的障碍。因此,为了能够顺利实施绿色采购,最主要的是寻求新材料和技术的支持、普及消费者的绿色观念、加强相关的法规和行业标准的完善和执行。

2.4 补贴政策

1. 环保综合电价补贴

环保电价政策全面实施。2006 年以来，为了鼓励燃煤电厂安装和运行脱硫、脱硝、除尘等环保设施，国家发展改革委先后出台了脱硫电价、脱硝电价和除尘电价等一系列环保电价政策。2013 年脱硝电价试点范围扩大至全国所有燃煤发电机组，除尘电价补贴开始实施，脱汞补贴政策仍未进入日程。其中 2012 年 12 月 28 日，国家发展改革委发布了《关于扩大脱硝电价政策试点范围有关问题的通知》，要求 2013 年 1 月 1 日起，在北京、天津、河北、山西、山东、上海、浙江、江苏等 14 个省（区、市）试点的基础上，脱硝电价试点范围扩大为全国所有燃煤发电机组。符合国家政策要求的燃煤发电机组，上网电价在现行基础上每千瓦时加价 8 厘钱，以补偿企业脱硝成本。国家发展改革委发文将燃煤发电企业脱硝电价补偿标准由 0.8 分/（kW·h）提高至 1 分/（kW·h）。同时，对采用新技术进行除尘设施改造、烟尘排放浓度低于 30 mg/m³（重点地区低于 20 mg/m³），并经环境保护部门验收合格的燃煤发电企业除尘成本予以适当支持，电价补贴标准为 0.2 分/（kW·h）。脱硝补贴政策很大程度上鼓励了燃煤发电企业进行脱硝改造的积极性。截至 2014 年 3 月，全国脱硫机组装机达 7.5 亿 kW，脱硝机组和采用新除尘技术机组的装机容量已分别达到 4.3 亿 kW 和 8 700 万 kW。截至 2015 年年底，全国安装脱硫设施的煤电机组由 5.3 亿 kW 增加到 8.9 亿 kW，安装率由 83% 增加到 99% 以上；安装脱硝设施的煤电机组由 0.8 亿 kW 增加到 8.3 亿 kW，安装率由 12% 增加到 92%。按照当前脱硫、脱硝、除尘电价补贴，年脱硫、脱硝、除尘电价补贴将超过 1 000 亿元。但是从实际执行来看，包括火电脱硝、脱硫政策在内的各项补贴政策全面实施过程中，仍存在补贴标准较低、激励水平不足等问题，脱硝电价仍无法满足火电厂脱硝改造成本，另外由于热电联产机组的上网电量通常会较少，这就意味着电厂得到的脱硫、脱硝电价补贴相当有限。热电联产企业与普通的纯发电企业不同，其电厂用煤除用于发电之外，也用于供工业用汽。政策要求所用煤炭燃烧烟气都需进行脱硫、脱硝处理，但脱硫和脱硝电价只适用于上网电量，对于电厂供汽的补贴则缺失。这意味着热电厂只能享受用来发电部分的补贴，发热部分却无法拿到。因此大部分热电厂亏损严重，尤其是地方热电企业，更是连续几年无法拿到脱硫、脱硝电价补贴。

环保电价政策执行日趋规范。为了促进燃煤发电企业进一步加快环保设施建设并有效运行，确保减排效果，2014 年 3 月 28 日，国家发展改革委、环境保护部共同颁布了《燃煤发电机组环保电价及环保设施运行监管办法》。明确一是燃煤发电机组必须按环保规定安装脱硫、脱硝和除尘环保设施。对安装环保设施的燃煤发电机组，在现行上网电价基础上实行脱硫、脱硝和除尘电价加价等环保电价政策。二是发电企业必须安装运行烟气排放连续监测系统并与环境保护部门和电网企业联网，环保电价按单项污染物排放浓度小时均值进行考核。三是对达不到国家和地方规定的污染物排放限值的发电企业，没收环保电价款，并视超标情况处以 5 倍以下罚款。四是明确环保设施建设、验收、运行监测等制度，规范程序和流程。五是明确企业和政府部门责任追究办法，确保环保电价政策执行到位。六是加强环保设施运行的监督检查和新闻舆论监督，鼓励群众举报，向社会公告火电企业污染物排放情况和典型价格违法案件。

推进上网电价改革配套减少环保电价执行阻力。为了继续完善该补贴政策，国家发展改革委于 2014 年 8 月印发《关于疏导环保电价矛盾有关问题的通知》，决定自 2014 年 9 月 1 日起在保持销售电价总水平不变的情况下，适当降低燃煤发电企业上网电价，腾出的电价空间用于进一步疏导环保电价矛盾。此次电价调整，全国燃煤发电企业标杆上网电价平均每千瓦时降低 0.93 分钱，这部分电价空间重点用于对脱硝、除尘环保电价矛盾进行疏导，电价调整情况如表 2-2 所示。

强化环保电价政策的落实。为了严格落实环保电价政策，减少污染物排放，切实改善大气环境质量，2015 年上半年，国家发展改革委会同环境保护部发出通知，在全国范围内开展环保电价专项检查，严格落实环保电价政策。通知要求：从 2015 年 5 月 15 日至 8 月 31 日，各省级价格和环保主管部门联合检查发电企业、电网企业 2014 年度的电价政策执行情况；并要求各省级价格和环保主管部门严格落实国家发展改革委、环境保护部《燃煤发电机组环保电价及环保设施运行监管办法》的各项要求，做好脱硫电价向环保综合电价过渡的衔接。6 月 30 日，辽宁省环境保护厅发布《辽宁省燃煤发电机组环保电价及环保设施运行监管实施细则》（辽环发〔2015〕36 号），以规范和加强燃煤发电机组环保设施建设、运行的监督管理，减少污染物排放，切实改善大气环境质量。

2. 新能源领域财政补贴

国家继续推进新能源汽车购置、充电设施建设等激励政策。2014 年 8 月 1 日，财政部、国家税务总局、工信部下发《关于免征新能源汽车车辆购置税的公告》，自 2014 年 9 月 1 日至 2017 年 12 月 31 日，对购置的新能源汽车免征车辆购置税。2014 年 11 月 18 日，财政部、科技部、工信部、国家发展改革委四部门联合下发《关于新能源汽车充电设施建设奖励的通知》，中央财政拟安排资金对新能源汽车推广城市或城市群给予充电设施建设奖励，重点集中在京津冀、长三角和珠三角地区。推广数量以纯电动乘用车为标准进行计算，年奖励额度在 1 000 万元到 1.2 亿元之间。为进一步完善新能源汽车和公交车财政补贴政策，鼓励新能源汽车的推广，2015 年 4 月 22 日，财政部、科技部、工信部、国家发展改革委联合印发《关于 2016—2020 年新能源汽车推广应用财政支持政策的通知》，对纳入"新能源汽车推广应用工程推荐车型目录"的纯电动汽车、插电式混合动力汽车和燃料电池汽车的消费者，依据节能减排效果，并综合考虑生产成本、规模效应、技术进步等因素给予补贴。

表2-2　2014年各省（区、市）统调燃煤发电企业上网电价情况① 　　　单位：元/（kW·h）

省级电网	降价标准	调整后标杆上网电价
北京市	0.006 3	0.392 4
天津市	0.005 4	0.404 9
河北省北网	0.008 7	0.414 1
河北省南网	0.008 2	0.423 4
山西省	0.011 5	0.377 2
山东省	0.008 1	0.439 6
内蒙古自治区西部	0.012 0	0.300 4
上海市	0.005 0	0.459 3
江苏省	0.011 0	0.431 0
浙江省	0.011 0	0.458 0
安徽省	0.004 7	0.428 4
福建省	0.004 5	0.437 9
湖北省	0.011 0	0.459 2
湖南省	0.005 9	0.494 0
河南省	0.019 1	0.419 1
江西省	0.031 7	0.455 5
四川省	0.005 5	0.455 2
重庆市	0.006 8	0.438 3
辽宁省	0.009 8	0.404 4
吉林省	0.008 0	0.401 4
黑龙江省	0.004 5	0.406 4
内蒙古自治区东部	0.008 0	0.310 4
陕西省	0.009 0	0.389 4
甘肃省	0.004 0	0.328 9
宁夏回族自治区	0.009 0	0.279 1
青海省	0.003 0	0.354 0
广东省	0.012 0	0.502 0
广西壮族自治区	0.009 8	0.457 4
云南省	0.000 0	0.372 6
贵州省	0.003 5	0.381 3
海南省	0.011 0	0.477 8

注：标杆上网电价含脱硫、脱硝和除尘电价。

新能源汽车购置补贴政策"加码"执行。2014年2月8日，国家发展改革委等单位

_____

① 含税。

联合发布了《关于进一步做好新能源汽车推广应用工作的通知》，原先针对 2014 年和 2015 年的新能源补贴标准相比 2013 年分别降低 10% 和 20%，国家补贴金额的缩减幅度逐年降低，调整为 2014 年和 2015 年相比 2013 年分别降低 5% 和 10%，以鼓励消费者购买新能源汽车。2015 年 5 月 11 日，财政部、工信部、交通运输部联合印发《关于完善城市公交车成品油价格补助政策加快新能源汽车推广应用的通知》，调整现行城市公交车成品油价格补助政策，涨价补助数额与新能源公交车推广数量挂钩，调整后的城市公交车成品油价格补助资金由地方统筹使用，中央财政对完成新能源公交车推广目标的地区给予新能源公交车运营补助。

3. 可再生能源补贴

国家大力支持可再生能源发电、余热发电和垃圾焚烧发电。2011 年，《关于印发〈绿色能源示范县建设补助资金管理暂行办法〉的通知》提出国家将安排资金支持绿色能源示范县建设，对绿色能源示范县开发利用生物质能、太阳能、风能、地热能、水能等可再生能源给予资金补助。2015 年 3 月 20 日，国家发展改革委、国家能源局印发《关于改善电力运行调节促进清洁能源多发满发的指导意见》，要求各省（区、市）政府主管部门在组织编制本地区年度电力电量平衡方案时，应采取措施落实可再生能源发电全额保障性收购制度，在保障电网安全稳定的前提下，全额安排可再生能源发电。

完善新能源电价政策。为进一步规范和加强新能源领域财政补贴政策，鼓励和发展可再生能源，2015 年 4 月 2 日，财政部《关于印发〈可再生能源发展专项资金管理暂行办法〉的通知》，对可再生能源发展专项资金采用奖励、补助、贴息等方式，重点支持可再生能源和新能源重点关键技术的示范推广和产业化示范、规模化开发利用及能力建设、公共平台的建设、综合应用示范等方面。进一步规范和加强可再生能源发展专项资金的管理，并提高资金使用效益。2015 年 4 月 17 日，财政部、国家能源局印发《关于页岩气开发利用财政补贴政策的通知》，提出："十三五"期间，中央财政将继续实施页岩气财政补贴政策。2016—2020 年，中央财政对页岩气开采企业给予补贴，其中：2016—2018 年的补贴标准为 0.3 元/m³；2019—2020 年补贴标准为 0.2 元/m³。通过补贴加快推动我国页岩气产业发展。

进一步完善新能源发电上网标杆电价，推进可再生能源发电全额保障性收购管理。2015 年 12 月 24 日，国家发展改革委正式下发《国家发展改革委关于完善陆上风电光伏发电上网标杆电价政策的通知》（发改价格〔2015〕3044 号），对新建陆上风电和光伏发电上网标杆电价政策进行了调整。为进一步落实《中共中央　国务院〈关于进一步深化电力体制改革的若干意见〉》（中发〔2015〕9 号）及相关配套文件的有关要求，12 月 28 日，国家能源局发布了《可再生能源发电全额保障性收购管理办法（征求意见稿）》，并向全社会广泛征求意见，此办法就可再生能源发电全额保障性收购及其监督管理措施做出相关说明。

4. 农业绿色补贴

利用秸秆补贴促进秸秆综合利用。为加快推进秸秆综合利用，国家设置了秸秆综合利用补贴资金对开展秸秆收储和进行秸秆肥料化、饲料化、基料化、能源化、原料化利用的各类主体进行补贴，包括：农机合作社、家庭农场、村社集体、秸秆收储组织、秸秆加工利用企业等。此外，各省市也陆续出台各项补贴政策促进秸秆综合利用。江苏省平均每亩补贴 20 元；上海市对实施秸秆机械化还田的本市农机户、农机服务组织及相关农业企业，给予 45 元/亩①的资金补贴，对于按计划实施冬季深耕作业的，额外给予 20 元/亩的资金补贴；安徽省对水稻、小麦、其他农作物秸秆每吨分别补贴 50 元、40 元、30 元以及直接补给秸秆发电企业作为秸秆发电奖补资金。

推进实施有机肥补贴。《关于印发支持有机肥生产试点指导意见的通知》中指出对使用秸秆制有机肥的试点补贴 300 万元。部分省市实施了有机肥补贴政策。上海市补贴额度为 200 元/t；江苏省由省财政补贴 150 元/t，由市财政补贴 50 元/t；北京市补贴额度 250 元/t；山东省补贴额度 300 元/t。

---

① 1 亩≈666.67m²。

第3章

环境资源价格政策

3.1 资源价格改革

能源资源的价格问题作为改革的热点问题，是"十二五"期间一直在不断完善和调整的重要部分。国家出台了各种相关政策以及相应的法律法规来推行和监督能源资源价格的变动与发展，推行的政策主要包括三个重要组成部分：水价改革、再生水价改革以及电价改革。在《中华人民共和国国民经济和社会发展第十二个五年规划纲要》里，深化资源价格改革与环保收费改革被并列提出，"十二五"期间资源价格改革的总体思路为"建立健全能够灵活反映市场供求关系、资源稀缺程度和环境损害成本的资源性产品价格形成机制"，具体涵盖了完善资源性产品价格形成机制、推进环保收费制度改革和建立健全资源环境产权交易机制三大方面。

3.1.1 水价改革

1. 继续推进水价改革

2011 年环境资源定价政策改革旨在积极推进，促进价格合理上涨。《2011 年国务院政府工作报告》明确要求完善成品油、天然气价格形成机制和各类电价定价机制，推进水价改革；中央"一号文件"《中共中央 国务院关于加快水利改革发展的决定》，要求构建有利于水资源节约和合理配置的水价形成机制，完善水资源有偿使用制度，合理调整水资源费征收标准；财政部、水利部等有关部门也就水资源费的中央和地方分配及使用专门出台政策文件予以要求。地方逐渐重视水价调整程序的规范、公开和透明。福建厦门、浙江义乌、湖南郴州 20 多个城市相继召开过上调水价听证会；据中国水网统计，2011 年年底相比 2002 年年底，北京、深圳、上海、广州四市自来水价格分别上涨了 48%、53.33%、58.25%、46.67%；截至 2011 年年底，全国 36 个大、中城市（省会城市及计划单列市）居民生活用水到户水价平均值为 2.67 元/m³，其中自来水价格平均值为 1.93 元/m³，在到户水价中占比 72%；污水处理费平均值为 0.76 元/m³，在到户水价中所占比例为 28%。

　　2012 年的政府工作报告明确提出要深化价格改革，涉及电、成品油、天然气、水资源等多个领域。这实际上提出了将来资源性产品价格机制改革的格局框架。水价方面，国家发展改革委制定了水价改革的相关全国性指导意见，推进了水资源价格进一步改革；另外，相较于 2011 年，全国近 20 个省市相继在 2012 年启动水价调整政策程序，如表 3-1 所示，上调幅度在 0.2～0.7 元间，水价平均上涨幅度达到了 22%，其中广州达到了最高的 50%。

表 3-1　城市水价调整变化情况（2012 年）　　　　　　单位：元/m³

城市	水价调整前	水价调整后	水价涨幅/%
广州市	1.32	1.98	50
长沙市	1.88	2.58	37.2
深圳市	1.9	2.3	21.1
东莞市	1.2	1.4	16.7
南京市	2.8	3.1	10.7
宿迁市	2.87	3.12	8.7
南平市	1.25	1.6	28
天津市	4.4	4.9	11.4
茂名市	1.65	2	21.2
西宁市	2.05	2.66	29.8
广安市	1.95	2.15	10.2

　　2013 年多个城市供水价格上调 0.09～0.8 元，水价平均上涨幅度为 24%（图 3-1）。统计数据显示，全国 36 个大中城市的城市居民生活用水价格平均为 2.94 元/m³，其中 58% 的城市水价在 2～3 元/m³，33% 的城市水价大于 3 元/m³。

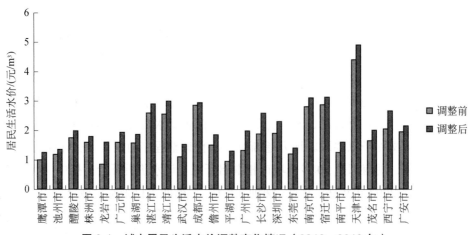

图 3-1　城市居民生活水价调整变化情况（2012—2013 年）

2. 调整水资源费征收标准

加强水资源费征收标准管理。为指导各地进一步加强水资源费征收标准管理，规范征收标准制定行为，促进水资源节约和保护，2013 年 1 月 7 日，国家发展改革委下发了《关于水资源费征收标准有关问题的通知》，总结了自 2006 年《取水许可和水资源费征收管理条例》（国务院令　第 460 号）颁布以来，各地积极推进水资源费改革，在促进水资源节约、保护、管理与合理开发利用等方面取得的成就，指出尽管水资源费征收范围不断扩大，征收标准逐步提高，征收力度不断加强，但水资源费标准分类不规范（特别是地下水征收标准总体偏低）、水资源状况和经济发展水平相近地区征收标准差异过大、超计划或者超定额取水累进收取水资源费制度未普遍落实等问题仍存在。在 2012 年 2 月 16 日国务院发布《国务院关于实行最严格水资源管理制度的意见》的基础上，《关于水资源费征收标准有关问题的通知》明确了推进水资源费改革的关键问题，即征收标准问题。该通知进一步规范了标准制定原则、标准分类、调整目标，严控地下水，支持农业生产和农民生活合理取用水、鼓励水资源回收利用、合理制定水力发电用水征收标准、对超计划或者超定额取水制定惩罚性征收标准等内容。同时，该通知也制定了"十二五"末各地区水资源费最低征收标准，如表 3-2 所示，明确各省在 2015 年年底前要将水资源费征收标准调整到位，届时全国水资源费最低征收标准将提高到地表水 0.20 元/m³、湖泊水 0.40 元/m³、城市规划区以外地下水 0.50 元/m³。在此背景下，多地积极推动水资源费征收标准调整工作。

表 3-2　2015 年末各地区水资源费最低征收标准

地表水水资源费平均征收标准/（元/m³）	地下水水资源费平均征收标准/（元/m³）	省（区、市）
1.6	4	北京市、天津市
0.5	2	山西省、内蒙古自治区
0.4	1.5	河北省、山东省、河南省
0.3	0.7	辽宁省、吉林省、黑龙江省、宁夏回族自治区、陕西省
0.2	0.5	江苏省、浙江省、广东省、云南省、甘肃省、新疆维吾尔自治区
0.1	0.2	上海市、安徽省、福建省、江西省、湖北省、湖南省、广西壮族自治区、海南省、重庆市、四川省、贵州省、西藏自治区、青海省

2015 年 11 月 11 日，河南省发展改革委、财政厅、水利厅根据国家相关部委要求，联合下发《关于调整我省水资源费征收标准的通知》（豫发改价管〔2015〕1347 号），规定从 2015 年 12 月 1 日起，统一调整全省水资源费征收标准，同时对水资源费的征收范围、方式，以及资金使用管理等方面提出明确要求。

专栏 3-1 河南省水资源费征收标准

一、城镇公共供水用户：居民生活用水 0.35 元/m³，非居民用水 0.4 元/m³，特种行业用水 0.8 元/m³。

二、自备取水用户：划分为三个价区计征水资源费。一区为南阳、信阳、驻马店、平顶山、漯河、商丘和周口市，邓州、固始、新蔡、永城、汝州和鹿邑县（市）等；二区为开封、新乡、濮阳、安阳、焦作、鹤壁和济源市，兰考、长垣和滑县等；三区为郑州、洛阳、许昌和三门峡市，巩义和灵宝市等。

（一）自备取用地表水

1. 一般工商业等，一区 0.4 元/m³、二区 0.45 元/m³、三区 0.50 元/m³。特种行业（洗浴、水上乐园、滑雪、高尔夫球场、洗车等）在上述标准的基础上增加一倍计征。

2. 水力发电用水继续按现行 0.005 元/（kW·h）执行；火力发电贯流式冷却用水调整为 0.005 元/m³。

（二）自备井取用地下水

开征建筑疏干排水水资源费，由建设单位交纳。

自备井取用地下水的，按照居民生活、工商业、特殊行业等取水分类执行不同的征收标准。超采区在此基础上加收 30%。

三、考虑到目前煤炭等采矿行业经营形势，暂缓开征采矿排水（疏干排水）水资源费。

四、农业生产、农村居民生活用水等免征水资源费。

2015 年 8 月 29 日，新疆发展改革委、财政厅、水利厅联合下发了《关于调整我区水资源费征收标准有关问题的通知》（新发改农价〔2015〕1724 号），印发了调整后的水资源费征收标准。该标准于 2016 年 1 月 1 日起执行。

专栏 3-2 新疆维吾尔自治区调整后的水资源费征收标准

一、调整后的城市（镇）公共自来水，Ⅰ区地下水水资源费标准为 0.12 元/m³，地表水标准为 0.06 元/m³；Ⅱ区地下水水资源费标准为 0.09 元/m³，地表水标准为 0.05 元/m³。

Ⅰ区指：乌鲁木齐市、昌吉州、石河子市、克拉玛依市、博州、哈密地区、吐鲁番地区、伊犁州的奎屯市、塔城地区的乌苏市、沙湾县。

Ⅱ区指：伊犁州（奎屯市除外）、阿勒泰地区、塔城地区（乌苏市、沙湾县除外）、巴州、阿克苏地区、克州、喀什地区、和田地区。

二、调整后的非农业用水水资源费，城市（镇）生活、绿化和公用事业等自备水源标准按城市（镇）公共自来水水资源费的 2 倍核定；工业、商业、服务业等行业自备水源，Ⅰ区和Ⅱ区取用地下水的水资源费标准分别为 1.2 元/m³、1.0 元/m³，地表水标准按地下水的 50%核定；洗车、生产矿泉水、纯净水等行业自备水源标准按城市（镇）范围内工业、商业、服务业等行业的 4 倍核定；水利工程非农业供水，Ⅰ区和Ⅱ区取用地下水的水资源费标准分别为 0.5 元/m³、0.4 元/m³，地表水标准按地下水的 50%核定。

三、调整后的石油天然气开采水资源费，整个新疆地区采用统一标准，地下水水资源费标准为 3.6 元/m³，地表水标准按地下水标准的 50%核定。

四、农村生活、养殖和公用事业取用水，Ⅰ区和Ⅱ区取用地下水水资源标准为 0.05 元/m³、0.03 元/m³，地表水的水资源费标准为 0.03 元/m³、0.02 元/m³。根据现行规定，由水利工程供水的，其水价中应包含水资源费，水资源费由供水管理单位缴纳；自备水源的水资源费由取用水单位直接缴纳；对非地下水超采区范围内30年承包土地灌溉直接取用地下水的，限额以内用水免征水资源费，限额以外或地下水超采区用水的征收水资源费；对非30年承包土地农业灌溉取用地下水、地表水的，全面征收水资源费；水利工程供农业生产用水的，暂免征收水资源费。

2015 年安徽省下发了《安徽省物价局　安徽省财政厅　安徽省水利厅关于调整水资源费征收标准的通知》（皖价商〔2015〕66 号），对水资源费征收标准进行适当调整，进一步加强了水资源费征收管理，规范征收标准，促进水资源节约和保护，该标准自 2015 年 9 月 1 日起执行。

专栏 3-3　安徽省水资源费征收标准

一、地表水。淮河流域及合肥市、滁州市水资源费征收标准为 0.12 元/m³；其他地区为 0.08 元/m³。其中，水力发电用水水资源费征收标准为 0.003 元/（kW·h）；贯流式火电为 0.001 元/（kW·h），抽水蓄能电站发电循环用水量暂不征收水资源费。

二、地下水。浅层地下水（井深小于 50 m）水资源费征收标准为 0.15 元/m³。中深层地下水（井深不小于 50 m）为 0.30 元/m³。阜阳市地下水水资源费征收标准仍按皖价商〔2012〕77 号规定执行，市区内自备水井取用中深层地下水为 0.60 元/m³，浅层地下水为 0.20 元/m³。地热水、矿泉水及其他经济价值较高水为 0.70 元/m³。采矿疏干排水无计量设施的按照每吨产品 0.20 元计征水资源费，采矿疏干排水再利用的从低征收。

三、实行取水定额和超额累进加价制度。除水力发电、城市供水企业取水外，水行政主管部门应会同价格主管部门编制重点取水单位和个人年度用水计划或定额。对于取水量超出计划或定额不足 20%的水量部分，在原标准的基础上加一倍征收；超出计划或定额 20%及以上、不足 50%的水量部分，在原标准基础上加两倍征收；超出计划或定额 50%及以上的水量部分，在原标准的基础上加三倍征收。

3. 全面推进居民阶梯水价

2013 年 12 月，国家发展改革委、住房和城乡建设部联合发布了《关于加快建立完善城镇居民用水阶梯价格制度的指导意见》，进一步深入推进城市居民用水阶梯价格改革。从水价政策改革的定位看，居民阶梯水价制度的核心是在保证居民基本用水需求的用水价格相对稳定的前提下，发挥价格杠杆的引导、调节作用，促进节约用水。

许多地区也在积极推进地区范围内的水价制度建设。2013 年 1 月开始，国内多个城市公布和实施了价格调整方案，推行居民阶梯水价，上海市、株洲市、武汉市等地先后完成阶梯水价调整，如表 3-3 所示。如上海从 2013 年 8 月 1 日起实行阶梯水价，居民生活用水以 220 m³ 为第一个阶梯，每户（以四人计）每月用水 0～220 m³ 的价格为 3.45 元/m³，220～300 m³ 水价为 4.83 元/m³，超过 300 m³ 的水价为 5.83 元/m³；这是上海自 2006 年水价调整以后首次提价，其中，用水不足 220 m³ 的用户将占所有用户群体的 85%。截至 2013 年，全国约 30% 的设市城市建立了阶梯水价制度。其中，省会城市、计划单列市和地级市中有一半建立了居民阶梯水价制度，部分城市阶梯水价情况如表 3-3 所示。2013 年 12 月 31 日，国家发展改革委、住房和城乡建设部印发《关于加快建立完善城镇居民用水阶梯价格制度的指导意见》（以下简称《意见》），明确截至 2015 年年底，设市城市原则上要全面实行居民阶梯水价制度；具备实施条件的建制镇也要积极推进。各地要按照不少于三级设置阶梯水量，第一级水量原则上按覆盖 80% 居民家庭用户的月均用水量确定，保障居民基本生活用水需求；第二级水量原则上按覆盖 95% 居民家庭用户的月均用水量确定，体现改善和提高居民生活质量的合理用水需求；第一、第二、第三级阶梯水价按不低于 1∶1.5∶3 的比例安排，缺水地区应进一步加大价差。截至 2014 年年底，全国 36 个大中城市中有 17 个城市已经实行居民生活用水阶梯式水价，多数城市对非居民用水实行了超计划、超定额加价收费制度。

表 3-3　城市居民用水阶梯价格情况（2013 年）

地区	第一阶梯/（元/m³）（每户每月用水量范围/m³）	第二阶梯/（元/m³）（每户每月用水量范围/m³）	第三阶梯/（元/m³）（每户每月用水量范围/m³）
上海市	3.45（0～220）	4.83（220～300）	5.83（>300）
南京市	3.10（0～20）	3.81（20～30）	4.52（>30）
株洲市	1.79（0～15）	2.69（15～25）	3.58（>25）
宁德市	1.58（0～20）	2.37（20～30）	3.16（>30）
清远市	1.12（0～30）	1.68（31～37）	2.24（>38）
巢湖市	1.86（0～15）	2.46（15～20）	3.05（>20）
常德市	1.42（0～15）	2.13（15～25）	2.84（>25）
武汉市	1.52（0～20）	2.28（20～30）	3.04（>30）
连云港市	2.95（0～240）	3.76（241～360）	4.57（>360）
儋州市	1.85（0～30）	2.775（31～45）	3.70（>46）
平湖市	1.20（0～5）	1.80（5～10）	2.40（>10）
大同市	2.70（0～10）	5.40（10～14）	8.10（>14）
巩义市	1.60（0～12）	2.40（13～20）	3.20（>20）

2015 年全国有 29 个省（区、市）的 321 个城市已建立居民阶梯水价制度。国务院于 2015 年 4 月 2 日发布了《水污染防治行动计划》（国发〔2015〕17 号），明确提出理顺价格税费，加快水价改革，县级及以上城市应于 2015 年年底前全面实行居民阶梯水价制度，具备条件的建制镇也要积极推进。截至 2015 年 11 月 5 日，国家发展改革委召开新闻发布会时，指出在城市生活领域，我国在 29 个省（区、市）的 321 个城市中已建立居民阶梯水价制度，其中海宁、沈阳、南京、成都等市先后实行超计划用水累进加价制度，按照不同的超计划比例划分了三个不同的档位，其中沈阳市和南京市对其他档位又做了不同的规划，对超出 30% 以上的，加收倍数更高。

在已实施阶梯水价的大部分直辖市及省会城市中，设置了三级阶梯，根据各地居民用水量的不同，三级水量也呈现出较大差异。其中，第一阶梯户年用水量平均为 0～200 m^3，第二阶梯户年用水量平均为 200～292 m^3，第三阶梯户年用水量平均为 292 m^3 以上。一、二、三级水价的比例平均为 1：1.4：2.3，高于《意见》中 1：1.5：3 的比例安排。其中，在考察的 26 个城市中，12 个城市一、二级水价比不低于 1：1.5，但一、三级水价比仅太原、呼和浩特、哈尔滨、杭州、南昌、海口、兰州七市达到 1：3（表 3-4）。

表 3-4　部分地区居民自来水阶梯水价

地区	第一阶梯		第二阶梯		第三阶梯	
	每户年（月）用水量/m^3	水价/（元/m^3）	每户年（月）用水量/m^3	水价/（元/m^3）	每户年（月）用水量/m^3	水价/（元/m^3）
北京市	0～180（含）	5.00	181～260（含）	7.00	260 以上	9.00
天津市	0～180（含）	4.90	181～240（含）	6.20	240 以上	8.00
石家庄市	0～120（含）	3.63	121～180（含）	4.88	180 以上	8.63
太原市	0～9（月）	2.30	9～13.5（月）	4.60	13.5 以上（月）	6.9
呼和浩特市	0～10（月）	2.35	10～14（月）	3.52	14 以上（月）	7.05
哈尔滨市	0～150（含）	2.40	151～250（含）	3.60	250 以上	7.20
吉林市	0～120（含）	2.30	121～180（含）	3.45	180 以上	4.60
沈阳市	0～192	基础水价	192～240	1.5 倍基础水价	180 以上	3 倍基础水价
上海市	0～220（含）	1.92	220～300（含）	3.30	300 以上	4.30
济南市	0～144（含）	4.20	144～288（含）	5.60	288 以上	9.80
南京市	0～180（含）	3.10	180～300（含）	3.81	300 以上	5.94
合肥市	0～152（含）	2.66	152～240（含）	3.55	240 以上	6.22
杭州市	0～216（含）	1.90	216～300（含）	2.85	300 以上	5.70
南昌市	0～360（含）	1.53	360～480（含）	2.07	480 以上	4.74
福州市	0～18（含）（月）	2.25	19～25（含）（月）	2.95	26 以上（月）	3.65
郑州市	0～180	4.1	181～300	5.56	300 以上	10.3

续表

地区	第一阶梯		第二阶梯		第三阶梯	
	户年（月）用水量/m³	水价/（元/m³）	户年（月）用水量/m³	水价/（元/m³）	户年（月）用水量/m³	水价/（元/m³）
武汉市	0～25（含）（月）	1.52	25～33（含）（月）	2.28	33 以上（月）	3.04
长沙市	0～15（含）（月）	2.58	15～25（含）（月）	3.34	25 以上（月）	4.09
海口市	0～22（月）	1.75	23～33（月）	2.63	34 以上（月）	5.25
南宁市	0～32（月）	1.45	32～48（月）	2.18	48 以上（月）	2.90
广州市	0～26（含）（月）	1.98	27（含）～34（含）（月）	2.97	34 以上（月）	3.96
重庆市	0～260（含）	3.50	261～360（含）	4.22	361 以上	5.90
成都市	0～216	2.98	217～300	3.85	300 以上	6.46
西安市	0～162（含）	3.80	162～275（含）	4.65	275 以上	7.18
兰州市	0～144（含）	1.75	144～180（含）	2.63	180 以上	5.25
银川市	0～12（含）（月）	1.70	12～18（含）（月）	2.80	18 以上	4.00

多省市实行超计划用水累进加价水费。2015 年，海宁、沈阳、南京、成都等市先后实行超计划用水累进加价制度，具体规定如表 3-5 所示。12 月 9 日，四川省发展改革委正式发出通知，放开非居民和特种行业用自来水价格，目的是要发挥市场在资源配置中的决定性作用，激发民间资本参与城镇自来水建设的积极性。

表 3-5　2015 年各市超计划用水累进加价制度

地区	第一档		第二档		第三档		其他
	超计划比例	水价倍数	超计划比例	水价倍数	超计划比例	水价倍数	
海宁市	0～20%（含）	1	20%～30%（含）	2	30%以上	3	—
沈阳市	0～10%（含）	1	10%～20%（含）	2	20%～30%（含）	3	30%～40%（含），加收 4 倍水费；超 40%以上的，加收 5 倍水费
南京市	0～10%（含）	1	10%～20%（含）	2	20%～30%（含）	3	超 30%以上的，加收 5 倍水费
成都市	0～10%（含）	1	10%～30%（含）	2	30%以上	3	—

探索差别水价政策与企业环境行为评级政策综合调控模式。一些地方探索差别水价政策与企业环境行为评级政策的联动模式。如江苏省南通市对企业环境行为被评级为红色和黑色的高污染企业执行差别水价。被评为红色等级的企业，其随水价征收的污水处

理费在现行标准的基础上提高 0.3 元/m³；评为黑色等级的，随水价征收的污水处理费在现行标准基础上提高 0.5 元/m³。执行差别水价的企业，当环境行为评级达到黄色及以上后，污水处理费即按正常标准执行。2011 年，地方环境经济政策在制定、出台和实践水资源价格提升方面取得了较大进展。

3.1.2 再生水价格改革

1. 积极提高再生水利用率

再生水是污水（废水）经过适当的处理，达到（规定）要求的水质标准，在一定范围内能够再次被有效利用的水。我国水资源紧缺，通过价格改革大力推进再生水利用是宏观政策趋势。《国家环境保护"十二五"规划》明确提出要"推进污泥无害化处理处置和污水再生利用"。2012 年发布的《"十二五"全国城镇污水处理及再生利用设施建设规划》要求到 2015 年，城镇污水处理设施再生水利用率达到 15%以上，再生水利用设施建设将投资 304 亿元，全国规划建设污水再生利用设施规模将达到 2 676 万 m³/d。2013 年国务院印发《关于加强城市基础设施建设的意见》，提出到 2015 年污水处理设施再生水利用率达到 20%以上，又提高 5%，再次突显在水资源紧缺背景下，国家对再生水利用的重视程度。截至"十二五"末期，我国城镇污水再生利用设施规模达 3 886 万 m³/d。

不少地方政府出台了促进再生水利用的规划与政策，特别是水资源稀缺的华北地区，已在加快推进再生水价政策改革步伐。北京、西安、杭州等城市均出台了关于再生水利用的"十二五"规划；北京、天津、青岛、包头、昆明、哈尔滨、成都、银川等城市均制定了再生水管理办法。例如，2012 年 12 月 1 日起施行的《西安市城市污水处理和再生水利用条例》中规定，造林育苗、城市绿化、冲厕、道路冲洒等行业优先使用再生水。新建城市供水管网的，应当同时建设再生水管网。根据《西安市城市污水处理和再生水利用条例》及再生水利用"十二五"规划，截至"十二五"末西安市再生水利用规模达到 30 万 t/d，年利用量达到 1 亿 t，利用率达到 20%；北京市 2012 年再生水利用量达到 7.5 亿 m³，占全市用水总量的 1/5，计划到"十二五"末再生水年利用量 10 亿 m³ 以上，利用率达到 75%。

2. 探索推进再生水价格形成机制

从再生水价格政策来看，由于目前再生水的使用均是基于用户自愿的原则，进一步推广再生水的利用，需要形成合理的价格激励机制。2013 年 4 月，《北京市人民政府关于印发北京市加快污水处理和再生水利用设施建设三年行动方案（2013—2015 年）的通知》正式公布，明确指出将逐步提高再生水价格，并采取政府购买公共服务模式，保障再生水利用设施运营成本及企业合理收益，鼓励以多种融资方式筹措再生水设施建设资金。5 月，《南京市水务布局优化和建管体制改革工作方案》下发，指出将结合城建投融资体制改革，研究供水价格形成及调整机制、污水处理费核算方式及运营价格机制，在年底前制定中水回用价格标准。6 月，《成都市再生水价格管理办法》正式出台，对再生水价格标准管理部门等问题予以明确，规定成都市五城区（含高新区）范围内再生水价格由市发展改革委依法制定，其他各区（市）县范围内的再生水价格，由当地的价格主管部门依法制定，并报市发改委备案。2014年4月29日，北京市发展改革委发布《关于调整北京市再生水价格的通知》，明确指出北京市再生水价格由政府定价管理调整为政府最高指导价管理，价格不超过3.5元/m^3，鼓励社会单位广泛使用再生水。2015年11月9日，包头市发展改革委发布《关于调整我市再生水价格的通知》（包发改价字〔2015〕523号），要求再生水价格由现行的1.0元/m^3调整为1.5元/m^3，其中，绿化用水价格由现行的0.8元/m^3调整为1.1元/m^3，再生水免征水资源费和污水处理费，该价格调整于2015年12月1日起执行。

3.1.3　电价改革

1. 完善居民阶梯电价政策

多省市调整阶梯电价执行方式。2012年7月1日起全国试行阶梯电价，在全面试行两年后，2015年，包括湖北、山东、广西、重庆在内的全国多省（区、市）调整阶梯电价执行方式，由按月执行改为按年执行，该举措充分考虑分档电量的季节性因素，可缓解因季节差异导致不同月份用电量不同所带来的矛盾，保证居民充分使用第一、第二档电量，降低电费支出，政策更为合理。

理顺电价形成机制。2015年3月15日，《中共中央　国务院关于进一步深化电力体制改革的若干意见》（中发〔2015〕9号）提出："应有序推进电价改革，理顺电价形成机制，单独核定输配电价，分步实现公益性以外的发售电价格由市场形成，并妥善处理电价交叉补贴。"

2. 推进差别电价、惩罚电价政策

国家发展改革委自2004年6月起对电解铝、铁合金、电石、烧碱、水泥、钢铁6个高耗能产业，区分淘汰类、限制类、允许和鼓励类企业试行差别电价政策。截至2010年12月，全国（除西藏及港、澳、台地区）的30个省（市、区）均实行了差别电价政策。但各地方实行差别电价政策的力度大小不一，一些地方落实不够，主要原因为担心实行差别电价政策影响当地经济发展。中央政府继续推进高耗能行业差别电价，促进产业调整转型，2015年12月23日，国务院总理李克强主持召开国务院常务会议，会议明确指出应完善煤电价格联动机制，对高耗能行业继续实施差别、惩罚性和阶梯电价，推动产业升级。12月30日，国家发展改革委发布《国家发展改革委关于降低燃煤发电上网电价和工商业用电价格的通知》（发改价格〔2015〕748号），明确从2016年1月1日起，全国一般工商业销售电价平均每千瓦时下调约3分钱，大工业用电价格不做调整，同时，继续对高耗能行业、产能严重过剩行业实施差别电价、惩罚性电价和阶梯电价政策。

不少地区出台政策推动高能耗企业和产品实行惩罚性电价政策。如甘肃省对部分超能耗限额标准30%以上的企业执行0.25元/（kW·h）的惩罚性电价。江西省也制定了进

一步落实高耗能行业差别电价政策实施方案，公布了 2011 年部分产业政策限制类的高耗能企业名单（主要为钢铁和水泥行业企业），这些企业按产业政策限制类生产性用电在现行工业电价基础上加价 0.1 元/（kW·h），并且要求各级价格监督检查机构要加强对差别电价贯彻落实情况的监督检查。对不执行差别电价、缩小执行差别电价范围、推迟差别电价执行时间等价格违法行为进行严肃查处；对情节严重的，省政府予以通报批评，并追究有关人员的责任。浙江宁波市对首批 93 家不锈钢企业实施差别电价政策，提价 0.3 元/（kW·h）。浙江省也下发通知对超能耗限额标准单位落实惩罚性电价，超限额标准用能电价加价费将按规定全额返还给相关的市、县财政，用于节能降耗工作。2015 年 6 月 23 日，《北京市发展和改革委员会　北京市经济和信息化委员会　北京市财政局　北京市环境保护局关于印发〈北京市完善差别电价政策的实施意见〉的通知》（京发改〔2015〕1359 号）及实施细则发布，以加快疏解北京非首都功能，运用经济杠杆引导高耗能、高污染企业调整转型、有序退出，改善空气质量，构建"高精尖"经济结构，如表 3-6 所示。

表 3-6　北京市差别电价加价标准

装置	加价标准[元/（kW·h）]	其他规定
淘汰类	0.5	单位能耗（电耗）超过限额标准一倍以上的装置或建筑，比照淘汰类装置电价加价标准执行；单位能耗（电耗）超过限额标准一倍（含）以内的装置或建筑，比照限制类装置电价加价标准执行；
限制类	0.2	既属于限制类、淘汰类装置的，装置或建筑单位能耗又超限额的征收对象，加价标准按照上述标准分别叠加执行

3.2　排污收费进展

3.2.1　发展变化

排污收费政策在我国环境保护工作中以及"十二五"规划环保工作中发挥了重要作用。同时，排污收费政策的改革也在持续推进。

1. 排污费征收额有所降低

2014 年 1 月 1 日，新修订的《环境保护法》正式实施，对排污收费有一定影响。2014 年共征收 189.01 亿元。2015 年全国排污费解缴入库单位共 27.8 万户，入库金额 178.5 亿元。如图 3-2 所示，2014 年全国共向 14.59 万家排污单位征收污水类排污费 15.48 亿元，约占总征收额的 8.19%；共向 17.12 万家排污单位征收废气类排污费 154.19 亿元，约占总征收额的 81.58%；共向 8.61 万家排污单位征收噪声类排污费 18.52 亿元，约占总征收额的 9.80%；共向 2 283 家排污单位征收危险废物排污费 0.82 亿元，约占总征收额的 0.43%。2014 年排污费征收金额较 2013 年降低了 9.9%，是 2010 年以来收费金额首次下降，2015 年征收额进一步下降。对于 2014 年排污收费额下降原因可从行业、收费因子、地域方面进行分析。

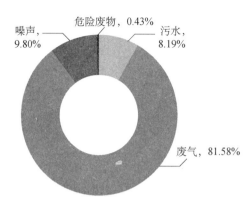

图 3-2　2014 年全国排污费征收情况分解

从行业来看，火电行业污染减排效果明显。近年来火电行业废气主要污染物排放量随着脱硫、脱硝设施投运率的不断提高而逐年下降，如图 3-3 所示，2014 年火电行业征收排污费 39 亿元，比上年减少 15 亿元，同比下降 28%。其中二氧化硫排污费核定量下降 27%，排污费减少 4.7 亿元；氮氧化物排污费核定量下降 41%，排污费减少 10.1 亿元；烟尘排污费核定量下降 21.5%，排污费减少 0.35 亿元。二氧化硫、氮氧化物、烟尘排污费同比分别下降 26%、37% 和 18%。除火电行业外，黑色金属采矿、煤炭开采等行业排污费也都有所降，共减收排污费 2.7 亿元。

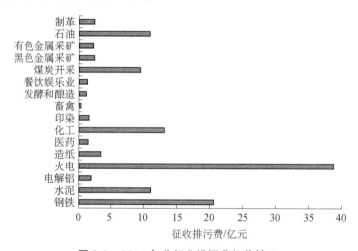

图 3-3　2014 年分行业排污费征收情况

从收费因子来看，四项主要污染物减排取得实效，排放量不断下降。2014 年四项主要污染物排污费金额减少 12 亿元，占全国排污费下降总额的 80%。化学需氧量、氨氮排污费下降主要原因是各地城镇污水处理系统管网建设日益完善，进入城镇污水处理厂的污水不断增加，按照法律规定这些污水不再征收排污费。2014 年污水排污费核定量 201 亿 t，同比减少 161 亿 t，减幅 44%。化学需氧量、氨氮排污费核定量分别是 107 万 t、5.86 万 t，同比分别减少 36% 和 14%。二氧化硫、氮氧化物排污费下降主要原因是污染减排取得实效，企业污染物排放量不断下降，2014 年全国二氧化硫和氮氧化物排污费核定量分别为

550 万 t 和 682 万 t, 同比下降了 135 万 t 和 173 万 t, 降幅均为 20%。

从地域来看, 一些资源集中、能源密集地区由于产业结构调整、工程减排措施效果显现, 以及受经济下行影响, 排污费征收额下降幅度较大, 如图 3-4 所示。全国 32 个省 (市、区)(包括新疆生产建设兵团, 不包括港澳台)中, 有 22 个省 (市、区) 收费金额同比下降。其中山西、内蒙古, 辽宁、山东、江苏等地排放量下降较多, 排污费下降 12 亿元, 占全国排污费下降总额的 80%。山西省因焦化企业关停、减产以及火电行业工程减排, 排污费同比减少 3.9 亿元, 为金额减少最多的省份; 内蒙古、辽宁、山东等火电行业集中地区, 火电行业工程减排效果明显, 排污费征收额下降, 如山东省 2014 年火电行业排污费减少 1.79 亿元, 占全省排污费减少总额 1.84 亿元的 97%。一些地区因举办大型国际活动, 对污染企业采取关停、限产等措施, 污染物排放明显减少。如 2014 年 APEC 会议期间, 河北省因污染企业停产、限产, 排污量减少, 排污费同比下降 1.3 亿元。广西 2014 年体操世锦赛期间, 关停了大批排污企业, 仅南宁市区就完成拆除各类烟囱、锅炉和窑炉的工作, 以及清洁能源锅炉改造的工作, 排污量大幅减少, 排污费同比下降 25%。

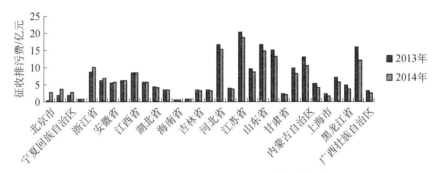

图 3-4　各省 2013—2014 年排污费征收额对比

2. 调整排污收费标准

2014 年 9 月 1 日, 国家发展改革委、财政部和环境保护部联合发布《关于调整排污费征收标准等有关问题的通知》(以下简称《通知》),《通知》是自 2003 年《排污费征收使用管理条例》实施之后, 国家层面首次提高排污费征收标准。废气中的氮氧化物 (NO_x) 每个污染当量由 0.6 元提高到 1.2 元。污水中的氨氮 (NH_3-N) 和五项主要重金属 (铅、汞、铬、镉、类金属砷) 污染物排污费标准每个污染当量由 0.7 元提高到 1.4 元。在每一污水排放口, 对五项主要重金属污染物均须征收排污费, 其他污染物按照污染当量数从多到少排序, 对最多不超过 3 项污染物征收排污费。为鼓励排污者降低污染物排放总量和浓度, 惩罚超标准排放, 增加排污者治污减排积极性, 对污染物实行差别化排污收费政策。

在国家发布《通知》之前, 广东、北京、天津、浙江等地积极推进实施排污收费标准与征收范围的改革, 以深入发挥该政策在控污减排中的效用, 提高收费标准以及实行差别化收费。2013 年 4 月 28 日, 广东省《关于调整氮氧化物氨氮排污费征收标准和试点实行差别政策的通知》, 提出要适当调整 NO_x 和 NH_3-N 排污费征收标准, 并试点实行差别排污费政策。其中, NO_x 排污费征收标准, 每污染当量由 0.6 元提高到 1.2 元; NH_3-N

排污费征收标准，每污染当量由 0.7 元提高到 1.4 元；危险废物排污费、噪声超标排污费以及除上述两个污染因子外的其他废气、污水中污染物排污费征收标准暂不调整，仍按现行标准执行。广东省对省内的燃煤电厂排放的 NO_x 和废水国家重点监控工业企业（免征污水排污费企业除外）排放的 $NH_3\text{-}N$ 实行差别排污费政策。在同一污染物排放口征收废气排污费或污水排污费时，首先计征 SO_2、NO_x 或 COD、$NH_3\text{-}N$ 的排污费，之后再以污染当量数从多到少的顺序计征其他污染物的排污费。未列入试点的企业，其 NO_x 排污费和 $NH_3\text{-}N$ 排污费按调整后的征收标准和《排污费征收标准管理办法》的计算方法征收。

2013 年 12 月 12 日，北京市发展改革委、财政局和环保局印发《关于二氧化硫等四种污染物排污收费标准有关问题的通知》，要求"SO_2、NO_x、COD 排污收费标准调整为 10 元/kg，$NH_3\text{-}N$ 排污收费标准调整为 12 元/kg。取消普通煤 SO_2 排污费、低硫煤 SO_2 排污费"。同时，为鼓励低标准排放，惩罚超标准排放，督促排污单位加大治污减排力度，根据污染物排放情况，同时实施阶梯式差别化排污收费政策：污染物实际排放值低于规定排放标准 50%（含）的，按收费标准减半计收排污费；污染物实际排放值为规定排放标准 50%～100%（含）的，按收费标准计收排污费；污染物实际排放值超过规定排放标准的，按收费标准加倍计收排污费。

2014 年 3 月 6 日，浙江省物价局、财政厅和环保厅发布的《关于调整我省排污费征收标准的通知》中提出：水污染物中除五类重金属因子（铅、汞、铬、镉和类金属砷，下同）外的各因子排污费征收标准由每污染当量 0.7 元调整为 1.4 元；大气污染物中除五类重金属因子外的各因子排污费征收标准由每污染当量 0.6 元调整为 1.2 元；水污染物、大气污染物中五类重金属因子的排污费征收标准分别由每污染当量 0.7 元和 0.6 元皆调整为 1.8 元。

2014 年 6 月 19 日，天津市环保局印发《关于二氧化硫等 4 种污染物排污费征收标准调整及差别化收费实施细则（试行）》提出：从当年 7 月 1 日起，天津市 SO_2 排污费由 1.26 元/kg 调整至 6.3 元/kg、NO_x 由 0.63 元/kg 调整至 8.5 元/kg、COD 由 0.7 元/kg 调整至 7.5 元/kg、$NH_3\text{-}N$ 由 0.875 元/kg 调整至 9.5 元/kg。为鼓励排污者降低污染物排放总量和浓度，惩罚超标准排放，增加排污者治污减排积极性，对 SO_2 等 4 种污染物实行差别化排污收费政策：污染物排放浓度为规定排放标准 90%～100%（含）的，按收费标准计收排污费；污染物排放浓度为规定排放标准 80%～90%（含）的，按收费标准的 90%计收排污费；污染物排放浓度为规定排放标准 70%～80%（含）的，按收费标准的 80%计收排污费；污染物排放浓度为规定排放标准 60%～70%（含）的，按收费标准的 60%计收排污费；污染物排放浓度为规定排放标准 50%～60%（含）的，按收费标准的 50%计收排污费；低于规定标准 50%（含）的，按收费标准 40%计收排污费；污染物排放浓度超过规定排放标准的，该项污染物排污费按收费标准加 1 倍计收排污费。排污者 4 种污染物排放超过规定排放标准的，当月不得享受低于排污费征收标准的差别化收费。排污者不正常使用自动监控设施或自动监控数据弄虚作假的，当季度不得享受低于排污费征收标准的差别化收费，并按收费标准收费。

截至 2015 年 12 月月底，有 30 个省（区、市）出台落实了排污费征收标准文件，仅西藏尚未落实三部委的《通知》要求。在三部委《通知》下发前，北京、天津、河北等17 个省（区、市）已经提高了四项主要污染物的排污费征收标准，但普遍没有差别化排污收费政策和重金属单独收费的要求，其中 11 个省（区、市）在《通知》下发后，发文补充完善了差别化排污收费等政策，如表 3-7 所示。

表 3-7　各省（区、市）排污费征收标准调整情况　　　　单位：元/污染当量

序号	省（区、市）	大气污染物	水污染物	五项重金属	差别化收费			
					超标	超总量	淘汰类	低于标准
1	北京市	10 元/kg	COD 10 元/kg，氨氮 12 元/kg	1.4	加 1 倍	无	无	低于标准 50%的，减半征收
2	天津市	SO₂ 6.3 元/kg，NOₓ 8.5 元/kg，烟尘 2.75 元/kg，一般性粉尘 1.5 元/kg	COD 7.5 元/kg，氨氮 9.5 元/kg	每当量 1.4 元	加 1 倍	重金属排污费加 1 倍	重金属排污费加 2 倍	大气、废水排污费设定了 7 个阶梯的差别收费标准。重金属低于标准 50%的，减半征收
3	河北省	2.4	2.8	同 COD	加 2 倍	加 2 倍	加 2 倍	2015 年 1 月 1 日起：低于标准 50%的，减半征收。2020 年 1 月 1 日起：安装监控的，70%～90%，按 80%征收；50%～70%之间，按 60%征收；低于 50%的，按 40%征收。未安装监控的，低于 50%的，减半征收
4	山西省	1.2	1.4	1.4	加 1 倍	加 1 倍	加 1 倍	低于标准 50%的，减半征收
5	辽宁省	1.2	1.4	1.4	加 1 倍	加 1 倍	加 1 倍	低于标准 50%的，减半征收
6	吉林省	1.2	1.4	1.4	加 1 倍	加 1 倍	加 1 倍	低于标准 50%的，减半征收
7	黑龙江省	1.2	1.4	1.4	加 1 倍	加 1 倍	加 1 倍	低于标准 50%的，减半征收
8	浙江省	1.2	1.8	1.8	加 1 倍	加 1 倍	加 1 倍	低于标准 50%的，减半征收
9	上海市	3.8	2.4～3	1.4	加 1 倍	加 1 倍	淘汰类加 1 倍，限制类加 0.2 倍	低于 25%，按 30%征收；25%～50%，按 50%计收；50%～70%，按 75%计收；75%～100%，按 100%计收。有国家特别排放限值的，低于 50%，按 30%征收；50%～75%，按 40%计收；75%～100%，按 50%计收
10	江苏省	3.6，2018 年起 4.8	4.2，2018 年起 5.6	4.2，5.6	加 1 倍	加 1 倍	加 1 倍	低于 50%，按 50%征收；50%～80%，按 80%计收
11	广东省	1.2	1.4	1.4	加 1 倍	加 1 倍	加 1 倍	低于标准 50%的，减半征收

续表

序号	省（区、市）	大气污染物	水污染物	五项重金属	差别化收费			
					超标	超总量	淘汰类	低于标准
12	山东省	SO₂，NOₓ：3，2017年起6.0，其他1.2	主要1.4，其他0.9	1.4	加1倍	加1倍	加1倍	50%～75%，按75%征收；低于50%的，按50%征收
13	安徽省	1.2	1.4	1.4	加1倍	加1倍	加1倍	低于标准50%的，减半征收
14	福建省	1.2	1.4	1.4	加1倍	加1倍	加1倍	低于标准50%的，减半征收
15	河南省	1.2	1.4	1.4	加1倍	加1倍	加1倍	低于标准50%的，减半征收
16	湖北省	1.2	1.4	1.4	加1倍	加1倍	加1倍	低于标准50%的，减半征收；50%～70%，按60%征收；70%～90%，按80%征收
17	湖南省	1.2	1.4	1.4	加1倍	加1倍	加1倍	低于标准50%的，减半征收
18	广西壮族自治区	1.2	1.4	1.4	加1倍	加1倍	加1倍	低于标准50%的，减半征收
19	海南省	1.2	1.4	1.4	加1倍	加1倍	加1倍	低于标准50%的，减半征收
20	四川省	1.2	1.4	1.4	加1倍	加1倍	加1倍	低于标准50%的，减半征收
21	贵州省	1.2	1.4	1.4	加1倍	加1倍	加1倍	低于标准50%的，减半征收
22	云南省	1.2	1.4	1.4	加1倍	加1倍	加1倍	低于标准50%的，减半征收
23	陕西省	1.2	1.4	1.4	加1倍	加1倍	加1倍	低于标准50%的，减半征收
24	甘肃省	1.2	1.4	1.4	加1倍	加1倍	加1倍	低于标准50%的，减半征收
25	青海省	1.2	1.4	1.4	加1倍	加1倍	加1倍	低于标准50%的，减半征收
26	宁夏回族自治区	1.2	1.4	1.4	加1倍	加1倍	加1倍	低于标准50%的，减半征收
27	新疆维吾尔自治区	1.2	1.4	1.4	加1倍	加1倍	加1倍	低于标准50%的，减半征收
28	重庆市	1.2	1.4	1.4	加1倍	加1倍	加1倍	低于标准50%的，减半征收
29	内蒙古自治区	1.2，工业烟（粉）尘0.6	1.4	1.4	加1倍	加1倍	淘汰类加1倍，限制类加0.2倍	低于标准50%的，减半征收
30	江西省	1.2	1.4	无	无	无	无	无

从各省（区、市）调整后的排污费征收标准和差别化排污收费政策来看，有19个省（区、市）调整后的收费标准和差别化排污收费政策与《通知》要求一致；有5个省（区、市）调整后的收费标准高于《通知》要求。其中北京调整后的收费标准高出6～8倍、天津高出4～6倍；河北分三步调整至《通知》要求的2～5倍，上海分三步调整至2.5～6.5倍，江苏分两步调整至3～4倍，山东分两步调整至2.5～5倍（SO₂和NOₓ），湖北分两

步调整至 1～2 倍。

从调整标准的范围看，除国家规定的四项主要污染物外，浙江、山东、河南、宁夏
四省（区）全面提高了废水、废气所有污染物排污费征收标准；黑龙江提高了烟尘和悬
浮物的收费标准；天津提高了烟（粉）尘收费标准；湖北提高了总磷收费标准；广西提
高了烟尘收费标准。

从差别化排污收费政策方面看，天津、河北、上海、湖北、江苏、山东均制定了比
《通知》要求更加详细的差别化排污收费政策：天津市根据污染物排放浓度设定了 7 个阶
梯的差别化收费标准；上海市设定了 4 个阶梯的差别化收费标准。

3.2.2　排污费征收试点地区

多地启动 VOCs 排污费试点。2015 年 6 月，财政部、国家发展改革委、环保部发布
了《挥发性有机物排污收费试点办法》，提出了从 2015 年 10 月 1 日起对石油化工行业和
包装印刷行业征收 VOCs 排污费，并对 VOCs 排污费的核算方法进行了规定。同年 9 月
《国家发展和改革委员会　财政部　环境保护部关于制定石油化工及包装印刷等试点行
业挥发性有机物排污费征收标准等有关问题的通知》（发改价格〔2015〕2185 号）对各地
制定 VOCs 排污费征收标准进行指导和规范，提出 VOCs 对环境损害程度与二氧化硫、
氮氧化物等废气中主要污染物大体相当。该办法完善了 VOCs 防控体系，填补了多年来
未能从国家层面利用经济手段控制 VOCs 排放的空白。该办法出台后，各地陆续出台地
方性 VOCs 排污费征收办法，如表 3-8 所示。

表 3-8　"十二五"期间部分地区 VOCs 排污费政策出台情况

序号	地区	开始收费时间	基本收费标准	征收行业
1	北京市	2015 年 10 月 1 日	20 元/kg	石油化工、汽车制造、电子、印刷、家具制造
2	上海市	第一阶段 2015 年 10 月 1 日	10 元/kg	石油化工、船舶制造、汽车制造、包装印刷、家具制造、电子等 12 个大类行业中的 71 个中小类行业
		第二阶段 2016 年 7 月 1 日	15 元/kg	
		第三阶段 2017 年 1 月 1 日	20 元/kg	
3	安徽省	2015 年 10 月 1 日	每污染当量 1.2 元	石油化工、包装印刷

多个地方也试点征收扬尘排污费。目前我国还没有在全国范围征收扬尘排污费，但
是一些地方先行先试对扬尘开征排污费。2015 年 3 月和 5 月起，北京市和天津市先后对
施工工地开征扬尘排污费。征收基准分别为 3 元/kg 和 1.5 元/kg，并按照施工工地扬尘管
理等级，实行差别化收费，其中北京市扬尘管理不达标的工地付费将比管理优秀的工地
付费高 3 倍。征收范围为行政区域内的建设工程施工工地，包括房屋建筑（含工业厂房）、
装修、市政基础设施工地、拆除、园林绿化、水务、公路（含高速公路和桥梁）、地铁、

铁路及其他工程施工工地，应缴纳施工扬尘排污费。北京市施工扬尘排污费实行收支两条线管理，征收的施工扬尘排污费将统一纳入北京市财政排污费专项资金管理，并按照北京市排污费收缴使用管理相关规定的范围、程序和要求安排使用，主要支持重点扬尘污染源的治理、扬尘防治、扬尘污染源监管等方面。天津市收缴的施工工地扬尘排污费纳入财政预算管理，作为环境保护专项资金，实行"收支两条线"管理，全部专项用于环境污染防治。扬尘排污费的出台是对两市政府防霾治霾政策的有效补充，应确保政策落地实施，并加强监管及收入的有效使用，同时需凝聚社会力量与其他措施一起形成治霾"组合拳"，在大气污染防治中发挥积极作用。

3.2.3 发挥效用

2003 年国务院颁布实施《排污费征收使用管理条例》，是排污收费制度新的里程碑。10 年来，排污收费制度全面实施，充分发挥刺激企业积极治理污染、筹集环保治理资金两大功效，已经成为环境保护部门强有力的执法手段。排污收费理念深入人心，工作效果显著，有力促进了新形势下环保事业的发展。排污费政策发挥了促进污染治理的经济杠杆作用，通过对企业外排污染物收费促使企业主动考虑环境成本，将环境成本纳入企业会计中去，积极采取措施开展污染治理。

3.2.4 推动环境信息公开

根据 2010 年《关于印发 2010 年环境保护部重点工作事项及进度安排的通知》（环办〔2010〕39 号）第 46 项"推进国控重点污染源的监管工作"要求，从 2010 年第二个季度起（以后每个季度一次），在环境保护部网站上向社会公告国家重点监控企业的排污费征收情况。每季度对 13 425 家（动态更新）企业排污费征收情况在环境保护部网站上据实进行公告，接受公众监督，自 2011 年 5 月开始到 2014 年 2 月已公布 15 个季度。2014 年起，推进建立国控企业欠缴排污费负面清单制度，要求各省在本级门户网站公示 2013 年欠缴 3.4 亿元排污费的 374 家国控企业名单，接受媒体和公众监督。

3.2.5 存在问题

（1）排污收费标准偏低

2003 年排污费改革，污水、废气排污费征收标准每污染当量分别为 0.7 元和 0.6 元，远低于实际污染治理成本。如果考虑通货膨胀因素的影响，实际上改革后排污费标准是在逐步下降的。这就导致了近些年来排污费实施中存在的"守法成本高、违法成本低"的问题。因此，排污费征收标准须高于污染物的平均治理成本才能够实现政策的刺激作用，否则排污者宁愿缴纳排污费也不愿治理。

（2）征收面窄，难以满足新时期环境管理的需要

虽然 2003 年排污费改革增加了污染因子数，但是随着经济的发展和污染减排不断提

高的要求,《中共中央关于全面深化改革若干重大问题的决定》要求"建立和完善严格监管所有污染物排放的环境保护管理制度",目前一些不在收费范围内的污染物逐渐暴露和引起重视,比如挥发性有机物、流动污染源等。重金属污染已经成为"十二五"以来凸显的重大环境问题。虽然一些重金属列入排污费征收范围,但是往往并不属于收费的前三项污染物,不能予以征收,且很多地区重金属监测手段滞后。

（3）缺乏对排污者不同行为的激励机制

排污费制度本质上体现了污染者负担原则和环境外部成本内部化理论,使排污者为使用环境资源付出代价。但是作为经济政策手段,排污费制度还应对排污者环境行为具有良好的调节作用。市场经济下,生产经营单位以追求利益最大化为根本目标,环境行为表现同样服从于这一目标,因此政策的激励机制设置对于优化政策效果具有重要作用。然而,目前排污费制度没有普遍实行差别化收费政策,无法充分调动企业治污减排的主动性。

3.3 环境收费政策

3.3.1 污水处理费政策实践进展

污水处理收费标准出台,政策执行力度不断加大。2013 年 10 月,国务院发布《城镇排水与污水处理条例》,提到"特许经营合同、委托运营合同涉及污染物削减和污水处理运营服务费的,城镇排水主管部门应当征求环境保护主管部门、价格主管部门的意见";"排水单位和个人应当按照国家有关规定缴纳污水处理费"。2015 年 1 月 21 日,国家发展改革委、财政部、住房和城乡建设部联合发布《关于制定和调整污水处理收费标准等有关问题的通知》(发改价格〔2015〕119 号),主要涉及以下内容:一是首次明确污水处理价格标准。规定截至 2016 年年底,城市污水处理收费标准原则上每吨应调整至居民不低于 0.95 元,非居民不低于 1.4 元;县城、重点建制镇原则上每吨应调整至居民不低于 0.85 元,非居民不低于 1.2 元。二是收费标准要补偿污水处理和污泥处置设施的运营成本并合理盈利。污水处理收费标准应按照"污染付费、公平负担、补偿成本、合理盈利"的原则,综合考虑本地区水污染防治形势和经济社会承受能力等因素制定和调整。已经达到最低收费标准但尚未补偿成本并合理盈利的,应当结合污染防治形势等进一步提高污水处理收费标准。未征收污水处理费的市、县和重点建制镇,最迟应于 2015 年年底前开征,并在 3 年内建成污水处理厂并投入运行。三是实行差别化收费政策。各地可结合水污染防治形势和当地经济社会发展水平,制定差别化的污水处理收费标准。对企业排放污水符合国家或地方规定标准的,执行正常的企业污水处理收费标准。对企业排放污水超过国家或地方规定标准的,依据有关法律法规进行处罚,并对超标排放的污水实行更高的收费标准。各地可根据超标排放污水中主要污染物排放情况,制定差别化的收费标准。四是推动 PPP 模式,引入民资。鼓励社会资本投入,各地充分发挥价格杠杆作用,合理制定和调整污水处理收费标准，形成合理预期，吸引更多社会资本通过特许经营、政府购买服务、股权合作等方式，积极参与污水处理设施的投资建设和运营服务，提高污水处理能力和运营效率。五是污水处理可以根据不同水质单独收费，污水处理单位与排污企业可以形成单独的协议。鼓励工业园区（开发区）内污水处理单位与污水排放企业协商确定污水处理收费，提高污水处理市场化程度和处理效率。以园区为单位强调根据不同水质单独收费也能够激发园区企业主动寻求第三方治理，通过支付处理费用做到达标排放。

探索建立政府向污水处理企业拨付的处理服务费用与污水处理效果挂钩调整机制。2015 年 10 月 21 日，《中共中央　国务院关于推进价格机制改革的若干意见》中明确提出，按照"污染付费、公平负担、补偿成本、合理盈利"原则，合理提高污水处理收费标准，城镇污水处理收费标准不应低于污水处理和污泥处理处置成本，探索建立政府向污水处理企业拨付的处理服务费用与污水处理效果挂钩调整机制。

逐步上调、差别收费、第三方治理是污水处理收费的主流趋势。2015 年全国各地区污水处理收费水平如表 3-9 所示。2015 年 4 月 2 日，《山西省物价局　山西省财政厅　山西省住房和城乡建设厅关于制定和调整污水处理收费标准等有关问题的通知》（晋价商字〔2015〕95 号），除明确居民和非居民用水价格外，还提出山西省污水处理收费标准实行属地管理，并且各地制定和调整污水处理收费标准时应依法履行污水处理企业成本监审、专家论证、集体审议等定价程序。建立污水处理费征收标准与收费水量处理率同向联动调整机制。2015 年 4 月 16 日，广东省东莞市发展和改革局发布了《关于启动污水处理费征收标准与收费水量处理率同向联动调整机制的通知》（东发改〔2015〕108 号），规定东莞市收费水量处理率由基期的 70% 提高到 75%，根据居民、非居民、特种行业污水处理费基价 1.20 元/t、1.56 元/t、1.80 元/t，征收标准分别提高到 0.90 元/t、1.17 元/t、1.35 元/t。该收费标准已从 5 月 1 日起开始实施。2015 年 4 月 27 日，《南京市物价局　南京市财政局关于调整非居民生活用水等污水处理费标准有关问题的通知》（宁价工〔2015〕106 号），将全市非居民生活用水和特种用水污水处理费征收标准每立方米上调 0.3 元，按 1.95 元/m³ 的价格征收，到户价分别为 3.90 元/m³、4.90 元/m³。南京市居民生活用水仍然维持原标准，为 1.42 元/m³。2015 年 11 月 13 日，安徽省蒙城县物价局、财政局发布了《关于调整蒙城县污水处理费标准的通知》，其中规定居民污水处理费征收标准为 0.85 元/t，非居民污水处理费征收标准为 1.2 元/t。该通知还明确"上缴的污水处理费属于政府非税收入，纳入政府性基金预算管理，实行收支两条线，收入全额上缴同级国库，支出通过同级财政预算安排，实行专款专用"，保证污水处理费可用于相关设施的运行，以此可以提高污水处理率，保证达标排放。呼和浩特市城市居民污水处理价格较低，仅为 0.35 元/m³；济南市非居民污水和特种行业污水处理费为 0.4 元/m³。2015 年 11 月 20 日，山西省物价局、财政厅和住建厅联合发布《关于尽快开征污水处理费有关工作的通知》，要求市、县和重点建制镇尽快开征污水处理费，全省未开征污水处理费的市、县和重点建制镇最迟应于 2015 年年底前开征，并在 3 年内建成污水处理厂投入运行。

表 3-9　2015 年全国部分城市污水处理收费水平　　　　单位：元/m³

城市	居民	非居民	特种行业
北京市	1.36	3.00	3.00
天津市	0.9	1.2	1.2
南昌市	0.8	1.0	1.0
呼和浩特市	0.35	0.60	0.60
长春市	0.4	0.8	2.0
哈尔滨市	0.8	1.2	1.2
上海市	1.70	2.34	2.34
南京市	1.42	1.95	1.95
杭州市	1.00	2.05	1.75
合肥市	0.760	1.215	1.765
福州市	0.85	1.10	1.50
南昌市	0.8	1.0	1.0
济南市	0.4	0.4	0.4
郑州市	0.65	0.80	1.00
武汉市	1.10	1.37	1.37
长沙市	0.75	1.35	1.38
广州市	0.9	1.4	2.0
海口市	0.8	1.1	1.1
重庆市	1.0	1.3	1.3
成都市	0.9	1.4	1.8
昆明市	1.00	1.25	1.25
西宁市	0.82	1.09	1.50
乌鲁木齐市	0.5	0.5	0.5

一些地方强化工业园区污水处理收费政策落实。2015 年 4 月 24 日，江苏省苏州工业园区经济贸易发展局印发了《关于调整园区重污染行业污水处理费的通知》（苏园经〔2015〕8 号），将重污染行业（暂定为化工、医药、钢铁、印染、造纸、电镀等）污水处理费由 1.62 元/m³ 调整为 2.01 元/m³，每立方米上调 0.39 元，调整后重污染行业自来水价格为 5.16 元/m³。2015 年 12 月 8 日，广东省阳江高新技术产业开发区发布了《阳江高新区污水处理费征收管理办法》，2016 年 1 月 1 日开始实施。该办法设置了包括居民生活用水、工业用水、行政事业用水、经营服务用水和特种行业用水五类收费标准，其中工业用水的收费标准为 0.75 元/m³；规定了四类污水处理费征收范围和对象，分别明确了不同主体的收费原则。

3.3.2　污泥处置费

"十二五"期间，我国在污泥处置领域发布多项政策。自 2011 年起，安徽、江西、福建、广西、上海、浙江、重庆、深圳等地陆续下发污泥处理工作意见。但这些政策多集中在技术层面，投资模式、收费机制等问题还需进一步解决。已建成的污泥处理厂使用率并不高或彻底闲置。北京、上海是污泥处理厂较为密集的大型城市，总共有 50 多座污泥处理厂，但真正运行的只有十几座。目前，仅有江苏省太湖地区、广州市等一些先行试点地区将污水处理费用的一部分用于污泥处理，其他大部分地区对污泥处置的费用尚无明确规定。如江苏省太湖地区，要求从污水处理费中提取不低于 0.2 元/t 的资金用于污泥处理，后再次要求从污水处理费中提取一定比例资金专项用于污泥处置，而广州市污水处理费中仅有 0.04 元/t 用于支付污泥处理的费用。尽管目前我国城市污水处理能力有所提升，但污泥的产量也在大幅增长，因此目前污泥处理能力仍十分有限。按照城镇污水处理规划，截至 2015 年年底，直辖市、省会城市和计划单列市的污泥无害化处置率将达到 80%，其他设市的城市要达到 70%。"十二五"规划期间，全国污水处理及再生利用设施建设投资的需求约为 4 300 亿元，但针对污泥处置设施的投资仅为 347 亿元，占比不足 10%[①]。

为了解决污泥处置费用的问题，《污水处理费征收使用管理办法》明确统一将污泥处置费纳入污水处理费中。自 2015 年 3 月 1 日起，污水处理费的征收标准，按照覆盖污水处理设施正常运营和污泥处理处置成本同合理盈利的原则制定；并首次明确将用于城镇污水处理设施建设、运行和污泥处理处置的资金，涵括在污水处理费中。由于污泥得以处置才是整个污水处理过程的终结，因此只有把污泥处置费明确包含在污水处理费里，才真正做到了在收费形式上形成污水处理的闭环。

3.3.3　垃圾收费

自 2002 年《关于实行城市生活垃圾处理收费制度促进垃圾处理产业化的通知》下发以来，各地就开始推进征收垃圾处理费，经过多年的执行，垃圾处理收费逐渐暴露出一些问题。2012 年 8 月 6 日，《国务院关于印发节能减排"十二五"规划的通知》提出要"改革垃圾处理收费方式，提高收缴率，降低征收成本"。

在一些地区，垃圾收费改革不断深化，部分城市将垃圾处理费与水费捆绑征收以确保垃圾处理费征缴率。2011 年 11 月 23 日，湖南省政府下发《湖南省物价局关于同意调整长沙市城区供水价格和开征城市生活垃圾处理费等有关问题的批复》，湖南省长沙市垃圾处理费随水价开征，按用水量平均 0.3 元/t 开征。2014 年 11 月 13 日，银川市城管局规定，自 2015 年 1 月 1 日起城市居民生活垃圾处理费将与自来水水费绑定。2014 年 11 月 1 日起施行的《安庆市城市生活垃圾处理收费管理办法》规定，城市生活垃圾处理费主要采用"水消费量折算系数法"，计收不同类收费对象的城市生活垃圾处理费，按不同的征收类别和折算系数收取。其中，水消费量折算系数指每消费 1 t 水的社会经济活动或生活过程所产生的生活垃圾量的比率。城市垃圾处理费按照用水量与水费同步按月计收。2014

---

① 参考自 http://www.shuigongye.com/News/20143/2014030317530400001.html。

年 4 月，广东省佛山市顺德区发布《生活垃圾处理费水消费量折算系数法收费方案》，规定生活垃圾处理费将捆绑用水量，采用"水消费量折算系数法"计收，两者合并收费标准最低为居民用水 0.55 元/t，最高为农贸市场用水 4.23 元/t，新方案从 6 月 1 日起按当月抄见水量开始执行①。

　　一些城市探索创新垃圾处理处置收费方式。2014 年，天津市发展改革委、财政局、市容园林委发布《关于调整我市单位生活垃圾处理费收费标准的通知》，自 5 月 1 日起，天津市单位生活垃圾处理费收费标准调整为 260 元/t。2014 年 12 月，南京市政府转发《南京市生活垃圾大型中转和处置设施生态补偿暂行办法》，2015 年 1 月 1 日起，南京将开始收取生活垃圾环境生态补偿费，垃圾输出区要向市财政缴纳垃圾处理生态补偿费 50 元/t。而垃圾处理厂所在的区，如江宁、浦口等，将获得部分补偿费，用于垃圾处理厂周边地区的生态环境美化和整治等。福建省泉州市从 2015 年 1 月起上调生活垃圾处理费，常住人口每户每月 15 元，外来暂住每人每月 5 元。12 月 15 日，杭州市政府办公厅发布了《关于深入推进市区生活垃圾"三化四分"工作的实施意见》，提出了垃圾处理费阶梯式管理模式，以便进一步提高杭州市生活垃圾的减量化、资源化、无害化，以及生活垃圾的分类投放、分类收运、分类利用、分类处置水平。2015 年起，按照市政府当年下达给各城区的生活垃圾总量控制目标，各城区对垃圾处理费实行阶梯式管理。垃圾量超过年度生活垃圾总量控制目标 2% 的，对超过 2%（含）、不超过 4% 的部分，按垃圾处理费结算价的 1.5 倍支付；对超过 4%（含）、不超过 6% 的部分，按垃圾处理费结算价的 2 倍支付；对超过 6%（含）的部分，按垃圾处理费结算价的 3 倍支付。

---

　　① 参考自 http://www.solidwaste.com.cn/news/204024.html。

第 4 章

生态环境补偿政策

"十二五"期间，生态补偿制度持续受到社会关注，但对生态环境补偿制度的立法工作仍未取得突破；草原生态保护补助奖励机制政策继续推进，并且开始实施草原生态保护补助奖励资金绩效评价；国家森林生态效益补偿机制继续推进，生态效益补偿资金逐年增加，地方尝试建立森林生态效益补偿基金规范与提高补偿资金使用效率；国家重点功能区转移支付持续推进，范围逐年扩大，资金逐年提高；流域生态补偿试点继续推行，全国 17 个省（区、市）推行了省域内流域生态补偿，流域生态环境补偿政策在流域综合治理中的效益初显，跨省流域生态补偿进展仍然缓慢；海洋生态补偿仍处于起步阶段，以地方自发试点为主；湿地生态补偿机制在探索建立；推进规范矿产资源治理与补偿资金管理；山东、湖北等地探索环境空气治理生态补偿。

4.1 国家高度重视生态补偿制度建设

健全完善生态补偿制度一直是政府关注的重点问题，同样也是"十二五"期间政府工作重点，更是社会各方广泛关注的议题，如表 4-1 所示。党的十八大和十八届三中、四中、五中全会对生态文明建设的重要性和紧迫性也作出了科学论述，把生态文明建设纳入"五位一体"总体发展战略中进行谋划和部署，明确要求建立反映市场供求和资源稀缺程度、体现生态价值和代际补偿的资源有偿使用制度和生态补偿制度。"十二五"期间，国务院及各部门下发《〈国家环境保护"十二五"规划〉重点工作部门分工方案》《关于建立健全生态保护补偿机制的若干意见（征求意见稿）》《关于 2013 年深化经济体制改革重点工作的意见》《中共中央关于全面深化改革若干重大问题的决定》《中共中央国务院关于加快推进生态文明建设的意见》《生态文明体制改革总体方案》等文件以及新修订的《环境保护法》，都提出要积极推进探索建立、健全生态补偿制度，但是立法方面仍然没有突破。

表 4-1　"十二五"期间生态补偿制度有关政策文件

文件名称	时间	颁布部门	主要内容
《国家环境保护"十二五"规划重点工作部门分工方案》	2012 年 8 月 21 日	国务院	要求国家发展改革委、财政部、环境保护部等部门负责探索建立国家生态补偿专项资金，研究制定实施生态补偿条例，建立流域、重点生态功能区等地区的生态补偿机制
《关于建立健全生态保护补偿机制的若干意见（征求意见稿）》	2013 年 4 月	国家发展改革委、财政部、国土资源部、国家林业局等	提出了建立生态补偿机制的总体思路和政策措施
《生态补偿条例（草稿）》	2014 年 2 月	国家发展改革委、财政部、国土资源部、水利部、环境保护部、林业局等	成立条例起草小组，开展立法工作
《关于 2013 年深化经济体制改革重点工作的意见》	2013 年 5 月 18 日	国务院批转发展改革委	再次明确提到研究制定生态补偿条例
《中共中央关于全面深化改革若干重大问题的决定》	2013 年 11 月 12 日	中国共产党第十八届中央委员会第三次全体会议	明确指出：实行资源有偿使用制度和生态补偿制度。加快自然资源及其产品价格改革，全面反映市场供求、资源稀缺程度、生态环境损害成本和修复效益。坚持"谁受益、谁补偿"原则，完善对重点生态功能区的生态补偿机制，推动地区间建立横向生态补偿制度
《环境保护法》	2014 年 4 月 24 日	十二届全国人大常委会第八次会议	第 31 条明确规定：国家建立、健全生态保护补偿制度
《中共中央国务院关于加快推进生态文明建设的意见》	2015 年 4 月 25 日	国务院	明确指出：健全生态保护补偿机制。科学界定生态保护者与受益者权利义务，加快形成生态损害者赔偿、受益者付费、保护者得到合理补偿的运行机制。结合深化财税体制改革，完善转移支付制度，归并和规范现有生态保护补偿渠道，加大对重点生态功能区的转移支付力度，逐步提高其基本公共服务水平。建立地区间横向生态保护补偿机制，引导生态受益地区与保护地区之间、流域上游与下游之间，通过资金补助、产业转移、人才培训、共建园区等方式实施补偿
《生态文明体制改革总体方案》	2015 年 9 月 21 日	国务院	明确提出：构建反映市场供求和资源稀缺程度、体现自然价值和代际补偿的资源有偿使用和生态补偿制度，着力解决自然资源及其产品价格偏低、生产开发成本低于社会成本、保护生态得不到合理回报等问题

4.2 草原生态保护补助奖励机制政策继续推进

1. 草原生态保护补助奖励机制政策成效显著

国务院第 128 次常务会议决定，从 2011 年起，国家在内蒙古、新疆、西藏、青海、四川、甘肃、宁夏和云南 8 个主要草原牧区省（区）及新疆生产建设兵团，全面建立草原生态保护补助奖励机制。为此，2011 年 6 月 13 日，农业部、财政部共同制定了《2011年草原生态保护补助奖励机制政策实施指导意见》。2014 年 5 月，农业部与财政部发布《关于深入推进草原生态保护补助奖励机制政策落实工作的通知》指出，2014 年草原生态保护补助奖励机制政策继续在内蒙古、四川、云南等 13 个省（区）以及新疆生产建设兵团、黑龙江省农垦总局实施。"十二五"期间，此项政策取得了显著成效，有力促进了牧区草原生态、牧业生产和牧民生活的改善，如表 4-2 所示。

表 4-2　全国及典型省（区）草原生态保护补助奖励

区域	资金	补偿范围	补偿标准	政策效果
全国	"十二五"期间草原生态保护补助奖励投入 769.93 亿元	新疆、西藏、内蒙古、青海、四川、甘肃、宁夏、云南、山西、河北、黑龙江、辽宁、吉林 13 个草原地区	禁牧补助 6 元/（年·亩）；草畜平衡奖励 1.5 元/（年·亩）；人工种植牧草良种补贴 10 元/（年·亩）；牧民生产资料综合补贴 500 元/（年·户）	草原综合植被盖度、鲜草产量、农牧民收入均在增长
内蒙古自治区	五年累计投入草原生态保护补助奖励资金超 300 亿元，其中中央资金 212.9 亿元，内蒙古资金 87.6 亿元	内蒙古 10.2 亿亩可利用草原纳入国家草原补助奖励范围	按照禁牧每标准亩 6 元、草畜平衡每标准亩 1.5 元给予补助奖励	经过治理，内蒙古草原生态恢复速度明显加快，天然草原放牧牲畜头数减少，草原"三化"（沙化、退化、盐渍化）面积减少，草原植被盖度提高
新疆维吾尔自治区	"十二五"期间，整个新疆地区累计下拨补助奖励资金 74.3 亿多元	有可利用的 6.9 亿亩天然草原实施禁牧或草畜平衡	将禁牧补助标准下调为 5.5 元/（年·亩）（国家制定的禁牧补助标准为 6 元/（年·亩），这样可调剂出 7 500 万元（0.5 元/亩×1.5 亿亩=7 500 万元），并以 50 元/（年·亩）的禁牧补助标准对 150 万亩草场实施补助	惠及全疆 30 万户农牧民

续表

区域	资金	补偿范围	补偿标准	政策效果
西藏自治区	中央财政每年安排 20.098 1 亿元支持西藏草原生态保护补助奖励政策实施	实施范围覆盖了全区 74 个县、区	草原生态保护补助奖励机制，是按照 6 元/（年·亩）的标准，对禁牧牧民给予禁牧补助；按照 1.5 元/（年·亩）的测算标准，对未超载的牧民给予草畜平衡奖励；按照 10 元/（年·亩）的标准，给予牧草良种补贴；按照 500 元/（年·户）的标准，对牧民生产用柴油、饲草料等生产资料给予补贴	一是草原生态环境加快改善。2015 年西藏草原监测结果显示，全区鲜草产量 8 139.9 万 t，较 2010 年提高了 4.1%。二是草原畜牧业生产方式加快转型。2015 年，西藏肉类和奶类产量分别达到 29.28 万 t 和 35.44 万 t，分别比 2010 年增长 11.3% 和 17.2%。三是农牧民收入加快增长。"十二五"期间，全区农牧民年人均可支配收入的 10% 来自草原生态补助奖励政策，特别是大部分牧业县草奖资金占牧户可支配收入的 60% 以上，草原生态补助奖励政策在农牧民增收方面发挥了重要作用
青海省	五年累计落实草原生态保护补助奖励及绩效资金 132.77 亿元	全省总面积 4.74 亿亩	禁牧补助标准为：玉树和果洛 5 元/（年·亩）；海北和海南 10 元/（年·亩）；黄南 14 元/（年·亩）；海西 3 元/（年·亩）。草畜平衡奖励 1.5 元/（年·亩），牧草良种补贴 50 元/（年·亩）、人工种草补贴 10 元/（年·亩），综合补贴为 500 元/（年·户）	"十二五"以来，青海累计完成草原重大生态工程投资 40.96 亿元，实施了草原鼠害虫害防治、黑土型退化草原和沙化草原治理等保护项目；对 2.45 亿亩中度以上退化天然草原实施禁牧补助，对 2.29 亿亩可利用草原实施草畜平衡奖励

2. 草原生态保护补助奖励范围逐渐扩大、资金逐年增加

如图 4-1 所示，2011 年，中央财政安排资金 136 亿元在 8 个牧区省份及新疆生产建设兵团全面建立草原生态保护补助奖励机制，2012 年，中央财政进一步加大投入力度，安排资金 150 亿元，将草原生态保护补助奖励机制的覆盖范围扩大到河北等 5 个地区的 36 个牧区、半牧区县，对牧民实行草原禁牧补助、草畜平衡奖励、牧草良种补贴和牧民生产资料补贴等政策措施。2013 年，中央财政安排草原生态保护补助奖励资金 159.75 亿元，继续支持在上述 13 个省（区）及新疆生产建设兵团和黑龙江农垦总局实施这项政策，并加大对草原转变畜牧业发展方式的支持力度。据统计，政策覆盖了全部 268 个牧区、半牧区县，全国共有 639 个县实施草原生态保护补助奖励机制，涉及草原面积 48 亿亩，占全国草原面积的 80% 以上。2014 年，国家继续在 13 省（区）实施草原生态保护补助奖励政策。2015 年，中央财政进一步加大投入力度，安排资金 166.49 亿元，比上一年增加 8.8 亿元，用于对牧民实行草原禁牧补助、草畜平衡奖励、牧草良种补贴和牧民生产资料

补贴，以及通过绩效评价奖励，支持草原牧区畜牧业发展方式转变。政策实施有效促进了牧区经济社会与生态环境协调发展，对草原生态环境恢复，草原畜牧业发展方式转变，农牧民收入增长发挥了重要作用。

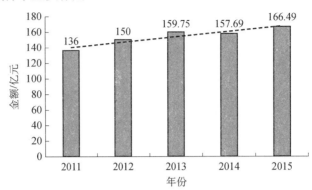

图 4-1　"十二五"期间草原生态保护补助奖励资金

3. 实施草原生态保护补助奖励资金绩效评价

为建立健全激励和约束机制，确保政策落到实处，提高资金使用效益，财政部、农业部根据《财政部　农业部关于印发〈中央财政草原生态保护补助奖励资金绩效评价办法〉的通知》（财农〔2012〕425 号），对相关省区 2013 年草原生态保护补助奖励机制的实施情况进行综合性绩效评价。中央财政以绩效评价结果为重要依据，统筹考虑草原面积、畜牧业发展情况等因素，拨付奖励资金 20 亿 s 元，用于草原生态保护绩效评价奖励，支持开展加强草原生态保护、加快畜牧业发展方式转变和促进农牧民增收等方面的工作。2014 年 6 月，财政部会同农业部制定了《中央财政农业资源及生态保护补助资金管理办法》，办法明确草原禁牧补助的中央财政测算标准为平均 6 元/（年·亩），草畜平衡奖励补助的中央财政测算标准为平均 1.5 元/（年·亩），牧民生产资料综合补贴标准为 500元/（年·户），牧草良种补贴标准为平均 10 元/（年·亩）。中央财政拨付奖励资金 20 亿元作为草原生态保护绩效奖励资金。

4.3　国家森林生态效益补偿标准增加

2001—2014 年，中央财政共安排森林生态效益补偿 801 亿元，其中 2014 年安排 149亿元，纳入补偿的国家级公益林面积为 13.9 亿亩。在 2001—2003 年试点基础上，中央财政于 2004 年正式建立了森林生态效益补偿制度，支持国家级公益林的保护和管理，国有、集体和个人的国家级公益林补偿标准均为 5 元/（年·亩）。2010 年，中央财政将属集体和个人所有的国家级公益林补偿标准提高到 10 元/（年·亩）。2013 年，中央财政进一步将属集体和个人所有的国家级公益林补偿标准提高到 15 元/（年·亩）。

专栏 4-1　**地方森林生态效益补偿效果显著**

　　广东省："十二五"以来，广东生态公益林补偿资金达 84.3 亿元，惠及全省 560 万户 2 650

万林农，占全省农业人口的 2/3，生态效益补偿工作更加强化生态惠民。生态资源数量持续扩大，全省继续扩大（新增）了 1 000 万亩省级生态公益林。省级以上（即国家级、省级）生态公益林提高到 7 212.42 万亩，占广东省总面积的 26.8%，占林业用地的 43.9%，位居全国前列。在生态公益林的推动下，全省森林覆盖率增加了 1.88%，森林蓄积量增加 1.32 亿 m³，生态公益林占林业用地比例提高了 8.9%，森林储碳总量提高到 3.2 亿 t，森林生态效益总值增加到 13 910 亿元，进一步筑牢了南粤森林生态安全屏障。

云南省："十二五"期间，云南省落实公益林管护和生态效益补偿资金 74.24 亿元，惠及 700 多万农户近 2 385 万人。截至 2016 年年初，公益林补偿面积扩大到 13 207 万亩，集体、个人权属的国家级和省级公益林补偿标准从 10 元/亩提高到 15 元/亩，实现全省同标准全覆盖。森林生态效益补偿实现管护和经营有机结合，促进林农就地就近转移就业，7.3 万农民直接参与公益林管护而得到劳务费收入；除禁伐区外，各地积极引导林农大力发展林下种植业、养殖业、林特产品采集加工以及森林旅游等特色产业。

四川省："十二五"期间累计落实森林生态效益补偿资金超过 58 亿元，补偿公益林面积超过 10 190.3 万亩，惠及全省 2 400 多万林农和林业职工。从 2011 年起，四川省全面实施公益林森林生态效益补偿制度，国家、省级层面相继提高了相关补偿标准。四川省省级公益林森林生态效益补偿标准从此前的 7 元/（年·亩），调增到 12 元/（年·亩），加上天保工程二期公益林 3 元/（年·亩）管护补助，四川省公益林生态效益补偿标准为 15 元/（年·亩）。

西藏自治区："十二五"期间，西藏享受中央财政森林生态效益补偿基金累计达 40.57 亿元，直接兑现农牧民补助资金达 25.73 亿元（其他为生态公益林建设工程投资）。惠及全区农牧民 173.27 万人，每人年均增收 297 元。目前，全区有 8.4 万名护林员每人年均管护收入 6 000 元左右。

广西壮族自治区："十二五"期间，广西累计安排森林生态效益补偿资金 49.56 亿元，对全区 7 200 多万亩国家级生态公益林和 900 多万亩自治区级生态公益林进行补偿。

4.4　国家重点生态功能区转移支付持续推进

4.4.1　转移支付范围逐年扩大

2011 年 7 月 19 日，财政部印发了《国家重点生态功能区转移支付办法》，对向国家重点生态功能区财政转移支付的对象、测算方法、管理流程等进行了规范。2012 年，转移支付实施范围已扩大到 466 个县（市、区）。为了加快生态文明制度建设，避免重蹈"先污染、后治理""先破坏、后修复"的覆辙，按照十八届三中全会提出的"完善对重点生态功能区的生态补偿机制"等要求，2014 年，经国务院批准，中央财政又将河北环京津生态屏障、西藏珠穆朗玛峰等区域内的 20 个县纳入国家重点生态功能区转移支付范围，享受转移支付的县（市、区）已达 512 个。

4.4.2　转移支付金额逐年提高

如图 4-2 所示，2011—2015 年，中央财政累计下拨国家重点生态功能区转移支付金额 2 083 亿元，其中 2011 年 300 亿元，2012 年 371 亿元，2013 年 423 亿元，2014 年 480 亿元，2015 年 509 亿元。中央财政重点生态功能区转移支付规模进一步扩大，以更好地引导地方政府加强生态环境保护，提高国家重点生态功能区所在地政府基本公共服务保障能力，促进生态文明建设，维护国家生态安全。同时，财政部会同环境保护部继续对国家重点生态功能区环境状况和自然生态进行全面监控和评价，并根据生态环境监测结果实施相应奖惩。

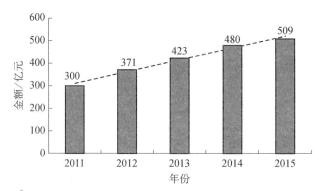

图 4-2　"十二五"期间国家重点生态功能区转移支付金额

专栏 4-2　重点生态功能区转移支付测算方法

中央对地方重要生态功能区的财政转移支付资金选取影响财政收支的客观因素，按县测算，下达到省、自治区、直辖市、计划单列市。

重点补助：对重点生态县域，中央财政按照标准财政收支缺口同时考虑补助系数进行测算。其中，标准财政收支缺口参照均衡性转移支付测算办法，结合中央与地方生态环境保护治理财政事权和支出责任划分，将各地生态环境保护方面的特殊支出、聘用贫困人口转为生态保护人员的增支情况作为转移支付测算的重要因素，补助系数根据标准财政收支缺口情况、生态保护区域面积、产业发展受限对财力的影响情况和贫困情况等因素分档分类测算。

禁止开发补助：对禁止开发区域，中央财政根据各省禁止开发区域的面积和个数等因素分省测算，向国家自然保护区和国家森林公园两类禁止开发区倾斜。

引导性补助：对省以下建立完善生态保护补偿机制和有关试点示范，适当给予引导性补助，已经享受重点补助的地区不再重复补助。

各省转移支付应补助额按以下公式计算：

某省重点生态功能区转移支付应补助额=重点补助+禁止开发补助+引导性补助

当年测算转移支付数额少于上年的省，中央财政按上年数额下达。为保障各地转移支付的稳定性，根据各地获得资金增幅进行适当控制调整。

财政部考察省对下资金分配情况、享受转移支付的县的资金使用情况等并进行绩效考核，同时会同有关部门完善生态环境保护综合评价办法。根据考核评价情况实施奖惩，激励地方加大生态环境保护力度，提高资金使用效益。对考核评价结果优秀的地区给予奖励。对生态环境质量变差、发生重大环境污染事件、主要污染物排放超标、实行产业准入负面清单不力和生态扶贫工作成效不佳的地区，根据实际情况对转移支付资金予以扣减。

各省实际转移支付额按以下公式计算：

某省重点生态功能区转移支付实际补助额＝该省重点生态功能区转移支付应补助额±奖惩资金

省级财政部门应当根据本地实际情况，制定省对下重点生态功能区转移支付办法，规范资金分配，加强资金管理，将各项补助资金落实到位。补助对象原则上不得超出本办法确定的转移支付范围，分配的转移支付资金总额不得低于中央财政下达的重点生态功能区转移支付额。

专栏 4-3　广东省对生态地区实施"奖补结合"转移支付机制

广东省印发《改革和完善省对下财政转移支付制度的实施意见》，要求对生态地区实施奖补结合的转移支付机制，并提出一般性转移支付占比提高到 60%或以上，保障性转移支付、生态地区转移支付和特殊困难地区转移支付总额占一般性转移支付的比重保持在 60%以上。广东省出台的这一文件以促进区域协调发展、推进基本公共服务均等化为主要目标，拟通过优化转移支付结构、完善一般性转移支付制度、清理规范专项转移支付、规范资金分配和使用、加强监督检查和绩效评价等措施，建立健全科学、规范、统一的省对下财政转移支付制度。在优化转移支付结构方面，意见明确在合理划分各级政府事权与支出责任的基础上，优化调整转移支付结构。2015 年年底前，省财政一般性转移支付占比将提高到 60%或以上。在完善一般性转移支付制度方面，按照"保基本"和"强激励"相结合的原则，建立健全以保障性转移支付、激励性转移支付、生态地区转移支付、特殊困难地区转移支付为主体的一般性转移支付体系。意见明确保障性转移支付、生态地区转移支付和特殊困难地区转移支付总额占一般性转移支付的比重应保持在 60%以上。意见要求进一步发挥保障性转移支付的托底作用，明确对重点生态功能区等生态地区实施奖补结合的转移支付机制，建立健全生态环境保护指标体系。

专栏 4-4　内蒙古自治区 2015 年转移支付资金达到 29 亿元

内蒙古自治区于 2011 年开始对相关重点县域开展监测、评价与考核工作。这项工作涉及自治区 8 个盟市，35 个旗县，占自治区面积约 55.37 万 km^2，占自治区总面积的 48.42%。自治区 35 个县域的转移支付资金呈现逐年递增的趋势。2011 年核定转移支付资金 16.98 亿元，2012 年核定转移支付资金 19.42 亿元，2013 年核定转移支付资金 20.98 亿元，2014 年核定转移支付资金 23.70 亿元，2015 年转移支付资金达到 29 亿元。同时，财政将拿出 3 700 万元作为奖励资金，对 2015 年考核成绩好的旗县进行奖励。

专栏 4-5　新疆维吾尔自治区细化转移支付考核奖惩机制

2015 年 12 月，新疆维吾尔自治区为确保国家重点生态功能区转移支付政策的有效落实，充分发挥好资金使用效益，对《新疆维吾尔自治区重点生态功能区转移支付办法》进行了重新修订，进一步明确了中央转移支付资金补助范围，细化了考核奖惩机制。2013 年，新疆共有 53 个县（市）被列为限制开发区域的重点生态功能区覆盖县（市），其中国家级生态功能区共有 29 个，自治区级的有 24 个。上述 29 个县（市）政府的干部政绩考核调整为生态保护优先的绩效评价，不考核地区生产总值、工业等指标。新办法对属于限制开发区域的 29 个县（市），考核结果优秀的地区予以奖励，考核结果较差及发生重大环境污染事件的地区，予以约谈并扣减其转移支付资金。对属于禁止开发区和引导性补助中的考核结果变好的县（市）予以奖励；对于"轻微变差""一般变差"的县（市）扣减其当年转移支付资金。对于生态环境连续两年变差或"明显变差"的县（市）全额扣减其转移支付资金，待其生态环境恢复到变差前的水平再予以拨付资金。

专栏 4-6　广西壮族自治区重点生态功能区转移支付力度逐年加大

"十二五"期间，广西壮族自治区累计下拨重点生态功能区转移支付补助资金 73.18 亿元，年均增长 12.4%。特别是在 2014 年 8 月粤、桂两省区签署了《九洲江跨界水环境保护合作协议》，决定截至 2016 年，两省区各安排 3 亿元作为合作资金，用于九洲江流域上游环境基础设施和能力建设、异地发展园区建设、禽畜养殖污染治理和清拆补偿工作，力争 2017 年完成治理任务，使该流域水质达到Ⅲ类标准。

4.5　流域生态补偿试点探索不断深入

全国 17 个省（区、市）推行了省域内流域生态补偿。"十二五"期间，生态环境补偿政策试点探索稳步推进，全国 17 个省（区、市）推行了省域内流域生态补偿，流域生态环境补偿政策在流域综合治理中的效用初显。辽宁辽河、江苏省太湖、福建省闽江以及贵州的清水江等流域均开展了生态补偿实践。福建闽江、九龙江流域生态补偿资金总额已达到每年 3.3 亿元，带动流域整治资金约 55 亿元，为水环境整治提供了有力的资金支持。通过多年的实践，福建已摸索出一套生态补偿资金和分配办法。此外，河南、湖南等地也在开展探索基于流域跨界监测断面水质考核模式的流域生态补偿办法。其中，河南省在省辖长江、淮河、黄河和海河四大流域 18 个省辖市实行流域水环境生态补偿机制政策试点。

跨省流域生态补偿试点进展较慢。作为首例跨省流域水环境补偿试点，自 2011 年以来，中央财政和浙、皖两省每年投入 5 亿元水环境补偿资金用于新安江流域生态补偿试点。2014 年试点期满，皖、浙两省联合监测数据表明，近 3 年新安江安徽出境断面水质稳中趋好，新安江的水质常年保持在Ⅰ类和Ⅱ类，达到试点考核要求，并带动了千岛湖水质实现与上游来水同步改善，营养状态指数逐步下降。2015 年启动了第二轮试点工作。

除新安江流域之外，跨省流域生态补偿试点总体进程比较缓慢。

专栏 4-7　**湖南省湘江流域生态补偿首发"奖罚单"**

2014 年 12 月，湖南省出台《湖南省湘江流域生态补偿（水质水量奖罚）暂行办法》。从 2014 年起，湘江流域市、县将实现"污染越重，处罚越多；保护越好，奖励越多"。湖南省将在对湘江流域上游水源地区给予重点生态功能区转移支付财力补偿的基础上，遵循"按绩效奖罚"原则，对湘江流域跨市、县断面进行水质、水量目标考核奖罚。按照"以罚为主、改善优先、适当奖励"的原则，2014 年湘江流域水质水量生态补偿实行"两奖两罚"，即水质优质奖励、水质改善奖励和水质劣质处罚、水质恶化处罚。考核对象包括湘江干流及其 5 条一级支流（耒水、春陵水、蒸水、洣水、涟水）。根据跨市、县湘江流域断面水质、水量监测考核结果，按水质目标考核、水质动态考核、最小流量限制 3 个部分，对流域所在的市、县进行奖罚。某地所有出境考核断面全部考核因子达到Ⅱ类标准的，给予适当奖励；达到Ⅰ类标准的，给予重点奖励。2015 年 12 月，湖南省财政厅《2014 年度湘江流域水质水量生态补偿奖罚资金项目安排表》显示，奖罚资金总额达 6 497 万元，处罚扣缴资金为 3 500 万元、奖励资金为 2 997 万元，其中，永州市奖 600万元、罚 0 元，湘潭市奖 379 万元、罚 150 万元，邵阳市奖 21 万元、罚 0 元，娄底市奖21 万元、罚 150 万元，衡阳市奖 470 万元、罚 700 万元，株洲市奖 469 万元、罚 700 万元，郴州市奖 804 万元、罚 1 050 万元，长沙市奖 233 万元、罚 750 万元。2 997 万元奖励资金为预算新增资金，由获奖市（县）专项用于生态保护与环境治理；3 500 万元处罚资金在年终结算时予以扣缴，由相关市统筹用于湘江保护与治理。

专栏 4-8　**福建省出台实施《福建省重点流域生态补偿办法》**

为健全流域生态补偿机制，加大重点流域水环境治理和生态保护力度，推进生态文明先行示范区建设，建设机制活、产业优、百姓富、生态美的新福建，2015 年 1 月，福建省人民政府印发《福建省重点流域生态补偿办法》，适用于跨设区市的闽江、九龙江、敖江流域生态补偿，涉及流域范围内的 43 个市（含市辖区，下同）、县及平潭综合实验区；重点流域生态补偿金，由中央、省政府以及流域范围内市、县政府及平潭综合实验区管委会共同筹集，逐步加大流域生态补偿力度。重点流域生态补偿金，按照水环境综合评分、森林生态和用水总量控制三类因素统筹分配至流域范围内的市、县。为鼓励上游地区更好地保护生态和治理环境，为下游地区提供优质的水资源，因素分配时设置的地区补偿系数上游高于下游。分配到各市、县的流域生态补偿资金由各市、县政府统筹安排，主要用于饮用水水源地保护、城乡污水垃圾处理设施建设、畜禽养殖业污染整治、企业环保搬迁改造、水生态修复、水土保持、造林防护等流域生态保护和污染治理工作。其中分配到的大中型水库库区基金由各市、县专项用于水库移民安置区的环境整治项目。

专栏 4-9　**继续推进新安江跨省水环境补偿试点**

新安江水环境生态补偿试点是全国首个跨省生态补偿机制试点流域，首轮试点于2014年圆满收官，流域水环境治理稳中趋好，为建立完善我国跨区域生态补偿机制作了典型示范。2015年国务院印发的《生态文明体制改革总体方案》中，明确提出继续推进新安江水环境补偿试点，财政部、环境保护部已经就实施第二轮生态补偿机制试点，征求了皖、浙两省的意见，正在抓紧制定新一轮新安江流域生态补偿机制试点的延续方案。安徽省已先期启动了第二轮试点工作，并已拨付部分省级试点资金 1.1 亿元。

专栏 4-10　**江西省率先实施覆盖全境的流域生态补偿**

2015 年 11 月，江西省人民政府发布《关于印发江西省流域生态补偿办法（试行）的通知》，适用于江西省境内流域生态补偿，主要包括鄱阳湖和赣江、抚河、信江、饶河、修河等五大河流，以及九江长江段和东江流域等。以省对县（市、区）行政区划单位为计算、考核和分配转移支付资金的对象，涉及全省范围内的 100 个县（市、区）。从 2016 年起，采取整合国家重点生态功能区转移支付资金和省级专项资金，省级财政新设全省流域生态补偿专项预算资金，地方政府共同出资，社会、市场上筹集资金等方式，筹集流域生态补偿资金，同时视财力情况逐年增加，并探索建立起科学合理的资金筹集方案。在保持国家重点生态功能区 2014 年各县转移支付资金分配基数不变的前提下，采用因素法结合补偿系数对流域生态补偿资金进行两次分配，选取水环境质量、森林生态质量、水资源管理因素，并引入"五河一湖"及东江源头保护区补偿系数、主体功能区补偿系数，通过对比国家重点生态功能区转移支付结果，采取"就高不就低，模型统一，两次分配"的方式，计算各县（市、区）生态补偿资金。

我国的流域生态补偿标准实践可分为三类，分别是：基于生态环境保护成本核算的补偿标准、基于流域跨界监测断面水质核算的补偿标准和基于污染物通量核算的补偿标准。这三类补偿标准都有采用，其中，以水质为主要的核算依据的补偿标准因与流域水质管理要求有着直接的关系而得以广泛采用。

4.5.1　基于生态环境保护成本核算的补偿标准

通过核算流域生态环境保护主体的环境保护成本来确定补偿量，这其中既包括直接的环境支出，也往往同发展机会成本一起来考虑。辽宁、福建、山东、广东以及北京采用了这一补偿标准，各地因地制宜地采用因素法来确定补偿量，如森林面积、水土流失面积以及流量等，不同地区各有侧重。补偿资金的最主要来源是财政资金，既有资金补偿也有项目补偿，如表 4-3 所示。

表 4-3 基于生态环境保护成本的补偿标准

流域	涉及地区	补偿量核算依据	补偿标准
闽江	福建省	水量因素,占总补偿额的30%	全年流量符合要求的时间按小时达到 90%以上的,全额给付补偿金;60%~90%的,按比例补偿;低于60%的,不予补偿
东江	广东省	生态环境保护成本	财政转移支付,项目支持

4.5.2 基于流域跨界监测断面水质核算的补偿标准

流域水质安全对流域生态环境、社会稳定和经济发展影响重大。为了改善流域水质,国家实施了污染物总量控制政策,对各流域的管理提出了明确的要求。这是近几年许多地区实施基于水质的生态补偿标准的主要动力,许多地区均确立了基于流域跨界监测断面水质核算补偿标准测量方式,即根据实际水质同目标值之间的差额来确定补偿量。这是我国目前流域生态补偿最为广泛采用的标准,大部分试点流域均采用了该标准,如辽宁辽河流域、河北子牙河流域、河南沙颍河流域等。由于各流域的污染物和污染程度有较大差别,因此各流域的污染因子、目标值以及补偿基数存在差异,如表4-4所示。同时,各流域的水质功能也存在不同,因此部分地区根据干支流、不同超标倍数、不同入境水质等情况设定了差异化的标准,如辽河、岷江等流域的干支流补偿标准存在差别,干流要求更高;河南省根据不同水质条件下的达标率实行不同的惩罚标准;河北省、陕西省则根据入境水质是否超标,扣除入境水质对断面水质的影响。

表 4-4 基于流域跨界监测断面水质核算的补偿标准

流域	涉及地区	核算因子	补偿标准
辽河	辽宁省	COD	干流超标0.5倍及以下,扣缴50万元,每递增超标0.5倍以内(含0.5倍),加罚50万元
			其他河流超标0.5倍及以下,扣缴25万元,每递增超标0.5倍以内(含0.5倍),加罚25万元
子牙河	河北省	COD	当入境水质达标(或无入境水流)时,超标0.5倍以下,扣缴10万元;超标0.5~1.0倍,扣缴50万元;超标1.0~2.0倍,扣缴100万元;超标2.0倍以上,扣缴150万元
			当入境水质超标且出境水质继续超标时,同样超标倍数的扣缴量提高一倍
闽江	福建省	COD、高锰酸盐指数、五日生化需氧量、溶解氧、氨氮、总磷	水质达标率≥80%或较上年提高5%以上的,给予上游全额补偿;达标率在 60%~80%的,按比例补偿;达标率低于60%的不予补偿
新安江	安徽省	高锰酸盐指数、氨氮、总氮、总磷	中央财政补偿3亿元给安徽,水质变好则浙江支付安徽1亿元,反之,水质没有变化则双方互不补偿

续表

流域	涉及地区	核算因子	补偿标准
五河、东江源	江西省	保护区面积、水质	源头各保护区面积占 30%；各保护区出境水质占 70%。水质每年监测 6 次，Ⅰ类和Ⅱ类水的系数分别为 1 和 0.5，按 6 次系数之和奖励
省辖淮海黄长四大流域	河南省	COD、氨氮	优于Ⅲ类时，达标率均大于 90%时奖励 100 万元；优于Ⅴ类时，达标率均大于 90%时，达标率每增加 1 个百分点奖励 20 万元；连续两年以上均为 100%时奖励 100 万元；考核断面水质当年每提高一个水质类别，奖励 200 万元
		饮用水水源地水质	当水质年达标率大于 90%时，由下游根据年用水量乘以 0.06 元/m³ 补给上游

4.5.3　基于污染物通量核算的补偿标准

采用水质和水量相结合的方式确定补偿额度。这一标准既考虑了主要的污染物，也考虑到了水体的纳污能力，既考虑了水质因素，也把水量因素包含在内，特别是对枯水期、丰水期水文因素变化较大的流域具有重要意义。不同流域补偿的污染因子、补偿标准和补偿力度也有较大差别，这与流域主要污染物、经济发展水平及水质管理目标等多方面有着直接联系。补偿资金的核算公式为：单因子补偿资金=（断面水质指标值−断面水质目标值）×月断面水量×补偿标准，补偿资金总量为各单因子补偿金之和。目前有三个地区采用了这种补偿标准，分别是江苏省太湖流域、河南省辖四大流域以及贵州的清水江流域，如表 4-5 所示。

表 4-5　基于污染物通量核算的补偿标准

流域	地区	核算因子	补偿标准
太湖流域	江苏省	COD、氨氮、总磷	COD：1.5×10⁴ 元/t；氨氮：10×10⁴ 元/t；总磷：10×10⁴ 元/t
省辖淮海黄长四大流域	河南省	COD、氨氮和总磷	COD：目标值≤30 mL/L 时，标准为 0.35×10⁴ 元/t；30 mL/L≤目标值≤40 mL/L，标准为 0.45×10⁴ 元/t；目标值>40 mL/L 时，标准为 0.55×10⁴ 元/t。氨氮：目标值≤1.5 mL/L 时，标准为 0.8×10⁴ 元/t；1.5 mL/L≤目标值<2 mL/L 时，执行标准为 1×10⁴ 元/t；2 mL/L≤目标值≤5 mL/L 时，执行标准为 1.4×10⁴ 元/t；目标值>5 mL/L 时，执行标准为 2×10⁴ 元/t。总磷执行标准为 5×10⁴ 元/t
清水江流域	贵州省	总磷、氟化物	总磷：0.36×10⁴ 元/t；氟化物：0.6×10⁴ 元/t

4.6　海洋生态补偿以地方自发试点为主

国家层面海洋生态补偿政策进展较慢。2015 年 3 月，国家海洋局对外公布《2015 年全国海洋生态环境保护工作要点》，明确在全国全面建立实施海洋生态红线制度，开展海洋资源环境承载能力监测预警试点，建立健全海洋生态损害赔偿制度和生态补偿制度，继续推进入海污染物总量控制制度试点。但截至 2019 年 10 月，国家层面仍未有任何有关海洋生态补偿的政策文件出台。

　　沿海地方积极推进海洋生态补偿试点。山东省 2011—2012 年累计征收海洋工程生态补偿费 7 750 万元，专项用于海洋与渔业生态环境修复、保护、整治和管理，2013 年度征缴补偿金继续增加。福建制定了福建省海洋生态补偿赔偿管理办法与福建省入海污染物溯源追究管理办法等，通过立法推动海洋生态补偿。2013 年 12 月，浙江省海洋与渔业局公开征求《浙江省海洋生态损害赔偿和损失补偿管理暂行办法（草案）》意见，该草案明确了海洋生态损害案件由省海洋与渔业局处置并提出赔偿要求，主要针对重大污染事故，如：①造成直接经济损失额在 1 000 万元以上的；②珍贵、濒危水生野生生物生存环境遭到严重污染时；③造成渔业生态功能部分丧失的；④其他应当由省海洋与渔业局提出赔偿要求的。值得一提的是，《深圳市海域管理条例（草案稿）》的制定在全国首创海洋使用与保护并行立法，对海洋经济的发展产生积极作用。该条例规定深圳湾等需特别保护的区域，今后不再增设排污口；向深圳海域倾倒废物最高可罚 20 万元。该条例不仅对海域使用进行了立法，同时也把海洋环境保护囊括在内，这在国内海洋规划管理立法上尚属首例。此次立法明确规定了深圳有审批权的海域，经公告具有两个以上意向用海人的，可以通过招标、拍卖及挂牌等市场化方式取得，并进一步规范了海域使用二级市场，将对深圳海洋经济的发展产生积极作用。2015 年 11 月，江苏省盐城市大丰、滨海、响水三县（区）对海洋工程生态修复项目进行了省、市、县、项目实施单位四方签约，落实生态补偿资金近 6 000 万元，标志着盐城市海洋生态修复项目正式启动。根据补偿协议，项目实施单位将开展海洋生态修复、海洋资源环境调查研究、岸线整治、海洋生态环境宣传教育及渔业资源监测等项目，着力提高工程海域周边海洋环境质量，修复海洋生态。

专栏 4-11　南通市联动开发示范区 20 个用海项目，累计生态补偿资金 1.75 亿元

　　江苏省南通市坚持环保与生态优先、开发与保护并举的原则，"十二五"期间，先后建成 2 个国家级海洋公园、1 个国家级水产种质资源保护区，各类保护区面积占管辖海域的 13.06%，不断加大海洋环境保护力度。2015 年 12 月，江苏省南通市在通州湾举行海洋生态补偿协议集中签约仪式，共有 6 个生态修复项目签约，涉及启东、海门、如东以及通州湾江海联动开发示范区的 20 个用海项目，累计生态补偿资金 1.75 亿元。

专栏 4-12　山东省颁布《山东省海洋生态补偿管理办法》

　　2015 年 12 月，山东省质量技术监督局发布了山东省地方标准《用海建设项目海洋生态损失补偿评估技术导则》，这是对地方标准《山东省海洋生态损害赔偿和损失补偿费评估方法》（DB37/T 1448—2009）的修订，促使企业理性用海，减轻海洋生态环境损害，推动海洋经济转型升级。经山东省人民政府同意，《山东省海洋生态补偿管理办法》由省财政厅、省海洋与渔业厅联合印发，自 2016 年 3 月 1 日起施行。这是目前全国唯一一个经省级政府同意，省级部门制定实施的海洋生态补偿管理规范性文件，对海洋生态保护补偿和海洋生态损失补偿作了全面规定，是海洋生态文明建设的一项制度创新。

4.7   湿地生态补偿机制在探索建立

自 2005 年国家层面开始推进湿地生态补偿，截至 2015 年，尽管我国湿地保护力度不断加大，但湿地面积仍然减少了 339.63 万 hm^2，占我国湿地总面积的 8.82%，湿地保护显得更加急迫而严峻。2011 年 10 月，财政部、国家林业局联合印发了《中央财政湿地保护补助资金管理暂行办法》。为支持湿地保护与恢复，2014 年中央财政安排林业补助资金湿地相关支出 15.94 亿元，支持湿地保护与恢复，启动退耕还湿、湿地生态效益补偿试点和湿地保护奖励等工作。为督促各地做好相关试点工作，加强对中央财政林业补助资金的使用管理，2014 年 7 月，农业部会同国家林业局印发了《关于切实做好退耕还湿和湿地生态效益补偿试点等工作的通知》（财农便〔2014〕319 号），进一步明确了省级财政部门、林业主管部门和承担试点任务的县级人民政府及实施单位的责任，提出了加强财政资金管理的要求。

各地方积极探索建立湿地生态补偿机制。江苏省苏州市 2010 年就出台《关于建立生态补偿机制的意见》，将水源地和重要生态湿地列入生态补偿重点，以直接承担这些生态区域生态保护责任的乡镇政府、村委会及农户为补偿对象。2013 年 3 月，苏州市进一步出台了《关于调整完善生态补偿政策的意见》，对湿地村的生态补偿采取分类、分档的办法，提高了湿地村的生态补偿标准。综合考虑湖岸线长度、土地面积及村常住人口等因素，对湿地村从原来的 50 万元/村，调整为按 60 万元/村、80 万元/村、100 万元/村三个档次进行补偿。2013 年全市市级湿地生态补偿资金预计达 7 380 万元，较 2012 年的 4 800 万元提高了 54%。2013 年，南京市出台《中共南京市委 南京市人民政府关于建立和完善生态补偿机制的意见》，首次把湿地生态补偿列入补偿范围，具体标准是：国家级湿地公园每个补助 200 万元，省级每个补助 100 万元，市级每个补助 40 万元。2013 年 10 月 16 日，武汉市政府发出《关于印发武汉市湿地自然保护区生态补偿暂行办法的通知》，自 2014 年起，市、区财政每年出资 1 000 万元，用于全市 5 个湿地自然保护区 28 223hm^2 湿地生态补偿。补偿对象为因湿地保护需要实行生态和清洁生产，从而使得生产经营活动受到限制的权益人，或在从事种植业、养殖业过程中，水域、滩涂、农田、林地等因遭受鸟类等野生动物取食而造成经济损失的权益人或经营者。具体办法是：市财政对省级湿地自然保护区分别以 25 元/（亩·年）、15 元/（亩·年）、10 元/（亩·年）的标准，对其核心区、缓冲区、实验区予以补偿；对市级湿地自然保护区分别以 20 元/（亩·年）、10 元/（亩·年）、5 元/（亩·年）的标准进行补偿。同时，配套建立区级生态补偿机制，各区以不低于 15 元/（亩·年）、10 元/（亩·年）、5 元/（亩·年）的补偿标准，分别对核心区、缓冲区、实验区进行补偿。

尽管国家和不少地方层面都实施了一些湿地生态补偿政策，但目前与建立长效可持续的生态补偿机制还有很大的差距，国家层面补偿力度仍需加强，地方正在加快试点探索，尚未建立有效的湿地生态补偿长效机制。

专栏 4-13　**西藏自治区积极推动重要湿地生态效益补偿试点**

为加强湿地资源保护，维护生物多样性，构建西藏自治区重要生态安全屏障，2015 年 8 月，自治区财政厅、林业厅制定了《西藏自治区重要湿地生态效益补偿试点项目总体方案》，试点实施期限暂定为 3 年（2015—2017 年），试点完成后，将与国家和自治区相关政策衔接。根据项目区每年湿地野生鸟类迁徙特点和其他珍稀野生动物生物学习性，对位于鸟类繁殖区或其他珍稀野生保护动物栖息的沼泽湿地，确定每年 5—10 月为湿地保育期，在此期间，禁止放牧及其他人为活动。对实施沼泽湿地保育的农牧民将按 90 元/（年·hm²）的补助标准进行湿地生态补偿。项目区重要湿地保育面积为 76 650.18 hm²，其中色林措黑颈鹤国家级自然保护区申扎县片区湿地保育面积为 61 402.65 hm²、珠穆朗玛峰国家级自然保护区定结县片区湿地保育面积为 8 522.63 hm²、雅鲁藏布江中游河谷黑颈鹤国家级自然保护区浪卡子县片区湿地保育面积为 6 724.90 hm²。除实行湿地保育之外，将对项目区重要湿地限牧，湿地限牧面积为 16 438.2 hm²，其中色林措黑颈鹤国家级自然保护区申扎县片区湿地限牧面积为 13 039.98 hm²、珠穆朗玛峰国家级自然保护区定结县片区湿地限牧面积为 1 550.95 hm²、雅鲁藏布江中游河谷黑颈鹤国家级自然保护区浪卡子县片区湿地限牧面积为 1 847.27 hm²。试点项目对沼泽湿地采取减小放牧强度，实施湿地限牧措施，对湿地限牧区域内的农牧民的生态补偿补助标准为 22.5 元/（年·hm²）。

专栏 4-14　**广东省与黑龙江省每年各安排 1 000 万元用于湿地生态补偿**

2010 年，广东省政协将"加强湿地保护，建立重点湿地生态补偿机制"提案列为省主要领导督办的 4 个重点提案之一，省财政决定从 2011 年起每年安排 1 000 万元开展省级湿地保护补助。

黑龙江省"十二五"期间不断扩大湿地生态效益补偿范围。"十二五"期间，黑龙江将全省 50% 的天然湿地纳入湿地生态效益补偿范围，2012 年，省财政设立 1 000 万元湿地保护补助专项资金，将全省 21 处湿地保护区和 1 处湿地公园纳入补助范围。

4.8　规范矿产资源治理与补偿资金管理

2012 年全国矿产资源补偿费征收入库额为 197.5 亿元，比 2011 年增加 8.5%。全国有 26 个省（区、市）矿产资源补偿费征收入库额超过 1 亿元，其中山西、内蒙古超过 25

亿元，黑龙江、山东、陕西、新疆超过 10 亿元，河北、辽宁、河南、安徽、甘肃超过 5 亿元。补偿费征收入库额超过亿元的矿种为：石油、天然气、煤、铁、铜、铅、锌、钼、金、钾盐、水泥灰岩、矿泉水、建筑石材以及普通建筑用砂石、黏土，其中煤、铁、铜、锌、金、钾盐、矿泉水增幅较大，钾盐、矿泉水补偿费征收首次过亿元。2012 年我国首次建立了矿产资源补偿费征收统计直报制度，除西藏自治区外，全国其他 30 个省（区、市）的 2 400 多个征管机构全面使用补偿费征收统计网络直报系统，所有持证矿山均纳入直报系统，促进了矿产资源补偿的规范征收和足额入库，大部分省（市、区）的征收面和入库率均有明显提高。

2013 年 3 月，财政部、国土资源部联合发布了《矿山地质环境恢复治理专项资金管理办法》，指出专项资金用于矿山地质环境恢复治理工程支出及其他相关支出。工程支出包括矿山地质灾害治理、地形地貌景观破坏治理、矿区地下含水层破坏治理和矿区土地复垦等。2000—2013 年，中央财政安排矿山地质环境治理专项资金 269.97 亿元，实施矿山地质环境治理项目 1 934 个，中央投入带动地方财政和企业投入资金达 460 亿元。

2014 年全国矿产资源补偿费征收入库额达到 203.7 亿元。其中，石油、天然气、煤炭征收入库额为 129.1 亿元，虽出现下降，仍占总额的 63.4%；铁、铜、锌等固体矿产增幅明显。2014 年度，全国 26 个省（区、市）矿产资源补偿费征收入库额超过 1 亿元，其中山西、内蒙古、陕西超过 20 亿元。受国内大宗矿产品产供销增速回落、矿产品价格普遍下降和油气煤炭税费政策调整的影响，全国约 2/3 省（区、市）的征收入库额均有不同程度的下降，尤其是以油气、煤炭资源为主要费源的省（区、市）。其他约 1/3 省（区、市）的征收入库额出现增长，其中浙江、福建、湖北、广西、四川、云南、青海 7 省（区）增长幅度超过 20%。从矿种来看，固体矿产征收入库额增长，能源矿产下降。铁、铜、锌、金、磷矿、钾盐、水泥用炭岩、矿泉水、建筑石材以及普通建筑用砂石、黏土等主要缴费矿种都有较大增幅；第四季度，石油、煤炭减幅明显，2014 年征收额较 2013 年分别下降了 20.4%和 16.6%。为进一步规范矿产资源补偿费征收管理工作，2014 年 10 月，《福建省财政厅　福建省国土资源厅关于规范矿产资源补偿费征收管理工作的通知》中规定要严格按规定的标准和计算方式征收矿补费；开采回采率系数的确定要严格按规定计算；矿产品计征销售收入应按采矿权人开采矿产品或采、选、加工后矿产品用于销售，向购买者收取的全部价款和价外费用计算。2014 年 12 月，《广东省国土资源厅　广东省财政厅　广东省发展改革委关于矿山地质环境治理恢复保证金的管理办法》中规定采矿权申请人申请办理开采登记，领取采矿许可证前，应与保证金缴存地区的县级以上国土资源部门签订《矿山地质环境治理恢复合同书》，并在签订合同之日起三个月内按规定缴存首期保证金或一次性缴清保证金。

取消煤炭、原油、天然气的矿产资源补偿费。2015 年 1 月，按照国务院关于实施煤炭资源税改革的要求，财政部、国家发展改革委印发了《财政部　国家发展改革委关于全面清理涉及煤炭原油天然气收费基金有关问题的通知》（财税〔2014〕74 号），为推进资源税改革工作，国务院决定将煤炭资源税由从量计征改为从价计征，调整煤炭、原油、天然气资源税税率，同时清理相关收费基金，决定自 2014 年 12 月 1 日起将煤炭、原油、天然气的矿产资源补偿费费率降为零。

4.9　地方探索环境空气治理生态补偿

山东省推进环境空气治理生态补偿。2014 年 2 月，《山东省人民政府办公厅关于印发山东省环境空气质量生态补偿暂行办法的通知》中规定按照"将生态环境质量逐年改善作为区域发展的约束性要求"和"谁保护、谁受益，谁污染、谁付费"的原则，以各设区的市细颗粒物（PM$_{2.5}$）、可吸入颗粒物（PM$_{10}$）、二氧化硫（SO$_2$）、二氧化氮（NO$_2$）季度平均浓度同比变化情况为考核指标，建立考核奖惩和生态补偿机制；PM$_{2.5}$、PM$_{10}$、SO$_2$、NO$_2$ 四类污染物考核权重分别为 60%、15%、15%、10%。省对各设区的市实行季度考核，每季度根据考核结果下达补偿资金额度。各设区的市获得的补偿资金，统筹用于行政区域内改善大气环境质量的项目，如表 4-6 所示。

2015 年 3 月，山东省人民政府对《山东省环境空气质量生态补偿暂行办法》做以下修改：增加第九条"年度空气质量连续两年达到《环境空气质量标准》（GB 3095—2012）二级标准的设区的市，省政府给予一次性奖励，下一年度不再参与生态补偿；若该市后续年度污染反弹，空气质量达不到《环境空气质量标准》（GB 3095—2012）二级标准，则继续参与生态补偿"。2015 年 12 月，山东省政府办公厅下发通知，将《山东省环境空气质量生态补偿暂行办法》做出修改。新办法自 2016 年 1 月 1 日起施行，有效期至 2017 年 12 月 31 日。从 2016 年起，全省生态补偿资金系数从 20 万元提高到 40 万元，补偿力度翻番。也就是说，当空气质量改善时，省里向各市发放的补偿资金金额将翻倍；而当空气质量恶化时，各市向省里缴纳的资金金额也将翻倍。生态补偿考察的指标是，PM$_{2.5}$、PM$_{10}$、SO$_2$、NO$_2$ 季度平均浓度同比变化情况，四类污染物考核权重分别为 60%、15%、15%、10%。根据自然气象对大气污染物的稀释扩散条件，山东将全省 17 市分为两类进行考核。第一类为青岛、烟台、威海、日照，稀释扩散调整系数为 1.5；第二类为济南、淄博、枣庄、东营、潍坊、济宁、泰安、莱芜、临沂、德州、聊城、滨州、菏泽，稀释扩散调整系数为 1。2015 年第三季度全省空气质量生态补偿结果中，有 16 市环境空气质量同比有所改善，获得省级空气质量生态补偿资金 3 078 万元。在获得省级空气质量生态补偿资金的 16 个市中，临沂市获生态补偿资金 306 万元，继第二季度后连续两个季度受奖额度居山东首位。

湖北省实施环境空气质量生态补偿奖惩。2015 年 12 月，湖北省政府办公厅印发《湖北省环境空气质量生态补偿暂行办法》（以下简称《办法》），该《办法》将于 2016 年 1 月 1 日起试行，湖北成为继山东之后，全国第二个用生态补偿与奖惩办法来治理大气污染、改善空气质量的省份。《办法》明确规定，省环保厅每季度公开发布环境空气质量考

表 4-6　国内典型省市空气质量生态补偿标准

地区	考核内容	资金核算方法	补偿资金额度
山东省	各设区市的 PM$_{2.5}$、PM$_{10}$、SO$_2$、NO$_2$ 季度平均浓度同比变化情况为考核指标，依据问题程度，各污染因子的权重分别为 60%、15%、15%、10%	某设区的市补偿资金额度为考核指标季度平均浓度同比加权变化量与稀释扩散调整系数以及生态补偿资金系数的乘积。全省 17 城市实行分类考核，青岛、烟台、威海、日照 4 个大气污染物稀释扩散条件较好的沿海城市稀释扩散调整系数为 1.5，其他 13 市的稀释扩散调整系数为 1。生态补偿资金系数为 40 万元/（μg/m³）	该机制实施两年来，省级财政累计发放生态补偿资金 3.4 亿元，各地市上缴生态补偿资金 2 384.5 万元，其中 2014 年发放 2.1 亿元，各地市上缴 413.5 万元；2015 年发放 1.3 亿元，有关市上缴 1 971 万元
四川省	对 PM$_{10}$ 年均浓度下降比例、年度目标任务情况进行考核；对各市（州）当年 PM$_{10}$、SO$_2$、NO$_2$ 与上年同比变化情况进行考核，视改善情况给予激励。PM$_{10}$、SO$_2$、NO$_2$ 三项考核指标的权重分别为 60%、20%、20%	每年年初，由省级财政下达每个市（州）环境空气质量年度目标任务激励资金 500 万元，由各市（州）统筹用于本地区大气污染防治等工作。次年由环境保护厅对各市（州）上年环境空气质量年度目标任务完成情况进行考核。对未完成目标任务的市（州），视实际完成情况进行分档扣收，最大扣收额为 500 万元。完成年度目标任务的市（州），对预下达资金不予扣收	2015 年四川省累积安排省级环境空气质量考核资金 1.3 亿元，获得环境空气质量考核激励资金的有：成都、自贡、攀枝花、泸州、德阳、绵阳、广元、遂宁、内江、乐山、南充、宜宾、巴中、雅安、阿坝、甘孜、凉山 17 个市（州）。4 个市被扣缴资金，分别是眉山市（300 万元）、资阳市（300 万元）、广安市（200 万元）、达州市（100 万元）
湖北省	建立双项考核机制。按照"谁改善、谁受益，谁污染、谁付费"的原则，结合国家空气质量考核标准和湖北省实际情况，以湖北省大气首要特征污染物为指标，建立"环境空气质量逐年改善"与"年度目标任务完成"相结合的生态补偿机制	对 PM$_{10}$、PM$_{2.5}$ 年平均浓度达到《环境空气质量标准》（GB 3095—2012）二级标准的地方，若按考核方法计算结果为负值，不扣缴生态补偿资金。生态补偿资金系数暂定为 30 万元/（μg/m³）	—
江苏省	—	制定《江苏省水环境区域补偿实施办法（试行）》，对空气质量优秀的城市奖励 100 万元，良好的城市奖励 50 万元，没有达标的城市则启动约谈机制	—
银川市	以各县（市）区 PM$_{10}$、PM$_{2.5}$、SO$_2$、NO$_2$ 季度平均浓度同比变化情况为考核指标，建立考核奖惩和生态补偿机制。四类污染物考核权重分别为 50%、15%、20%、15%	生态补偿资金核算方式与山东省基本相同，生态补偿资金系数暂定为 20 万元/（μg/m³）	—

核结果，并将各地生态补偿资金核算结果上报省政府并抄送省财政厅。省财政厅按年度通过调整相关地方的一般性转移支付资金额度，实行生态补偿和奖惩。环境空气质量生态补偿奖惩资金由省和各地统筹用于大气污染防治工作，不得挤占挪用。

河北邯郸市实施环境空气质量生态补偿。为进一步加强大气污染防治工作，促进邯郸市环境空气质量持续改善，2015 年 10 月，邯郸市出台《邯郸市环境空气质量生态补偿办法（试行）》。自 2015 年 10 月 9 日起，根据每季度国控、省控和市控空气自动监测站所在县（市、区）环境空气质量综合指数与上年同期相比改善率和季度环境空气质量指数综合排名情况，建立生态补偿机制。一是对 4 个国控和 2 个市控（待建）空气自动监测站所在的丛台区、邯山区、邯郸县、复兴区和邯郸经济技术开发区，按每季度环境空气质量综合指数与上年同期相比改善率名次的 70%权重和季度平均环境空气质量指数名次的 30%权重加和，由低到高进行排名，对最后一名县（市、区）扣留 100 万元生态补偿资金，用于补偿环境空气质量改善第一名县（市、区）。二是对省控空气自动监测站所在的 15 个县（市、区），按每季度环境空气质量综合指数与上年同期相比改善率名次的 70%权重和季度平均环境空气质量指数名次的 30%权重加和，由低到高进行排名，对后五名县（市、区）分别扣留 100 万元生态补偿资金，用于补偿环境空气质量改善前五名县（市、区）。三是市环境保护局负责每季度对丛台区、邯山区、邯郸县、复兴区、邯郸经济技术开发区及 15 个县（市、区）空气自动监测站环境空气质量进行排名，将排名情况向社会公布，并通知市财政局奖励、扣罚环境空气质量生态补偿资金。市财政局负责统一通过年终财政结算，兑现对有关县（市、区）生态补偿资金的筹集和发放。

贵州贵阳市实施环境空气质量考核奖惩。贵阳市对各区（市、县）环境空气进行月（年）度考核和季度奖惩，将对连续 3 个月排名第一的区（市、县）通报表扬。考核指标包括环境空气质量状况、主要污染物削减情况和大气污染防治工作完成情况。其中，环境空气质量状况包括环境空气质量综合指数和环境空气质量优良率；主要污染物削减情况包括 PM_{10} 和 $PM_{2.5}$ 浓度削减情况；大气污染防治工作完成情况包括大气污染防治工作重点工程推进情况、自动监测站点运行维护和督查情况等。季度奖惩核算以各区（市、县）季度环境空气质量综合指数、PM_{10} 和 $PM_{2.5}$ 细颗粒物目标任务完成情况为核算指标，对各区（市、县）分两类实施奖惩，奖惩情况实行季度公布，年度统一结算。第一类为云岩区、南明区、观山湖区、乌当区、白云区、花溪区和经开区，奖惩资金系数为 10 万元/分；第二类为清镇市、修文县、息烽县和开阳县，奖惩资金系数为 6 万元/分。考核、奖惩工作由市改善环境空气质量攻坚工作领导小组负责组织实施。各区（市、县）连续 3 个月月度考核评分第一名，报请市政府通报表扬；连续 3 个月月度考核评分最后一名且未达考核要求的，由市政府分管副市长会同市督办督察局、市生态文明委等相关部门对被考核单位主要负责人进行约谈，并责令作出书面检查；年度考核评分为最后一名且未达考核要求的，提请市委、市政府按照有关规定对被考核单位主要负责人进行问责。考核结果纳入年度生态文明示范城市建设目标责任书考核和年终对各区（市、县）政府及经济技术开发区管委会环保目标责任制与首末位排名的考核。

4.10　其他领域

规范船舶油污损害赔偿基金征管。2014 年 5 月，为进一步做好船舶油污损害赔偿基金征收使用管理工作，在深入调查研究的基础上，交通运输部、财政部联合制定了《船舶油污损害赔偿基金征收使用管理办法实施细则》，规定每单持久性油类物质的最低收费额为 1 元，尾数不足 1 元的不计收；当年基金支出预算不足以全部支付索赔案件应付金额的，船舶油污损害赔偿基金管理委员会秘书处应当按照船舶油污损害赔偿基金管理委员会作出赔偿或补偿决定的时间顺序依次赔偿或补偿，时间顺序相同的按比例赔偿或补偿，赔偿或补偿不足的部分纳入下一年度基金支出预算。

第5章
环境权益交易政策

"十二五"期间，国家提出实行资源有偿使用制度，积极推行节能量、碳排放权、排污权、水权交易制度，环境权益交易政策在国家层面得到高度重视。中央和地方积极推进自然资源产权制度建设探索。排污权交易制度使用和试点范围不断扩大，交易量稳步增加，逐步推动形成全国统一的排污权交易市场。碳排放权交易政策支撑日益完善，地方试点正式启动。水权交易试点省市积极开展交易模式探索，为全国水权改革提供经验做法。此外，用能权交易试点亦提上日程。

5.1 自然资源资产产权

国家开始全面推进探索建立自然资源资产产权制度。将自然资源资产化并建立相应的产权制度，是实现生态文明建设的关键举措之一。2013 年，第十八届中央委员会第三次全体会议作出《中共中央关于全面深化改革若干重大问题的决定》，提出："健全自然资源资产产权制度和用途管制制度"。中共第十八届四中全会再次强调建立健全自然资源产权制度。2015 年 9 月，中共中央、国务院印发了《生态文明体制改革总体方案》，指出到 2020 年将构建起包括自然资源资产产权制度在内的八项制度体系，明确提出建立统一的确权登记系统。对水流、森林、山岭、草原、荒地、滩涂等自然生态空间进行统一确权登记，形成归属清晰、权责明确、监管有效的自然资源资产产权制度。坚持资源公有、物权法定，清晰界定全部国土空间各类自然资源资产的产权主体；逐步划清全民所有和集体所有之间的边界，划清全民所有、不同层级政府行使所有权的边界，划清不同集体所有者的边界；推进确权登记法治化。

贵州省积极推进自然资源资产产权管理改革。2014 年，国家发展改革委发布《关于印发贵州省生态文明先行示范区建设实施方案的通知》（发改环资〔2014〕1209 号），提出贵州省生态文明先行示范区建设的第一项任务即为探索自然资源资产产权和用途管制制度。2014 年 3 月，贵州省国土资源厅、发展改革委共同印发了《贵州省自然资源资产产权制度和用途管制制度改革方案》（黔国土资发〔2014〕28 号），明确了健全自然资源资产产权制度的改革目标、改革任务、责任分工和时间进度。同年 5 月，贵阳市人民政府办公厅下发了《市人民政府办公厅关于成立贵阳市自然资源资产产权制度改革试点工作领导小组的通知》，选择了白云区、钟山区、平坝县、玉屏县、兴义市、台江县、荔波县、赤水河流域所在县（赤水市、习水县、仁怀市、桐梓县、遵义县、金沙县、大方县、七星关区）15 个县（区、市）开展自然资源资产产权制度试点，指导帮助试点地区积极开展地理国情调查工作、永久性基本农田划定、千亩坝区耕地核查工作，协调配合相关部门开展森林、草地、水资源等摸底调查工作，为构建自然资源资产产权制度夯实基础、创造条件、提供支撑。截至 2015 年，白云区、赤水市、平坝县等地工作进度相对较快，部分试点地方分别启动了自然资源资产负债表编制试点工作和土地资源资产负债表编制试点工作。

其他地区关于推进建立自然资源产权制度情况。2015 年 3 月昆明市发布的《昆明市全面深化生态文明体制改革总体实施方案》（昆办发〔2015〕8 号）以及 2015 年 11 月河北省发布的《中共河北省委　河北省人民政府关于加快推进生态文明建设的实施意见》中均提到要加快建立自然资源产权制度。

5.2　排污权有偿使用和交易

国家高度重视利用市场化机制推进控污减排。2011 年中央政府工作报告明确提出"研究制定排污权有偿使用和交易试点的指导意见"。2014 年，国家出台实施《国务院办公厅关于进一步推进排污权有偿使用和交易试点工作的指导意见》，这是国家出台的第一个关于排污权交易的文件。2015 年，《排污权出让收入管理暂行办法》出台，这是国家出台的第一个关于排污权交易的具体管理办法。同年，中共中央、国务院印发了《中共中央　国务院关于加快推进生态文明建设的意见》，再次强调要扩大排污权有偿使用和交易试点范围，发展排污权交易市场。

专栏 5-1　**推进排污权有偿使用试点**

2014 年 8 月 25 日，《国务院办公厅关于进一步推进排污权有偿使用和交易试点工作的指导意见》发布，明确提出进一步推进试点工作，确认了实施污染物排放总量控制为开展排污权交易试点的前提；规定试点地区应于 2015 年年底前全面完成现有排污单位排污权的初次核定，以后原则上每 5 年核定一次；试点地区实行排污权有偿使用制度，排污单位在缴纳使用费后获得排污权，或通过交易获得排污权；规范了排污权出让方式，试点地区可以采取定额出让、公开拍卖方式出让排污权。此外，对排污权出让收入管理、交易行为、交易范围、交易市场和交易管理作出规定。提出 2015 年年底前试点地区全面完成现有排污单位排污权核定，2017 年年底基本建立排污权有偿使用和交易制度。

2015 年 7 月，财政部、国家发展改革委、环境保护部联合发布了《排污权出让收入管理暂行办法》（财税〔2015〕61 号），规定：排污权出让收入属于政府非税收入，全额上缴地方国库，纳入地方财政预算管理；排污权出让收入的征收、使用和管理应当接受财政、价格、审计部门和上级环境保护部门的监督检查；排污权使用费由地方环境保护部门按照污染源管理权限负责征收；试点地区应当建立排污权储备制度，将储备排污权适时投放市场，调控排污权市场，重点支持战略性新兴产业、重大科技示范等项目建设；排污权出让收入具体缴库办法按照省级财政部门非税收入收缴管理有关规定执行，排污权出让收入在政府收支分类科目中列 103 类 07 款 10 项 "排污权出让收入"，作为地方收入科目；排污权出让收入纳入一般公共预算，统筹用于污染防治；政府回购排污单位的排污权、排污权交易平台建设和运行维护等排污权有偿使用和交易相关工作经费，由地方同级财政预算予以安排。征收缴库、使用管理、法律责任等内容也予以相应规定。

形成初始分配、交易市场等定价模式。排污权初始分配价格制定过程中，各试点地方排污权基准价格核算普遍以平均污染治理成本作为最主要的参考依据；在此基础上，综合考虑资源稀缺程度、地区经济发展水平等进行一定调整后最终确定。交易市场价格机制主要包括竞价拍卖、协议转让、直接出让等。其中，竞价拍卖可分为政府通过各种方式收储的排污权向企业进行拍卖，以及组织受让方企业与转让方企业进行拍卖两种方式；协议转让主要发生在企业与企业之间，即通过谈判确定价格成交；直接出让则是政府以固定价格向企业售出排污权。各试点在相关规定中许可的交易模式较为多元化，并未明确禁止以上任意一种交易机制。在政策执行过程中，各试点所采取的实际交易模式主要集中于竞价拍卖和直接出让两种。

试点范围、污染因子范围不断扩大。"十二五" 期间，全国已有 23 个省（区、市）明确实施排污权有偿使用及排污权交易政策试点。其中，国家试点省（区、市）已扩展到浙江、江苏、天津、河北、内蒙古、湖北、湖南、山西、重庆、陕西、河南 11 个地区。河北、山西、内蒙古、江苏、浙江、福建、江西、山东、河南、湖北、湖南、重庆、陕西、甘肃、青海、新疆 16 个省（区、市）实施了二氧化硫、氮氧化物、化学需氧量、氨氮四项污染物排污权交易；广东、吉林、四川、贵州 4 个省实施了二氧化硫、化学需氧量两项污染物排污权交易；黑龙江、云南 2 个省实施了二氧化硫污染物排污权交易。

试点地区排污权交易量稳步增加[①]。陕西省自 2010 年 6 月开展排污权交易以来，总成交金额 6.2 亿元；截至 2015 年年底，山西省累计交易 1 202 宗，总成交金额 14.09 亿元；江苏省累计缴纳排污权有偿使用费 5.51 亿元、排污权交易成交 2.24 亿元；内蒙古自治区实现总成交金额从 2011 年的 1 744 万元到 2014 年的 8 455 万元，再到 2015 年的 9 000 万元，增长速度明显；河北省累计交易 1 563 宗，总成交金额 1.69 亿元；湖北省 2013 年以来累计交易 6 批次，总成交金额 1 546.8 万元；河南省累计交易 1 614 宗，成交总金额 1.4

---

① 数据来源：http://huanbao.bjx.com.cn/news/20150525/622445.shtml。

亿元；湖南省累计交易 471 宗，总成交金额 7 252.3 万元；浙江全省累计开展排污权有偿使用 15 833 笔，缴纳有偿使用费 37.88 亿元，排污权交易 6 466 笔，交易额 11.80 亿元。

交易监管能力显著加强。各地在实践探索中，形成了管理机构、省级交易机构、下属交易机构三级体系，不同省市实际设置情况差别较大；大多数省份开发了集数据审核、指标申购、交易管理、交易买卖、信息发布于一体的交易管理平台（一些地方建立了电子竞价平台），增强了数据的准确性、交易的公平性和管理的透明性。

表 5-1　各试点管理与交易机构

试点	管理机构	省级交易机构	下属交易机构
湖北省	—	省环境资源交易中心	—
江苏省	—	省级有偿使用和交易平台	苏州环境能源交易中心；泰州公共资源交易中心
内蒙古自治区	排污权交易管理中心	—	—
浙江省	省排污权交易中心	省排污权交易平台	9 个地市交易平台
重庆市	主要污染物排放权交易管理中心	重庆资源与环境交易所	—
陕西省	排污权储备管理中心	陕西环境权交易所	—
山西省	排污权交易中心	省排污权交易中心	各地业务受理窗口
天津市	—	—	—
湖南省	—	省级排污权交易中心	8 个地市交易中心
河南省	总量处	—	焦作市公共资源交易中心
河北省	污染物排放权交易服务中心	河北环境能源交易所；污染物排放权交易服务中心	部分为环科院，部分为环境工程评估中心，部分为环保科技发展中心，部分为企业
广东省	—	—	深圳排放权交易所

各地区试点工作特色明显。国家试点地区初步建立了省级层面的排污权有偿使用体系，并且在机构建设、平台搭建、技术攻关以及政策创新方面开展了大量实践，基本上形成了运行有序的排污权交易市场。

专栏 5-2　试点省（区、市）排污权有偿使用和交易工作进展

湖南省：2014 年 1 月，发布《湖南省主要污染物排污权有偿使用和交易管理办法》（湘政发〔2014〕4 号），明确在湘江流域的长沙、株洲、湘潭、衡阳、郴州、永州、岳阳、娄底等市所有工业企业以及全省范围内的火电、钢铁企业先行实施排污权交易。规定交易污染物为化学需氧量、氨氮、二氧化硫、氮氧化物、铅、镉、砷 7 类污染物。

福建省：2014 年 5 月，发布《福建省人民政府关于推进排污权有偿使用和交易工作的意见（试行）》（闽政〔2014〕24 号），先行在造纸、水泥、皮革、合成革与人造革、建筑陶瓷、火电、合成氨、平板玻璃 8 个行业试点推行，并将集中式水污染治理设施形成的减排量纳入储备交易范畴；力争 2016 年在所有工业排污企业全面推行；试点期间，其他行业新（改、扩）建项目污染物排放总量的确无法调剂解决的，可向试点行业购买。

湖北省：2014 年 9 月，发布《湖北省排污权有偿使用和交易试点工作实施方案（2014—2020 年）》（鄂环办〔2014〕278 号），确定交易污染物为流域范围内的水污染物和区域大气污染物、烟（粉）尘、总磷、重金属、VOCs。明确到 2017 年，湖北省基本建立排污权有偿使用和交易制度，到 2020 年，湖北省将全面推行排污权有偿使用制度。

甘肃省：2014 年 12 月，发布《甘肃省人民政府办公厅关于开展排污权有偿使用和交易前期工作及试点工作的指导意见》（甘政办发〔2014〕196 号），制定和完善排污权有偿使用和交易工作的政策法规及相关技术规范，建立有效的排污权交易、排污权储备和调控机制，积极开展排污权有偿使用和交易前期工作，在有条件的地区开展试点工作。到 2017 年，试点地区将基本形成管理规范、交易顺畅的排污权有偿使用和交易制度体系。

重庆市：2014 年 12 月，《重庆市人民政府办公厅关于印发重庆市进一步推进排污权（污水、废气、垃圾）有偿使用和交易工作实施方案的通知》（渝府办发〔2014〕178 号）规定，涵盖行业类别及其污染物指标包括：工业中的现有和新建的工业企业，污染物指标包括污水（化学需氧量、氨氮）、废气（二氧化硫、氮氧化物）以及工业垃圾（一般工业固体废物）；畜牧业的现有和新建的规模化畜禽养殖场，污染物指标为污水（化学需氧量、氨氮）；服务业的现有和新建服务业企业，污染物指标包括污水以及生活垃圾。

河北省：2015 年 10 月，《河北省人民政府办公厅关于印发河北省排污权有偿使用和交易管理暂行办法的通知》（冀政办字〔2015〕133 号）中规定新（改、扩）建项目中，总装机容量 30 万 kW 及以上的火力发电和热电联产项目、跨设区市和省直管县（市）项目排污权交易由省排污权交易管理机构组织实施；其他新（改、扩）建项目，其排污权交易由设区市和省直管县（市）排污权交易管理机构组织实施。

新疆维吾尔自治区：2015 年 11 月，发布了《新疆维吾尔自治区排污权有偿使用和交易试点工作暂行办法》（新政办发〔2015〕164 号），规定水污染物排污权有偿使用和交易，适用于乌鲁木齐市及伊犁河、额尔齐斯河流域范围内的所有排污单位（含新建），大气污染物排污权有偿使用和交易，适用于大气污染联防联控区域的所有排污单位（含新建），以及其他区域火力发电行业和建有自备电厂的其他行业排污单位（含新建）。

部分地方探索排污权（抵）质押，盘活排污权资源。山西、浙江、湖南、陕西等试点省开展了排污权抵押贷款业务。从地方经验来看，排污权抵押融资政策探索拓展了环保融资途径，提高了企业排污权的资产性和流动性，对于活跃排污权交易市场、促进企业开展节能减排、深化排污权交易试点探索具有重要意义。

专栏 5-3　部分省实施排污权抵押贷款

河北省：省环保厅与光大银行股份有限公司石家庄分行签署战略合作协议，光大银行将 300 亿元专项资金用于河北省排污权质押融资业务。该合作协议也明确了省环保厅的职责：省环保厅建立贷款企业环保监测机制，定期向光大银行通报贷款企业环保动态，为防控贷款风险提供相关信息数据；环保厅协助光大银行建立排污权质押融资服务管理及坏账核销机制，共同提高排污权质押融资服务的风险覆盖能力和风险缓释能力。自河北省实施排污权质押以来，已有 13 家企业，获得光大银行石家庄分行提供的排污权质押贷款 3 444.8 万元。目前光大银行排污权质押业务主要针对已经有偿获得排污权指标、环境行为表现好的企业。

浙江省：开展排污权质押试点较早。截至 2013 年一季度，浙江省共有 232 家排污企业通过排污权抵押，获得银行贷款 35.1 亿元。其中，绍兴柯桥区排污权抵押贷款先行探索较快，已开展 5 年，起始只有小部分企业尝试这种新贷款模式，随着排污权指标趋紧，很多企业逐渐关注，企业以有偿取得的排污权作为抵押物，向银行申请获得短期或中长期贷款，额度一般为排污权评估价值的 70%~80%。嘉兴市提出 COD 排放指标还可短期租赁，嘉兴市下辖的平湖市累计完成 COD 租赁 20 笔，租赁 COD 排放指标达 308.84 t，租赁金额为 41.98 万元。从该地试点经验来看，既盘活了排污指标，解决排污配额指标资源闲置问题，同时又充分调动了企业参与污染减排和产业结构调整的积极性。

陕西省：省环境保护厅和兴业银行于 2012 年 12 月 29 日签订了战略合作协议，双方以陕西省排污权交易中心为平台，开展排污权抵押融资业务，以此促进陕西排污权有偿使用制度的全面施行。兴业银行向陕西省提供 300 亿元专项信贷资金，支持排污权市场建设，开展重点行业和重点项目的排污权抵押融资业务。2013 年兴业银行西安分行与陕西省煤业化工集团有限责任公司签署排污权抵押合同，融资总额 1 亿元，这是陕西第一笔排污权质押融资业务，也是全国最大的排污权抵押业务。

地方排污权交易试点显现共性问题。第一，排污权法律支撑不足。虽然不少地方出台了排污权有偿使用和交易规定，但在《物权法》和《担保法》上，排污权权属不确定，排污权证不具有物权属性，相关民事权利义务关系不明确，一旦出现违约或侵权，只能通过环境保护部门的行政手段约束，无法进入法院的司法程序，容易产生法律纠纷。第二，排污权二级市场交易不活跃。除山西、浙江等少部分试点地区企业与企业之间的交易相对活跃以外，其余试点地区主要政府出让以排污权为主，指标来源多为政府预留，或者充当中间商角色，从关闭企业手中取得排污权再赋予需要排污权的企业，即使放到排污权交易市场，也是"拉郎配"，不能充分调动企业的减排动力和积极性。从各地有偿使用费的征收和使用情况来看，很多试点地区征收的有偿使用费缴入财政账户后并未投入使用，或者没有直接用于污染减排相关工作。第三，排污权核定与监管体系尚需完善。排污权交易要求排污权分配、排污许可管理、排污总量核定、超排污权等内容作进一步精细化和定量化。目前排污单位污染物实际排放量的核定技术规范、赋予排污权核定、污染源监测机制、在线监测（包括刷卡排污）稳定性准确性法律地位、超总量排放处罚规定均不能完全满足实施需要。第四，各地排污权交易中心建设"全面开花"有待商榷。

试点省（区、市）中，绝大多数建立了省级交易中心，部分省（区、市）如湖南、河北建立了地市一级的交易中心。《国务院办公厅关于进一步推进排污权有偿使用和交易试点工作的指导意见》规定，排污权交易原则上在各试点省份内进行。涉及水污染物的排污权交易仅限于在同一流域内进行；过于细化的交易中心存在导致排污权交易受限、排污权市场破碎化的风险。第五，重点领域的相关技术指南仍未出台。如火电行业主要大气污染物排污权有偿使用与排污交易管理、主要水污染物排污权有偿使用与交易等方面，国家层面出台相关的技术指南还有待进一步推进，目前技术研究工作基本完成，下一步需要考虑如何推进有关政策的出台和实施。

5.3　碳排放权交易进展

国家碳排放权交易试点启动。为落实国家"十二五"规划关于逐步建立国内碳排放交易市场的要求，推动运用市场机制以较低成本实现 2020 年我国控制温室气体排放行动目标，加快经济发展方式转变和产业结构升级，2011 年国家发展改革委印发《关于开展碳排放权交易试点工作的通知》，确定北京、上海、天津、重庆、湖北、广东和深圳作为试点省（市）进行为期 3 年的碳交易经验探索，旨在通过试点阶段的机制探索为全国碳市场建立提供经验借鉴。试点实施 3 年期间，7 大试点地区在试点工作设计、市场运行机制建设、政策法规体系构建等方面进行了大量探索。

专栏 5-4　碳排放权交易试点启动

北京市：2013 年 8 月，《北京市发展和改革委员会关于开展二氧化碳排放报告报送及第三方核查工作的通知》（京发改〔2013〕1546 号）中要求开展二氧化碳核查，确定重点排放单位排放基数，完成配额分配。11 月，《北京市发展和改革委员会关于开展碳排放权交易试点工作的通知》（京发改规〔2013〕5 号）和《关于印发北京市碳排放配额场外交易实施细则（试行）的通知》（京发改规〔2013〕7 号）对碳排放权交易试点建设总体安排、碳排放权交易基本流程及各参与方职责、政策引导及支持措施进行了规定，对碳排放配额场外交易活动予以指导。11 月，北京环境交易所碳排放权交易中心开市。

天津市：2013 年 12 月，《天津市人民政府办公厅关于印发〈天津市碳排放权交易管理暂行办法〉的通知》（津政办发〔2013〕112 号），对天津市碳排放权交易的配额管理、碳排放监测、报告与核查、碳排放权交易、监管与激励等进行规定。当月，天津碳排放权交易所正式成立，首日完成协议交易 5 笔，成交量 4.5 万 t，成交总额共计 125 万元。

上海市：2013 年 11 月发布了《上海市碳排放管理试行办法》（沪府令 10 号），对上海市碳排放权交易的配额管理、碳排放核查与配额清缴、配额交易等做了具体说明。11 月 22 日，上海市发展和改革委员会公布《上海市 2013—2015 年碳排放配额分配和管理方案》（沪发改环资〔2013〕168 号），对配额总量控制要求、分配方法、配额发放、配额使用等具体问题予以要求。11 月 26 日，上海市环境能源交易所碳排放权交易试点挂牌成立。

广东省：2013 年 6 月，深圳排放权交易所投入实际运行；11 月，《广东省发展改革委关于印发广东省碳排放权配额首次分配及工作方案（试行）的通知》（粤发改资环函〔2013〕3537 号），对广东省碳排放配额的首次分配予以规定，包括首批纳入碳排放权管理和交易的企业、首批配额总量、首次配额发放等事项；12 月，省发改委发布《2013 年度广东省碳排放权配额有偿发放公告》，对发放总量、发放时间、竞买人资格等进行了规定。

重庆市：2012 年印发《"十二五"控制温室气体排放和低碳试点工作方案》（渝府发〔2012〕102 号），拟建立温室气体排放统计制度，建立碳排放权交易登记注册系统、交易平台和监管体系，形成区域性碳排放权交易体系。2013 年 1—4 月，重庆市碳排放权交易平台和登记簿系统建设完成。8 月，国家发展改革委批准了重庆市碳排放权交易试点实施方案。9 月，重庆市发展改革委组织开展了碳排放权模拟交易工作。12 月，重庆碳排放权交易中心挂牌成立。

湖北省：发布了一系列办法及规则指导开展碳排放权交易，包括《湖北省碳排放权管理和交易暂行办法》《湖北碳排放权交易中心交易规则》《湖北省碳排放监测和报告指南》《湖北省碳排放核查指南》等，并于 2013 年 2 月发布了《湖北省碳排放权交易试点工作实施方案》。湖北碳排放权交易中心于 12 月 20 日挂牌成立。

深圳市：2012 年 12 月，深圳市人大常委会通过了《深圳经济特区碳排放管理若干规定》，是国内首部专门规范碳排放管理的地方法规。2013 年 5 月，深圳初步完成了碳排放交易体系建设工作，在有效核查的基础上，采用基准分配办法，对 635 家工业企业和 200 栋大型公共建筑进行了配额分配。分配的碳排放配额约 1 亿 t，超过 2013—2015 年全市碳排放总量 40%。2013 年 6 月，深圳排放权交易所投入实际运行，碳交易价格拟定为 30 元/t。

推进碳市场政策建设。2014 年 12 月，国家发展改革委发布了《碳排放权交易管理暂行办法》（国家发展改革委　第 17 号令），推进构建全国碳市场管理和制度架构，延续了配额管理由中央统一制定标准和方案、地方负责具体实施的思路，因此拥有一定灵活性，配额分配在初期将以免费分配为主，适时引入有偿分配，并逐步提高有偿分配的比例；国务院碳交易主管部门负责确定碳排放权交易机构并对其业务实施监督，具体交易规则由交易机构负责制定，并报国务院碳交易主管部门备案；重点排放单位根据国家标准或国务院碳交易主管部门公布的企业温室气体排放核算与报告指南制订排放监测计划，每年编制其上一年度的温室气体排放报告。2014 年，国家发展改革委分两批印发了发电、电网、钢铁、化工、电解铝、镁冶炼、平板玻璃、水泥、陶瓷、民航、石油和天然气生产、石油化工、独立焦化、煤炭生产共 14 个行业的企业温室气体排放核算与报告指南；2015 年印发了第三批 10 个行业的企业温室气体排放核算与报告指南，包括造纸和纸制品生产，其他有色金属冶炼和压延加工，电子设备制造，机械设备制造，矿山，食品、烟草及酒、饮料和精制茶，公共建筑运营单位，陆上交通运输，氟化工，工业其他行业。

我国成为仅次于欧盟的全球第二大碳市场。北京、上海、广东等五个碳交易试点地区 2013 年的初始分配的配额总量约为 7.5 亿 t。从配额规模来看，我国成为仅次于欧盟的全球第二大碳市场。如图 5-1 所示，以单个试点配额规模而言，广东碳市场 2013 年配额总量为 3.88 亿 t，高于北美的加州—魁北克联合碳市场，成为国内第一大碳交易市场，而上海和天津的配额数量则略低于加州—魁北克碳市场[①]。广东、北京、天津、上海、深圳碳交易试点进展程度差异较大、交易价格波动也较大，2013 年 5 省（市）年度总成交量为 44.55 万 t，总成交额 2 491 万元，深圳碳市场占全国成交额的 53%。

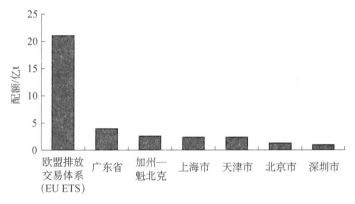

图 5-1　2013 年我国和全球主要碳市场配额规模

专栏 5-5　各地积极推进开展试点工作

　　碳排放交易试点行业范围：作为工业大省（市），广东和天津首批纳入的单位主要以工业企业为主，行业范围较窄。深圳和北京碳交易试点结合自身情况纳入大量非工业排放源，行业覆盖范围较宽。上海既有工业企业，也有为数不少的非工业排放源。部分试点地区的行业部门覆盖范围计划扩大，如深圳和广东打算将来纳入交通排放。

　　从交易主体来看，各试点对交易主体范围原则上没有设置过多限制，但在具体执行上有所差异。另外，交易方式主要有线上公开交易和协议转让交易，但试点地区在具体交易方式设计上有所区别。

　　就交易情况而言，深圳市碳交易平台于 2013 年 6 月 18 日在前海上线，是中国碳交易试点中运行时间最长的市场。其交易相对较为活跃，碳价波动也最大，10 月曾创出我国碳市场最高价 143.99 元/t。截至 2013 年 12 月 31 日，深圳碳市场共成交 19.73 万 t，总成交额 1 316 万元，占全国成交额的 53%。11 月，上海和北京的碳市场启动，2013 年线上交易额分别为 64.5 万元和 13.3 万元（其中北京场外交易 200 万元）。12 月中旬启动的广东碳市场成交量和成交额在五个已启动试点中排名第二，成交额占 2013 年全国碳市场的 29%。这三个地区在 2014 年逐步扩大市场交易主体范围之后，碳市场交易进一步活跃。12 月 26 日启动的天津碳排放权交易试点从市场启动之初交易就比较活跃，2013 年的 4 个

① 根据《中国碳市场 2013 年度报告》整理，北京中创碳投科技有限公司。

交易日的线上日平均交易量达到 4 300 t，在已启动的五个试点中排名第一，交易额达 49.1
万元。2013 年，中国五个碳排放交易试点共成交 44.55 万 t，总成交额 2 491 万元。

表 5-2　2013 年中国碳排放交易试点覆盖范围及交易情况①

试点地区	行业范围	交易主体	交易方式	成交量/t	成交额/元	成交最高价/（元/t）	成交最低价/（元/t）
深圳市	工业（电力、水务、制造业等）和建筑	控排单位、其他单位和个人	现货交易（最初是定价点选）、电子竞价、大宗交易	197 328	13 160 000	143.99	28
上海市	工业行业：电力、钢铁、石化、化工、有色、建材、纺织、造纸、橡胶和化纤；非工业行业：航空、机场、港口、商场、宾馆、商务办公建筑和铁路站点	控排单位、其他组织和个人。2013 年仅允许控排单位	公开交易和协议转让	23 270	645 330	31.8	25
北京市	电力、热力、水泥、石化、其他工业和服务业	履约机构和非履约机构，暂时不允许自然人参与。非履约机构注册资本必须在 300 万元人民币及以上	公开交易和协议转让（场外交易）	42 600	2 133 200	55.1	50
广东省	电力、水泥、钢铁、石化	控排单位、其他组织和个人。2013 年仅允许控排单位	公开交易和协议转让	120 129	7 227 470	61	60
天津市	电力、热力、钢铁、化工、石化、油气开采	国内外机构、企业、社会团体、其他组织和个人。国外机构必须为中资控股企业；自然人年龄必须在 18～60 周岁，且必须提供不低于 30 万元人民币的金融资产证明	网络现货交易、协议交易、拍卖交易	62 200	1 741 048	28	26

　　多地建立碳排放权交易平台。浙江和深圳两地在《关于开展碳排放权交易试点工作

---
① 根据《中国碳市场 2013 年度报告》整理，北京中创碳投科技有限公司。

的通知》印发前就已成立了排污权交易机构。全国多个省份相继建立起各自的碳排放交易中介运营机构，如表 5-3 所示。

表 5-3　碳排放交易中介运营机构

时间	机构事件	备注
2012 年	湖北碳排放权交易中心成立	
2012 年 9 月	广州碳排放权交易所挂牌	前身为广州环境资源交易所
2013 年 12 月 16 日	广州碳排放权交易所举行全省首次碳排放配额有偿发放	全国唯一一个采用碳排放配额有偿分配的试点
2013 年 6 月 18 日	深圳排放权交易所运行	全国第一家专门性碳交易所
2013 年 10 月 9 日	河北省石家庄市排污权交易中心成立	—
2013 年 11 月 28 日	北京环境交易所碳排放权交易中心开市	—
2013 年 12 月 23 日	重庆碳排放权交易中心挂牌成立	—
2013 年 12 月 26 日	天津碳排放权交易所正式成立	—

　　"十二五"期间"两省五市"碳交易量大幅增加。2015 年，七个试点地区总计成交量 3 263.9 万 t，成交额 8.36 亿元，同比 2014 年分别上升 112.4%和 51.1%。其中，湖北成交 1 420.4 万 t，同比增加 102.9%；广东成交 695.7 万 t，同比增加 447.6%；深圳成交 436.5 万 t，同比增加 136.2%；北京成交 316.5 万 t，同比增加 49.7%；天津成交 97.6 万 t，同比下降 3.5%；重庆成交 13.1 万 t，同比下降 9.6%。成交价格上，"十二五"末期价格水平较为稳定，深圳和北京保持在 40 元/t 浮动，湖北和天津价格在 25 元/t 左右，广东、上海和重庆价格水平相对较低[①]。

　　碳交易试点出现的若干问题有待国家出台政策规范。第一，地方试点交易规则不一致，这对建立全国统一的碳市场存在挑战。"两省五市"碳交易市场机制设计，政策、技术相互独立，交易规则不一致，给全国范围内推广增加难度。第二，碳市场透明度较差。大部分试点均存在透明性较差的情况，包括纳入企业排放数据的统计、排放配额总量的确定、具体配额分配的设计方案和分发情况、交易数据的公布等方面。

　　全国碳市场建设重点是提高减排主体的市场参与意愿与能力。首先，全国碳市场建设逐步缩紧配额总量，逐步扩大基准线法适用的行业与区域，提高配额拍卖比例，避免免费配额发放过量导致市场价格过低而无法反映减排成本，进而造成控排主体缺乏减排动力与交易积极性；其次，完善碳市场法律体系建设，提高碳市场建设法律效力，保障市场运行有法可依、有法必依，进而提高控排主体的市场发展预期与减排信心；第三，推动碳金融服务产品等建设，鼓励金融服务机构进行碳金融服务产品创新，规范市场交易秩序，保证控排主体的减排融资支持与碳资产管理意愿；第四，提升控排主体的市场参与能力，加强碳市场能力建设，培育并扶持地区性碳资产管理服务公司。

---

① 数据来源：http://www.tanjiaoyi.com/article-14936-1.html。

5.4　水权交易

　　国家积极推进水权交易。2011年7月，《国家发展改革委关于印发贵州省水利建设生态建设石漠化治理综合规划的通知》（发改农经〔2011〕1383号）中提出逐步完善水权交易制度。党的十八届三中全会作出的《中共中央关于全面深化改革若干重大问题的决定》也明确指出要推行水权交易制度。

　　推动地方水权试点探索。水利部贯彻落实党中央和国务院关于建立和完善水权制度体系、培育水权交易市场、推进水权交易的决策部署，于2014年1月印发《水利部关于深化水利改革的指导意见》，提出要建立健全水权交易制度、开展水权交易试点、探索多种形式的水权流转方式；2014年7月印发《水利部关于开展水权试点工作的通知》，明确在宁夏回族自治区、江西省、湖北省开展水权确权登记试点，在内蒙古自治区、河南省、甘肃省、广东省开展水权交易试点；2015年2月成立水权交易监管办公室，明确由其负责组织水权交易市场体系建设，指导和协调水权交易平台建设及运营，并对水权交易重大事项进行监督管理。

> **专栏 5-6　地方水权交易试点进展**
>
> 　　宁夏回族自治区：宁夏按照区域用水总量控制指标，开展引黄灌区农业用水以及当地地表水、地下水等的用水指标分解；在用水指标分解的基础上探索采取多种形式确权登记；建立确权登记数据库。
>
> 　　江西省：水权试点选择工作基础好、积极性高、条件相对成熟的市、县，分类推进取用水户水资源使用确权登记；对已发证的取水许可进行规范，对取水用户进行水资源使用权确权登记；结合小型水利工程确权、农村土地确权等相关工作，采用多种形式和途径对取用水户进行水权登记，对农村集体经济组织的水塘和修建管理的水库中的水资源使用权进行确权登记。
>
> 　　湖北省：试点重点是在宜都市开展农村集体经济组织的水塘和修建管理的水库中的水资源使用权确权登记。摸底调查农村集体经济的水塘和修建管理的水库中水资源量以及水资源开发利用现状；对已经完成农村小型水利设施产权改革的水库、水塘等，进行水资源使用权确权登记。
>
> 　　内蒙古自治区：重点开展巴彦淖尔与鄂尔多斯等盟市之间的跨盟市水权交易。
>
> 　　河南省：重点开展河南省内不同流域的地市间水量交易，包括年度水量交易，以及一定期限内的水量交易。
>
> 　　甘肃省：以疏勒河为单元，统筹考虑疏勒河流域上下游和生态用水需求，开展灌区内农户间、农民用水户协会间、农业与工业间等不同形式的水权交易。
>
> 　　广东省：以已有的广东省产权交易集团为依托，组建省级水权交易平台，合理制定

水权交易规则和流程，重点引导鼓励东江流域上下游区域与区域之间开展水权交易。

水权水市场建设总体上还处于探索阶段，面临着不少困难和问题。一是法律上不甚清晰。《宪法》《水法》《物权法》等法律虽然明确了水资源所有权和取水权，但对水资源占有、使用、收益、处置等权利缺乏具体规定。有关法律法规仅对取水权转让作出原则规定，且限定于节约的水资源。对于跨行政区域的水权或者水量交易，法律上还没有通用的规定。水权交易的主体、范围、价格、期限等要素尚未明确。二是初始水权尚未明确。覆盖省、市、县三级的用水总量控制指标体系尚未全面建立，主要跨省江河水量分配尚未完成，仍有近 40%的取水量没有办理许可证。一些丰水地区考虑到经济布局和产业结构调整需要，不愿过早将水资源使用权固定到取用水户，对确权登记缺乏积极性。三是水权交易平台建设滞后。四是水权保护和监管制度、用途管制制度等尚需健全。五是水资源监控能力不足。取用水计量安装率普遍偏低，水量水质监测设施建设滞后，水权交易和监管缺乏基础支撑。

5.5　用能权交易

积极推进用能权交易探索。2015 年 9 月，中共中央、国务院印发的《生态文明体制改革总体方案》中提出推行用能权和碳排放权交易制度。结合重点用能单位节能行动和新建项目能评审查，开展项目节能量交易，并逐步改为基于能源消费总量管理下的用能权交易。建立用能权交易系统、测量与核准体系。同年 10 月，《十八届五中全会公报》中再次提出建立健全用能权、用水权、排污权交易、碳排放权初始分配制度。此外，"十三五"规划建议再次提出"用能权"概念。这表明"十三五"期间用能权交易和试点将会作为节能减排工作的重要任务被提上日程。

用能权交易推进缓慢。由于用能权交易存在标准设定、交易方式不明确等问题，一些地方的推广遇到很多障碍，目前实施用能权指标交易的省份还较少。"十二五"期间，全国范围内用能权交易走在前列的是浙江省。2015 年 5 月，《浙江省经济和信息化委员会关于推进我省用能权有偿使用和交易试点工作的指导意见》（浙经信资源〔2015〕237 号）中明确在海宁试点经验的基础上，进一步推进包括杭州萧山区在内的 24 个县（市、区）开展资源要素市场化配置综合配套改革。首先，由各地区节能主管部门或委托地方节能审核机构核定企业初始用能权，分为存量用能权和增量用能权两类；其次，企业通过缴纳使用费或通过交易获得用能权，用能权折合成标准煤来计算，用能权在规定期限内进行抵押和出让；最后，企业发生产能转移、破产、淘汰关闭等变更行为时，有偿获得的用能指标配额由各级政府制定的交易机构进行回购。

第 6 章
绿色税收政策

6.1 环境税收

6.1.1 环境税进展

环境税收改革不断前行。《环境保护税法（征求意见稿）》出台，费改税取得实质性突破。国家发布多个政策文件推进环境税改革，2010 年《中共中央关于制定国民经济和社会发展第十二个五年规划的建议》第四十九章"深化资源性产品价格和环保收费改革"提出"积极推进环境税费改革，选择防治任务繁重、技术标准成熟的税目开征环境保护税，逐步扩大征收范围"。《中共中央关于全面深化改革若干重大问题的决定》明确要"完善税收制度"：一是"调整消费税征收范围、环节、税率，把高耗能、高污染产品及部分高档消费品纳入征收范围"；二是"加快资源税改革"；三是"推动环境保护费改税"；四是"税收优惠政策统一由专门税收法律法规规定，清理规范税收优惠政策"。《生态文明体制改革总体方案》的第三十一条提出，"加快资源环境税费改革，理顺自然资源及其产品税费关系，明确各自功能，合理确定税收调控范围。加快推进资源税从价计征改革，逐步将资源税扩展到占用各种自然生态空间，在华北部分地区开展地下水征收资源税改革试点，加快推进环境保护税立法"。

环境税费改革迈出关键一步。环境保护费改税是我国环境财税改革的一项重要内容，环境税立法历经三年多轮密集的准备工作，包括环境税立法多次调研、环境税立法起草和论证说明材料、制定环境税实施配套方案等，经过多年研究和反复论证，《环境保护税法（草案）》于 2013 年上报国务院。经审议，由国务院法制办于 2015 年 6 月发布了《环境保护税法（征求意见稿）》，向社会各界公开征求意见，这标志着我国酝酿多年的环境税费改革迈出关键性一步，费改税有望取得实质性突破。征求意见稿保留了排污费征收标准，主要针对污染排放行为，规定了计税依据和应纳税额、税收优惠条件和征收管理细则。此次环保税改革，设立了环境保护的独立税种，是环境财税改革的一个重要突破，是生态明建设的重要进展。

环境保护费改税的主要特征。一是保留了现行排污费征收标准。排污费虽然在 2014 年新近提标，但其征收标准仅与 20 世纪 90 年代研究得出的平均污染治理成本持平，且还未考虑通货膨胀的因素。征求意见稿仍沿用此标准，明显偏低。二是在税额标准制定上合予省级地方政府充分的灵活性。提出省级人民政府可以统筹考虑本地区环境承载能力、污染排放现状和经济社会生态发展目标要求，适当上浮应税污染物的适用税额。鼓励地方政府根据当地情况制定更高的税额标准，限制污染排放、鼓励节能减排，最大限度地发挥环保税经济杠杆的作用。但并未授权省级地方政府制定不同地市和不同行业高于国家标准的税率。三是征收范围过窄。征求意见稿在环境税征收范围上，完全是排污费的平移。实际就是狭义的污染排放税。未涵盖碳税、污染产品税和生态保护税等税目。从国际上看，碳税是环境税的重要组成部分，且碳税较碳交易征收成本低、适用范围广。若不在税法中设立开放性条款将碳税等税目纳入，日后再另行开征还需另设新法或大修本法，立法成本及操作难度较大。四是税收征管上采取"企业申报、税务征收、环保协同、信息共享"的模式。规定了以税务部门为征收主体，环保部门协同配合的方式。充分考虑到了各部门的具体情况，但一些协同配合的细节尚需斟酌。污染物监测、监督、核定等工作可考虑交由具备一定资质的第三方负责，这样既有助于鼓励环境保护产业的发展，又可规避基层环保部门人员经费紧缺的情况。五是未对税收收入的使用作出有关规定。仅提出费改税后"原由排污费安排的支出纳入财政预算安排"。

6.1.2　排污费改税的影响

1. 有利于促进企业减少污染物排放

环保税通过调节企业行为来实现减少污染排放，同时也对企业绿色发展释放积极引导信号。在市场经济体制下，对于环境的负外部性和正外部性问题，市场无法进行自我矫正。采用税收杠杆针对污染和破坏环境的行为征收环境税，通过增加破坏、污染环境的企业或产品的税收负担，实现以经济利益调节外部不经济性，让企业补偿造成的环境外部损失成本，促使其减少污染排放或者通过技术创新提高生态效率，从而达到企业环境外部成本内部化的目的。环境外部成本补偿或内部化是环境税政策最主要的功能，而且也是环境税政策设计的核心目标。

2. 有利于促进产业结构调整和转型升级

环保税通过优化资源配置和改进效率来实现调控经济的功能，引导资源向低消耗和低污染的产业和地区集聚，提高整个经济系统的效率和绿色竞争力。目前排污费缴纳额较大的主要是高耗能、高污染企业，排污费改税后，更具法律刚性，征管力度进一步加大，有利于淘汰落后产能，促进产业结构调整和转型升级，符合保护和改善环境的迫切要求以及生态文明建设的需求。另外，与排污费相比，环保税的法制化程度更高，征收机制更加规范透明，有利于促进形成公平竞争的市场环境。

3. 有利于解决排污费刚性不足问题

排污收费制度已有 30 多年的发展，在我国的环境保护事业中发挥了重要作用，尤其是 2003 年排污费改革后，排污收费制度全面实施，充分发挥刺激企业积极治理污染、筹集环保治理资金两大作用，成为环境保护部门重要的工作"抓手"之一。然而由于排污费属于行政性收费范畴，法律强制性不强，环境保护部门缺少强有力的惩罚性机制，造成执法力度不够。大型工业企业污染源自动监控等配套设施相对完善，对于环境监察工作配合度较高，排污费征收基本执行规范程序。但一些小型工业企业和第三产业缴费意识不强，对排污申报流程不熟悉，经常通过各种方法达到"少缴费"的目的。另外环保人员和经费的不足致使地方的基层监管工作难以规范，某些地方由于缺乏人手，工作人员往往身兼数职，核算工作没有专人负责，存在协商收费的个别现象。排污费改税有利于解决排污费执法刚性不足的先天缺陷，以税收法律的刚性约束企业主动申报缴纳环保税，减少地方政府干预，从而有力保障政策效果的最大化。

6.2　其他环境相关税收

6.2.1　资源税

1. 全面深化资源税改革

资源税改革是我国绿色税制改革的重要组成部分。针对资源税存在的税目范围过窄、征收方式不科学、税负较低等问题，《"十二五"节能减排综合性工作方案》等政策文件明确提出"十二五"要继续推进资源税费改革，扩大资源税改革实施范围等要求。资源税改革试点扩大到西部 12 个省（区、市），原油、天然气资源税由原来的从量计征改为从价计征，即原油资源税 30 元/t、天然气每千立方米 7~9 元，一律调整为按产品销售额的 5%计征（其他五项税目仍然是从量计征）。2011 年度资源税改革加快，以资源税税额从量计征改为从价计征为核心内容的资源税改革开始从试点地向全国全面推开，其改革意义在于进一步完善了资源产品价格形成机制。此外，资源税是地方税，有利于资源输出大省在资源开采中提高财政收入，提升了地方政府对因资源开采破坏环境的补偿投入能力。自 2011 年 11 月资源税改革推广到全国以来，资源税税收额增长较快。据国家税务总局统计，2012 年全国资源税税收实现 904 亿元，比上年增长 51%，其中多个省、市资源税实现 1 倍以上的增长，例如，黑龙江增长 1.89 倍，广东增长 1.57 倍，吉林增长 1.52 倍，山东增长 1.38 倍。资源税增加地方财力效应明显，资源税增长不仅增加了资源地的财政收入，同时增强了这些地方提供保障和改善民生基本公共服务的能力。其中新疆较为典型，2010 年 6 月 1 日起，新疆率先进行原油、天然气资源税改革，即原油天然气资源税由从量定额征收改为从价定率征收。资源税改革之前的 2009 年，新疆的资源税收入仅为 12 亿元。2010 年改革仅半年，新疆资源税收入就增长 2.7 倍，全年收入达 32 亿元。2011 年，新疆资源税收入为 65 亿元，同比增长 1 倍多。2012 年，新疆资源税收入达 69

亿元，3 年增长约 5.8 倍。2011—2012 年，共计增加油气资源税收入 115.65 亿元。而在改革前的 2009 年，油气资源税收为 7.66 亿元，占全部资源税收入的 64%。得益资源税改革，新疆多项民生工程启动，资源税也从以往小税种跃升成为新疆地方的第四大税种。

2. 煤炭资源税从价征收

随着原油、天然气资源税改革在全国全面铺开，我国在部分省（区、市）开展煤炭资源税从价计征改革试点，并且把从价计征的征收办法推广至其他资源类产品税目。2013 年 11 月 12 日，国务院发布《全国资源型城市可持续发展规划（2013—2020 年）》，为中长期资源税改革明确了思路。资源税改革对资源富集地区政策利好，促进了当地资源的保护性开采。资源税改革持续前行，针对煤炭资源税从价计征改革，在《关于 2012 年深化经济体制改革重点工作的意见》中，虽只是提到"全面深化资源税改革，扩大从价征范围"，并没有明确指出对煤炭行业开征资源税。《关于 2013 年深化经济体制改革重点工作意见的通知》中则明确提出"将资源税从价计征范围扩大到煤炭等应税品目"。煤炭资源税从量计征转为从价计征改革是煤炭资源可持续价格机制的重要内容。在从量计征方式下，煤炭资源税采取按产量而非价格或储量进行征收的形式，致使资源税对市场价格不敏感，极易出现大量的资源浪费和环境破坏的现象。从价计征改革有三点重要意义。一是煤炭资源富集区税收将大幅上升，有利于增强资源富集区财力，煤炭资源省区对于煤炭资源税从价计征改革表现积极，同时煤炭价格下行，煤炭企业很难将改革税赋转移给下行煤企，经济负面影响较低；二是从量计征政策下，煤炭资源税税负低且税收"费化"严重，征管混乱，改革改善煤炭供求关系，缓解结构性过剩态势；三是可促使煤炭企业改进生产技术，提高资源的利用率、降低能耗，同时淘汰一批高能耗、低技术含量的企业，抑制目前煤炭行业产能过剩的局面。

规范化煤炭资源税征管。自 2014 年 12 月 1 日，煤炭资源税实施从价计征改革以来，税收征管运行平稳，征纳秩序良好，各项工作基本落实到位，实现了改革的预期目标。但也遇到一些亟待解决、细化或明确的实际问题。为进一步规范税收执法行为，优化纳税服务，规避涉税风险，本着简便高效、公平公正和有利于纳税人办税的原则，国家税务总局于 2015 年 7 月出台了《煤炭资源税征收管理办法（试行）》，主要明确煤炭计税价格的合理确定方法、运费扣减范围等问题、折算率的确定原则和计算公式、混合销售与混合洗选的计税方法。

专栏 6-1 积极推进资源税改革

2011 年 9 月 30 日，《国务院关于修改〈中华人民共和国资源税暂行条例〉的决定》中明确资源税的应纳税额计征方式。

2011 年 10 月 28 日，国务院出台《资源税暂行条例实施细则》（修）。

2011 年 11 月 28 日，国家税务总局下发《关于发布修订后的〈资源税若干问题的规定〉的公告》，进一步明确和规范修订的资源税暂行条例及其实施细则后新旧税制衔接的具体征税规定等。

2013年11月12日，国务院发布《全国资源型城市可持续发展规划（2013—2020年）》，提出了下列税收措施：一是合理调整矿产资源有偿使用收入中央和地方的分配比例关系，推进资源税改革，完善计征方式，促进资源开发收益向资源型城市倾斜；二是加快推进资源税改革，研究完善矿业权使用费征收和分配政策，健全资源性产品价格形成机制。

2014年10月9日，财政部和国家税务总局发布的《关于实施煤炭资源税改革的通知》提出：为促进资源节约集约利用和环境保护，推动转变经济发展方式，规范资源税费制度，经国务院批准，自2014年12月1日起在全国范围内实施煤炭资源税从价计征改革，同时清理相关收费基金。

2014年10月9日，财政部和国家税务总局发布的《关于调整原油、天然气资源税有关政策的通知》提出：原油、天然气矿产资源补偿费费率降为零，相应将资源税适用税率由5%提高至6%；对油田范围内运输稠油过程中用于加热的原油、天然气免征资源税；对稠油、高凝油和高含硫天然气资源税减征40%；对三次采油资源税减征30%等。

3. 稀土、钨、钼资源税实施从价计征

经国务院批准，自2015年5月1日起实施稀土、钨、钼资源税清费立税、从价计征改革。这是我国煤炭资源税从价计征改革后的矿产类资源税从价计征又一次重大进展，标志着我国资源税从价计征改革进一步深化。稀土、钨、钼资源税由从量定额计征改为从价定率计征。稀土、钨、钼应税产品包括原矿和以自采原矿加工的精矿。轻稀土按地区执行不同的适用税率，其中，内蒙古为11.5%、四川为9.5%、山东为7.5%；中重稀土资源税适用税率为27%；钨资源税适用税率为6.5%；钼资源税适用税率为11%。此外，铁矿石资源税适用税额标准也有所调整。2015年4月，财政部和国家税务总局联合发文（财税〔2015〕46号），规定自2015年5月1日起，将铁矿石资源税由减按规定税额标准的80%征收调整为减按规定税额标准的40%征收。旨在减轻铁矿石企业税负，改善企业生产经营环境，支持上下游产业协调发展和升级。

6.2.2 增值税

1. 资源综合利用税收优惠

2011年11月15日，国土资源部印发关于《矿产资源节约与综合利用"十二五"规划》的通知，要求采取"以奖代补"方式对节约与综合利用取得显著成绩的矿山企业给予奖励，落实国家关于资源综合利用部分产品减免增值税等政策法规要求。2011年11月21日，财政部联合国家税务总局下发《关于调整完善资源综合利用产品及劳务增值税政策的通知》（财税〔2011〕115号），对销售自产的以建（构）筑废物、煤矸石为原料生产的建筑砂石骨料免征增值税，对垃圾处理、污泥处理（处置）劳务免征增值税；对销售以污水处理后产生的污泥为原料生产的干化污泥、燃料等，实行增值税即征即退100%的

政策；对销售以蔗渣为原料生产的蔗渣浆、蔗渣刨花板、煤矸石为原料生产的氧化铝、活性硅酸钙等，实行增值税即征即退 50%的政策。2013 年，为进一步提高资源综合利用增值税优惠政策的实施效果，《国务院办公厅关于加强内燃机工业节能减排的意见》中明确提出：研究完善节能环保型内燃机产品有关税收减免政策。2013 年 4 月 1 日，财政部、国家税务总局发出《关于享受资源综合利用增值税优惠政策的纳税人执行污染物排放标准有关问题的通知》中规定：纳税人享受资源综合利用产品和劳务增值税退税、免税政策的，其污染物排放必须达到相应的污染物排放标准。这对享受资源综合利用增值税优惠政策的纳税人执行污染物排放标准有关问题予以进一步明确。

2015 年 6 月 12 日，为进一步推动资源综合利用和节能减排，规范和优化增值税政策，财政部和国家税务总局联合发布《关于印发〈资源综合利用产品和劳务增值税优惠目录〉的通知》（财税〔2015〕78 号），对资源综合利用产品和劳务增值税优惠政策进行调整和整合。同时废止之前颁布的《财政部国家税务总局关于资源综合利用产品及其他产品增值税政策的通知》（财税〔2008〕156 号）《财政部国家税务总局关于资源综合利用及其他产品增值税政策的补充的通知》（财税〔2009〕163 号）《财政部国家税务总局关于享受资源综合利用增值税优惠政策的纳税人执行污染物排放标准的通知》（财税〔2013〕23 号）。此外，《财政部　国家税务总局关于新型墙体材料增值税政策的通知》（财税〔2015〕73 号）指出，对纳税人销售自产的列入通知所附《享受增值税即征即退政策的新型墙体材料目录》的新型墙体材料，实行增值税即征即退 50%的政策。并规定销售自产的新型墙体材料，不属于国家发展改革委《产业结构调整指导目录》中的禁止类、限制类项目，不属于环境保护部《环境保护综合名录》中的"高污染、高环境风险"产品或重污染工艺。此举旨在加快推广新型墙体材料，促进能源节约和耕地保护。

2. 水电行业增值税收优惠

2009 年以前，水电行业由于一次性基础投入得不到增值税进项抵扣，同其他行业的增值税实际税负差异很大。就基础产业方面来看，自来水公司的增值税负为 6%，天然气公司的税率为 13%，实际抵扣后为 5%左右，水电行业由于后期抵扣太少，税负高达 14%以上。增值税转型升级后，部分固定资产纳入增值税抵扣范围，水电行业的税负才有所下降。2014 年 2 月 12 日，财政部和国家税务总局发布《关于大型水电企业增值税政策的通知》，以前仅针对三峡、葛洲坝等水电站的个别税收优惠变为"普惠"政策。新政策执行后，装机容量超过 100 万 kW 的水电站销售自产电力产品，对 2013—2015 年年底增值税实际税负超过 8%的部分实行即征即退政策；对 2016—2017 年年底增值税实际税负超过 12%的部分实行即征即退政策。

3. 取消不利于环境保护的税收优惠

2015 年 8 月，财政部、海关总署和国家税务总局三部委联合下发《关于对化肥恢复征收增值税政策的通知》（财税〔2015〕90 号），对化肥恢复征收增值税政策。规定：自 2015 年 9 月 1 日起，对纳税人销售和进口化肥统一按 13%税率征收国内环节和进口环节增值税。钾肥增值税先征后返政策同时停止执行。对化肥恢复增值税，旨在限制化肥的过多使用，优化农业生产投入结构，促进农业可持续发展。

6.2.3　消费税

1. 推进油品行业消费税绿色化

2011 年 6 月 15 日，财政部、国家税务总局下发《关于明确废弃动植物油生产纯生物柴油免征消费税适用范围的通知》，明确废弃的动物油和植物油种类及生产纯生物柴油免征消费税适用范围。财政部、国家税务总局于 2013 年 12 月 12 日发布《关于对废矿物油再生油品免征消费税的通知》，自 2013 年 11 月 1 日至 2018 年 10 月 31 日，对已回收的废矿物油为原料生产的润滑油基础油、汽油、柴油等工业油料免征消费税。

2014 年，有关油品行业的消费税成为调整的重点。国家税务总局和财政部于 2014 年 11 月 28 日对成品油消费税税率调整，取消车用含铅汽油消费税，汽油税目不再划分二级子目，统一按照无铅汽油税率征收消费税。2014 年 12 月 12 日，财政部、国家税务总局联合发布《关于进一步提高成品油消费税的通知》，自 2014 年 12 月 13 日起，将汽油、石脑油、溶剂油和润滑油的消费税单位税额由 1.12 元/L 提高到 1.4 元/L；将柴油、航空煤油和燃料油的消费税单位税额由 0.94 元/L 提高到 1.1 元/L，如表 6-1 所示。此次提高成品油消费税后形成的新增收入，纳入一般公共预算统筹安排，主要用于以下方面：一是增加治理环境污染、应对气候变化的财政资金，提高人民健康水平，改善人民生活环境。二是用于促进节约能源，鼓励新能源汽车发展。中央财政每年将安排专项资金，保障政府支持新能源汽车发展所需资金。

表 6-1　与资源环境保护相关的消费税税目税率

消费税税目			税率
成品油	汽油		1.4 元/L
	柴油		1.1 元/L
	航空煤油		1.1 元/L
	石脑油		1.4 元/L
	溶剂油		1.4 元/L
	润滑油		1.4 元/L
	燃料油		1.1 元/L
摩托车	气缸容量（排气量，下同）为 250 mL		3%
	气缸容量在 250 mL 以上的		10%
小汽车	乘用车（气缸容量（排气量，下同）	1.0 L（含 1.0 L）以下的	1%
		1.0 L 以上至 1.5 L（含 1.5 L）	3%
		1.5 L 以上至 2.0 L（含 2.0 L）	5%
		2.0 L 以上至 2.5 L（含 2.5 L）	9%

续表

消费税税目		税率
小汽车	乘用车（气缸容量（排气量，下同）2.5 L 以上至 3.0 L（含 3.0 L）	12%
	3.0 L 以上至 4.0 L（含 4.0 L）	25%
	4.0 L 以上的	40%
	中轻型商用客车	5%
电池（本次纳入）		4%
涂料（本次纳入）		4%

2. 调整消费税征收范围，对电池、涂料开征消费税

消费税绿色化改革取得重大进展。2013 年党的第十八届三中全会上提出，"调整消费税征收范围、环节、税率，把高耗能、高污染产品及部分高档消费品纳入征收范围"。2015 年在中共中央，国务院先后印发的《关于加快推进生态文明建设的意见》和《生态文明体制改革总体方案》中均提出将高耗能、高污染产品纳入消费税征收范围，对电池和涂料产品实行消费税绿色调控。2015 年 1 月 26 日，为促进节能环保，财政部和国家税务总局联合发布《关于对电池、涂料征收消费税的通知》，自 2015 年 2 月 1 日起对电池、涂料征收消费税，将高耗能、高污染产品纳入消费税的首轮扩围行动。此次对电池、涂料开征消费税，实施了差别税率，鼓励无污染和低污染产品，对环保型电池和涂料免征消费税。同时限制含汞电池、铅酸蓄电池及溶剂型涂料等高污染的电池和涂料产品，如表 6-1 所示。

专栏 6-2　将电池、涂料纳入消费税范围

2015 年 1 月 26 日，财政部和国家税务总局联合发布《关于对电池、涂料征收消费税的通知》：（1）将电池、涂料纳入消费税征收范围，在生产、委托加工和进口环节征收，适用税率均为 4%。（2）对无汞原电池、金属氢化物镍蓄电池（又称"氢镍蓄电池"或"镍氢蓄电池"）、锂原电池、锂离子蓄电池、太阳能电池、燃料电池和全钒液流电池免征消费税。2015 年 12 月 31 日前对铅蓄电池缓征消费税；自 2016 年 1 月 1 日起，对铅蓄电池按 4% 税率征收消费税。（3）对施工状态下挥发性有机物（Volatile Organic Compounds，VOCs）含量低于 420 g/L（含）的涂料免征消费税。

6.2.4　其他税种

企业所得税、车船税实施环保税收优惠政策。企业所得税等其他环保相关税种的绿色化改革进展则相对较小，主要集中在环保企业所得税、节约能源、使用新能源车船税优惠政策等方面。2012 年 1 月 5 日，财政部、国家税务总局联合下发《关于公共基础设施项目和环境保护、节能节水项目企业所得税优惠政策问题的通知》，就企业从事符合《公共基础设施项目企业所得税优惠目录》，企业所得税"三免三减半"的所得税优惠予以规

定。2012 年 3 月 6 日，财政部、国家税务总局、工业和信息化部联合发布《关于节约能源、使用新能源车船车船税政策的通知》，对节约能源的车船，减半征收车船税；对使用新能源的车船，免征车船税。

6.2.5　绿色税收评估

为分析"十二五"期间我国环境税收相关税种的收入情况以及所占我国税收比重，根据 2007—2014 年的年度税收财政状况，得到环境税相关税种收入情况如表 6-2 和图 6-1 所示。

表 6-2　2007—2014 年我国环境相关税种收入变化　　　　　　　　　单位：亿元

环境相关税种类型	2007 年	2008 年	2009 年	2010 年	2011 年	2012 年	2013 年	2014 年
消费税	2 206.83	2 568.27	4 761.22	6 071.55	6 936.21	7 875.58	8 231.32	8 907.00
资源税	261.15	301.76	338.24	417.57	595.87	904.37	1 005.65	1 083.80
城市维护建设税	1 156.39	1 344.09	1 544.11	1 887.11	2 779.29	3 125.63	3 419.90	3 644.64
城镇土地使用税	385.49	816.90	920.98	1 004.01	1 222.26	1 541.72	1 718.77	1 992.62
车船税	68.16	144.21	186.51	241.62	302.00	393.02	473.96	541.00
车辆购置税	876.90	989.89	1 163.92	1 792.59	2 044.89	2 228.91	2 596.34	2 885.00
耕地占用税	185.04	314.41	633.07	888.64	1 075.46	1 620.71	1 808.23	2 059.05
绿色税收合计	5 139.96	6 479.53	9 548.05	12 303.09	14 955.98	17 689.94	19 254.17	21 113.11
当年税收总额	51 321.78	61 330.35	68 518.30	83 101.51	103 874.43	117 253.52	110 530.70	119 175.31
比重/%	10.02	10.56	13.94	14.80	14.40	15.09	17.42	17.70

数据来源：中国统计局年度数据，国家税务总局，财政部统计数据。

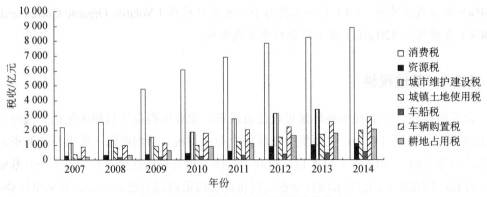

图 6-1　近年我国环境相关税收征收情况

据统计，消费税收入自 2007 年来，平均每年增速 28.30%，然而"十二五"期间，消费税收入平均增速仅为 8.10%。这表明"十二五"期间，尽管我国绿色税收中消费税收入持续平稳上升，但相对缓慢。自 2007 年来，资源税平均每年增长速度达到 27.42%。绿色税收占当年税收总额的百分比从 2007 年 10.02%增长到 2014 年的 17.7%，占比逐年上升。但是，上述统计是针对广义环境相关税收的数据，这些税种本身并不具有直接的环境保护目标，而且对于消费税征收额的统计口径，由于统计数据缺乏，并不能把与环境保护比较相关的税目征收额单独统计出来。因此，实际我国税收绿色化的比例和程度要远远低于该结果。

第 7 章

绿色金融政策

"十二五"时期我国绿色金融整体上还处于萌芽阶段。虽然在"十二五"阶段国家给予了绿色金融足够的重视和政策支持，但由于绿色金融本身的特点，相比于传统金融业务我国绿色金融的盈利模式还比较单一，商业银行发展绿色金融的积极性有限，各方面业务都处于探索阶段。在当前，绿色信贷是绿色金融的主体业务。目前，这一业务模式与传统的抵押信贷等信贷方式没有本质上的差别，只是在信用标准方面加入了对于环境因素的考察。绿色金融配套支持体系是绿色金融发展的重要支撑，包括系统性的法规、政策、绩效考核体系等，虽然在"十二五"时期不断完善，但这一体系仍发展的很不完善，总体而言，"十二五"阶段绿色金融的发展主要靠国家政策的推动，还没有探索出一条可以将环境正外部性转化为商业银行利润的有效途径。

7.1 绿色信贷

以绿色信贷为核心的绿色金融是我国绿色发展的重要推动力，以绿色信贷支持绿色发展是经济新常态下稳增长、调结构的必然选择。绿色信贷指的是银行在贷款中，将项目及其运作公司与环境相关的信息作为考察标准纳入审核机制中，并通过该机制作出最终的贷款决定。我国绿色信贷政策于 2007 年 7 月正式启动，目前已成为一项十分活跃的环境经济政策，是促进节能减排的重要市场手段。从实践来看，绿色信贷具有优化资源配置、防控环境风险、引导企业行为三大功能。绿色信贷政策通常利用贷款品种、期限、利率和额度等手段支持环保、节能项目或企业，同时对违反环保、节能等方面法律法规的项目或企业采取停贷、缓贷甚至收回贷款等处罚措施。

7.1.1 政策不断完善

"十二五"期间，许多有关政策文件均要求各类金融机构继续加大对节能减排项目的信贷支持力度。2011 年 3 月 14 日，中国银监会下发《关于全面总结节能减排授信工作及做好绿色信贷相关工作的通知》，要求各银行业金融机构总结三年以来的节能减排授信工作，建立绿色信贷统计监测制度。2012 年 2 月 24 日，中国银监会下发《关于印发绿色信贷指引的通知》，要求银行业金融机构应当按照《绿色信贷指引》的要求，有效识别、计量、监测、控制信贷业务活动中的环境和社会风险，建立环境和社会风险管理体系，完善相关信贷政策制度和流程管理。2013 年 9 月，国务院印发《大气污染防治行动计划》，明确要求 "完善绿色信贷和绿色证券政策，将企业环境信息纳入征信系统。严格限制环境违法企业贷款和上市融资"。2013 年 10 月，《国务院关于化解产能严重过剩矛盾的指导意见》发布，提出"落实有保有控的金融政策，对产能严重过剩行业实施有针对性的信贷指导政策，加强和改进信贷管理"。银监会于 2014 年 5—6 月相继发布了《绿色信贷统计制度》以及《绿色信贷实施情况关键评价指标》，明确了 12 类节能环保项目和服务的绿色信贷统计范畴，并对其形成的年节能减排能力进行统计，将包括标准煤、二氧化碳减排当量、节水等 7 项指标考核评价结果作为银行业金融机构准入、工作人员履职评价和业务发展的重要依据，进一步完善了绿色信贷的管理政策体系。

7.1.2 建立企业环境信用体系

顶层设计不断完善。2013 年 12 月，环境保护部、国家发展改革委、中国人民银行、银监会四部委联合发布了《企业环境信用评价办法（试行）》。以严格信贷管理支持环境保护，以严格环保监管防范信贷风险，逐步完善环境保护部门和金融部门信息交流共享机制为主要政策目标。旨在指导各地开展企业环境信用评价，督促企业履行环保法规定的义务和社会责任，约束和惩戒企业环境失信行为，帮助银行等市场主体了解企业的环境信用和环境风险，作为其审查信贷等商业决策的重要参考。包括四方面内容：一是企业环境信用评价工作的职责分工；二是应当纳入环境信用评价的企业范围；三是企业环境信用评价的等级、方法、指标和程序；四是环境保护"守信激励、失信惩戒"具体措施。2014 年 12 月，中国人民银行征信中心与环境保护部政策法规司、国家税务总局稽查大队等 8 家单位签署信息采集合作文件，提高环境处罚信息纳入征信系统的时效性。根据协定，环境保护部建立与征信中心实时共享环境处罚信息渠道：环境保护部的环境处罚信息，在部外网公布的同时，实时向征信中心传送；征信中心实时将环境处罚信息纳入企业征信系统，向各金融机构推送，发出风险提示，并纳入有关企业的信用报告；同时，征信中心定期向环境保护部反馈处罚信息的查询频次，以及受处罚企业的贷款变动情况。进一步推动了政府与授信机构之间的互联互通，以信贷手段强化了环境处罚效果。2015 年 9 月及 12 月，环境保护部与社会信用体系建设联席会议成员单位联合印发《失信企业协同监管和联合惩戒合作备忘录》《关于对违法失信上市公司相关责任主体实施联合惩戒的合作备忘录》。2015 年 12 月，环境保护部联合国家发展改革委印发《关于加强企业环境信用体系建设的指导意见》（环发〔2015〕161 号）。明确今后五年环保领域信用建设的主要任务和措施，指导各地方加强企业环境信用体系建设，促进有关部门协同配合，加快建立企业环境保护"守信激励、失信惩戒"机制。此外，中央统战部组织开展起草《非公有制经济代表人士综合评价工作》，将企业环境守法信用指标纳入非公有制经济代表人士综合评价指标，填补非公领域企业家环保业绩考核的空白。

7.1.3 地方积极推进

自 2007 年绿色信贷开展以来，"十二五"期间湖南省、重庆市等 30 个省（区、市）的环境保护部门与所在地的银监部门和中国人民银行分支机构等联合出台了地方性的绿色信贷政策，这契合了金融机构规避环境风险的需求，在倒逼企业加大治污投入等方面起到了积极作用。

1. 浙江省

2011 年 5 月，浙江省环境保护厅与省银监局签署《浙江绿色信贷信息共享备忘录》，督促银行机构针对企业环境表现实行差别化信贷政策，双方共同致力于建立健全三大工作机制推进绿色信贷。一是构建绿色信贷信息共享机制，环境保护部门提供给银行部门相关环境信息；二是健全绿色信贷管理机制。银监部门研究建立绿色信贷工作的统计监测、评价考核和问责制度；三是完善绿色信贷工作保障机制。由双方共同建立联席会议制度，公开披露有关环境监管和信贷管理信息。

2. 湖南省

2012 年湖南省环保厅下发了《湖南省企业环境行为信用评价管理办法（试行）》，启动企业环境行为信用评价工作，2013 年 6 月 5 日，湖南公布企业环境行为信用评价结果，46 家"环境不良"企业被亮红牌。此外，首批参评的包括国家重点监控企业和非国控上市企业在内的企业中，环境诚信企业 28 家，合格企业 833 家，环境风险企业 84 家。此次评价结果还将向金融、工商等部门通报，作为开展企业整体信用评级、绿色信贷、上市核查、再融资申请核定等工作的参考依据。2015 年 2 月，印发《湖南省企业环境信用评价管理办法》，将对环境风险企业加强日常监管、责令限期整改；对环境不良企业实施挂牌督办，责令停止违法行为，暂停审批新（改、扩）建项目，不予受理上市或再融资环保核查申请，取消评优评先资格，未按要求完成整改的还将报请同级人民政府实施关闭。

3. 江苏省

江苏推动社会信用体系建设与绿色信贷相结合。2011 年，江苏就开展了企业环境行为评价和环境信息公开，走在全国前列，一些地区探索将"企业环境行为评价制"与信贷政策结合起来实施。如江苏的江阴、常州、南通等地区将企业划分为绿、蓝、黄、红、黑 5 个等级。根据企业的不同"颜色"表现，实施差异化贷款政策。以江阴市为例，该市出台了《江阴市环境保护分类评定企业信贷政策指引》，提出"对绿色企业大力支持、对蓝色企业继续扶持、对黄色企业规模不变、对红色企业压缩存量、对黑色企业严禁新增"的信贷指引原则。如果企业"颜色"表现较差，则可通过信用修复来改变"颜色"。南通市推出了《企业环境信用修复办法》，建立环境信用修复机制对一度环境行为评级较差而又积极整改、成效明显的企业，允许其恢复环保信用，为其重新获得信贷支持创造条件。这可以视为 2013 年发布的《企业环境信用评价办法（试行）》的雏形。

4. 福建省

2013 年福建省将《绿色信贷指引》精神逐步融入当地的授信政策制定中，出台了一系列差别化绿色授信政策，如福建海峡银行出台了《绿色信贷业务管理程序》，并在其《2013 年—2015 年发展规划》中明确要求信贷政策应该凸显绿色信贷理念，将绿色信贷纳入战略管理。

5. 北京市

2013 年 8 月，北京市环境保护局、中国人民银行营业管理部、中国银行业监督管理委员会北京监管局联合印发通知，将企业环境违法信息纳入中国人民银行企业信用信息基础数据库，进入银行征信系统，作为银行审批贷款的必备条件之一。

6. 山东省

2014 年 7 月，山东省环保厅发布的《山东省企业环境信用评价办法（征求意见稿）》中要求：环境保护部门应当建立与其他有关部门和机构的信用信息共享及失信联动惩戒机制，推动企业环保信用评价结果在行政许可、采购招标、评先评优、信贷支持、资质等级评定、安排和拨付有关财政补贴资金等工作中广泛应用，促进企业主动提升环保信用等级。

7. 四川省

2014 年 4 月，四川省环境保护厅关于贯彻实施《企业环境信用评价办法（试行）》的通知规定，对于评价结果为"环保警示企业"的，采取约束性措施，严格管理。对于评价结果为"环保不良企业"的，采取暂停环保专项资金补助、加大执法监察频次、不得授予荣誉称号、不予新增贷款等惩戒性措施，督促企业加强整改。各级环境保护部门要及时将企业环境信用评价结果通报同级有关部门。相关部门应及时向环境保护部门反馈评价结果的运用情况。

8. 河北省

2015 年 2 月，河北省人民政府关于印发河北省社会信用体系建设规划（2014—2020年）的通知提出，引入第三方社会信用评级机构开展企业环境保护、能源节约信用评价，加强评价结果的应用和后续督管，督促企业落实环境安全主体责任，大力推进绿色信贷建设，加大对环保、节能失信行为的惩戒力度。

9. 天津市

2015 年 6 月，天津市人民政府关于印发天津市社会信用体系建设规划（2014—2020 年）的通知提出，推广中小企业信用体系试验区，建立企业环境行为信用评价制度，定期发布评价结果，加强部门间联动，促进园区企业与银行信贷资金的有效对接，充分发挥企业信息在缓解中小企业融资难方面的作用。

7.1.4　政策成效显著

绿色信贷规模不断扩大。"十二五"期间，绿色信贷发展快速，各地都积极地通过实施绿色信贷促进节能减排，最为明显的就是绿色信贷额度的增加。国有四大行（中国银行、中国工商银行、中国建设银行和中国农业银行）的绿色信贷额度在"十二五"期间都有显著的增加，如图 7-1 所示，中国银行从 2 494 亿元增加到 4 123.15 亿元，中国工商银行从 5 904 亿元增加到 7 023 亿元，中国建设银行则从 2 190.70 亿元增加到 7 335.63 亿元，中国农业银行从 578 亿元增加到 5 431.31 亿元[①]。

根据四大行 2011—2015 年社会责任报告分析，四大行 2011—2015 绿色信贷额度都有较快增长，其中中国工商银行变化最为平缓，但绿色信贷额度常年居于首位，中国农业银行的增长则最为快捷。

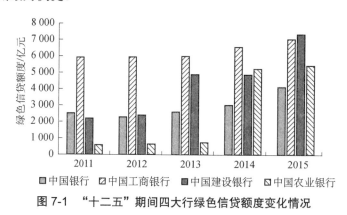

图 7-1　"十二五"期间四大行绿色信贷额度变化情况

2013 年以来，《中国银监会办公厅关于报送绿色信贷统计表的通知》（银监办发〔2013〕185 号）以及《关于报送绿色信贷统计表的通知》（银监统通〔2014〕60 号），组织银行业金融机构和地方银监局开展绿色信贷统计工作。"十二五"期间完成了 6 次绿色信贷统计工作，披露 2013 年 6 月至 2015 年 12 月国内 21 家主要银行（国家开发银行、中国进出口银行、中国农业发展银行、中国工商银行、中国农业银行、中国银行、中国建设银行、交通银行、中信银行、中国光大银行、华夏银行、广东发展银行、平安银行、招商银行、浦东发展银行、兴业银行、民生银行、恒丰银行、浙商银行、渤海银行、中国邮政储蓄银行）绿色信贷的整体数据。

---

① 数据来源：四大银行 2011—2015 年社会责任报告。

从此次集中披露的绿色信贷统计信息来看，国内 21 家主要银行机构绿色信贷呈持续发展态势，如图 7-2 所示，主要有以下特点：一是绿色信贷规模保持稳步增长。从 2013 年 6 月的 4.85 万亿元增长至 2015 年 12 月末的 7.01 万亿元。其中，绿色交通、可再生能源及清洁能源、工业节能节水环保项目贷款余额较大且增幅居前。二是绿色信贷的环境效益较为显著。以节能减碳环境效益为例，根据绿色信贷统计制度确定的环境效益测算规则：截至 2015 年 12 月月底，节能环保项目和服务贷款预计每年可节约标准煤 2.21 亿 t，减排二氧化碳 5.50 亿 t。相当于北京 7 万辆出租车停驶 345 年，或相当于三峡水电站发电 9.4 年形成的二氧化碳减排当量。三是信贷质量整体良好，不良率处于较低水平。整体而言，绿色信贷贷款不良率低于其他各项贷款不良率[①]。

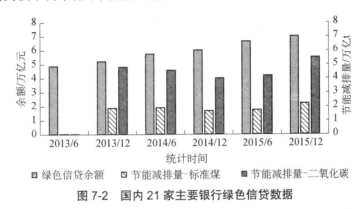

图 7-2 国内 21 家主要银行绿色信贷数据

7.2 环境污染责任保险

随着环境污染事故和环境侵权行为的频繁发生以及公众环境权利意识的不断增强，环境污染责任保险逐渐从公众责任保险、第三者责任保险中独立出来。环境污染责任保险又被称为"绿色保险"，是围绕环境污染风险，以被保险人发生水、土地或空气等污染事故对第三者造成的损害依法应承担的赔偿责任为标的保险，它是整个责任保险制度的一个特殊组成部分，也是一种生态保险。利用保险工具来参与环境污染事故处理，具有分散企业经营风险，促使其快速恢复正常生产；发挥保险机制的社会管理功能，利用费率杠杆机制促使企业加强环境风险管理，提升环境管理水平；使受害人及时获得经济补偿，稳定社会经济秩序，减轻政府负担，促进政府职能转变等作用。自 2007 年国家环境保护总局和中国保险监督管理委员会联合印发《关于环境污染责任保险工作的指导意见》启动环境污染责任保险以来，"十二五"期间环境污染责任保险工作创新推进，逐步完善了其政策保障，确立了其法律地位，投保规模不断扩大。

---

① 数据来源：中国银行业监督管理委员会。http://www.cbrc.gov.cn/chinese/home/docView/96389F3E18E949D3A5B034A3F665F34E.html。

7.2.1　政策推进力度不断加大

国家高度重视环境污染责任保险。2011 年《国家环境保护"十二五"规划》原则性提出"十二五"期间我国将健全环境污染责任保险制度，研究建立重金属排放等高环境风险企业强制保险制度。2012 年环境保护部研究并提出《关于开展环境污染强制责任保险试点工作的意见（草案）》，力图要求对环境风险大、污染严重的企业实施强制购买环境污染责任保险。2013 年，环境污染责任保险政策出台进入密集期，2013 年 1 月，环境保护部和保监会正式联合发布《关于开展环境污染强制责任保险试点工作的指导意见》，明确在涉重金属等高环境风险企业，率先推进强制性的责任保险试点工作，为推行强制险提供了制度支撑，极大地推进了环境污染责任保险的进程。2013 年 8 月，国务院发布《关于加快发展节能环保产业的意见》，明确提出"加快发展生态环境修复、环境风险与损害评价、环境污染责任保险等新兴环保服务业"。同月，《中国保监会关于保险业支持经济结构调整和转型升级的指导意见》中也明确提出"积极推进环境污染责任保险试点，健全我国环境污染风险管理体系，充分利用保险费率杠杆机制引导企业加强节能减排工作，促进低碳经济发展"。12 月，环境保护部发布《关于开展环境污染责任保险试点信息报送工作的通知》，开展环境污染责任保险试点信息报送工作。2014 年 4 月，新修订的《环境保护法》将"国家鼓励投保环境污染责任保险"纳入条款中，这是我国首次将环境污染责任保险写进环境基本法中，为环境污染责任保险的有序推进奠定了法律制度基础。2015 年 5 月，中共中央、国务院印发《关于加快推进生态文明建设的意见》，提出深化污染责任保险试点。2015 年 9 月，中共中央、国务院印发了《生态文明体制改革总体方案》，要求在环境高风险领域建立环境污染强制责任保险制度。

7.2.2　地方试点不断深化

地方积极开展环境污染责任保险试点。多个试点省（区、市）多措并举深入推进环境污染责任保险工作。"十二五"期间，广东、云南等省（区、市）出台了一系列政策文件如表 7-1 所示，从环境污染责任保险的实施范围、实施类别等方面进一步推动了试点地区环境污染责任保险的探索工作，部分试点地区进一步明确了参保企业名单，扩大了参保企业范围。

表 7-1　部分试点省（区、市）出台的环境污染责任保险相关政策

省（区、市）	颁布时间	颁布部门	文件名称	主要内容
湖南省	2011.5	湖南省环保厅	《关于开展 2011 年度环境责任保险工作的通知》	对各级环境保护部门开展环境责任保险工作成效实施年终评比，评比结果纳入省厅年终考核结果

续表

省（区、市）	颁布时间	颁布部门	文件名称	主要内容
福建省	2011.5	福建保监局、福建环保厅等部门	《福建省人民政府关于推进环境污染责任保险制度的意见》	推进环境污染责任险试点，并建立由福建省环保厅、福建保监局、厦门保监局和相关保险公司等单位参加的环境污染责任保险联席会议机制
广西壮族自治区	2011.8	广西环保厅、广西保监局	《关于开展环境污染责任保险试点工作的通知》	要求化工、重金属冶炼、有色金属矿采选、沿江沿河等高环境污染风险企业一律作为污染责任险的参保对象
山西省	2011.8	山西环保厅和山西保监局	《关于试行环境污染责任保险工作的通知》	启动环境污染责任保险试点。目前主要考虑污染物排放总量大和环境风险程度高的煤矿、采选、化工、非煤矿山采选、冶金等行业企业
重庆市	2011.11	重庆市环保局	《关于重金属污染重点防控企业投保环境污染责任保险的通知》	在电镀、化工、蓄电池等重金属污染高危企业开展环境污染责任险试点
四川省	2012.5	四川省环保厅	《关于继续推进开展环境污染责任保险试点工作的通知》	推进各地开展环境污染责任保险试点工作
湖南省	2012.7	湖南省环保厅	《关于深入开展 2012 年度环境污染责任保险试点工作的通知》	要求进一步开展环境污染责任保险试点工作
山西省	2012.9	山西省环保厅	《关于深入开展环境污染责任保险试行工作的通知》	督促企业进一步贯彻环境污染责任保险试点工作
安徽省	2012.10	安徽省环保厅、安徽保监局	《关于推进环境污染责任保险试点工作实施意见的通知》	环境污染责任保险试点工作将在安徽省全面展开
内蒙古自治区	2012.12	内蒙古自治区环保厅、自治区政府金融办、自治区保监局	《内蒙古自治区关于开展环境污染责任保险试点工作的意见》	推进环境污染责任保险试点工作
陕西省	2013.3	陕西省环保厅、中国保险监督管理委员会陕西监管局	《关于开展环境污染强制责任保险试点工作的指导意见》	在陕西省内全面开展环境污染强制责任保险试点工作
新疆维吾尔自治区	2013.6	新疆环保厅	《关于开展环境污染责任保险试点工作的通知》	明确开展环境污染强制责任保险试点企业名单，推进环境污染强制责任保险试点工作
甘肃省	2013.8	甘肃省环保厅	《甘肃省环境污染责任保险管理暂行办法》	确定了"中介+保险"的运作模式，由保险经纪公司拟定实施方案，组织协调保险公司集中承保，参保企业强化管控措施，环保厅、保监局协调推动，四方各负其责、齐抓共管

续表

省（区、市）	颁布时间	颁布部门	文件名称	主要内容
贵州省	2013.10	贵州省环保厅	《关于开展环境污染强制责任保险试点工作的指导意见》	在贵州省内全面开展环境污染强制责任保险试点工作
江西省	2013.12	江西省环保厅	《关于推进江西省环境污染强制责任保险试点工作的通知》	在江西省内全面开展环境污染强制责任保险试点工作
广东省	2014	广东省人民政府	《广东省人民政府关于印发2014年省政府重点工作实施方案的通知》	将"开展环境污染责任保险试点"列为2014年广东省政府重点工作之一
四川省	2014.4	四川省环境保护厅	《关于做好2014年环境污染责任保险试点工作的通知》	明确试点企业范围，持续推进环境污染责任保险试点工作
河北省	2014.8	河北省环境保护厅 河北省金融工作办公室 中国保监会河北监管局	《关于开展环境污染强制责任保险试点工作的实施意见》	加快全省环境污染强制责任保险制度建设，进一步综合运用法律、经济、行政手段加强环境事故防范和处置工作，全面开展河北省环境污染强制责任保险试点工作
广东省	2015.1	广东省人民代表大会常务委员会	《广东省环境保护条例》	第六十一条　本省建立和实施环境污染责任保险制度。鼓励和支持保险企业开发环境污染责任保险，企业事业单位和其他生产经营者投保环境污染责任保险。在重点区域、重点行业依法实行强制性环境污染责任保险。 环境污染责任保险的具体办法由省人民政府另行制定
贵州省	2015.4	贵州省环境保护厅、中国保监会贵州监管局	《贵州省关于开展环境污染强制责任保险试点工作方案》 《关于开展环境污染强制责任保险试点工作的指导意见》	以落实《贵州省环境污染责任保险指南（试行）》为抓手，大力推进环境污染责任保险
山西省	2015.7	山西省环保厅中国保监会山西监管局	《关于进一步推进环境污染责任保险试点工作的意见》 《关于试行环境污染责任保险工作的通知》 《山西省环境污染责任保险实施方案》	共确定了456家企业作为试点企业
云南省	2015.9	云南省人民政府办公厅	《云南省人民政府办公厅关于开展环境污染强制责任保险试点工作的通知》	主要包括了指导原则、投保范围、责任界定、相关义务等内容

江苏无锡市在2011年2月初开始试点环境污染强制责任保险，要求三类企业必须纳入

责任险范围；2011 年 3 月，河北保定、广东深圳等地开始尝试将企业投保环境污染责任险政策与激励政策结合起来，将这些行业企业是否投保环境污染责任保险作为企业上市和再融资环保审查、申报环保专项资金、优先考虑信贷发放、环保评优评先等的重要审查内容；2011 年 5 月，湖南省开展了环境污染责任保险工作实施考核，规定每两个月省环保厅将对各市州工作进度进行通报，年终进行总结评比，并将评比结果纳入省厅年终考核结果。

2012 年，安徽、内蒙古、辽宁开始试点环境污染责任保险。三个试点省（区）中，只有安徽省要求六类企业强制投保，其余两个省（区）还是采取自愿承保的形式；2012 年 9 月，海南省林业厅印发《海南省森林保险试点实施方案》，文昌、万宁、琼中等市（县）的公益林和商品林，将纳入今年森林保险标的范围，正式启动海南省森林保险试点，成为国内首个针对森林投保的省；此外，陕西、江苏、山东等省也进一步推进环境污染责任保险试点工作。

2013 年 4 月，湖南省施行的《湘江保护条例》中规定"湘江流域涉重金属等高环境风险企业应当按照国家有关规定，购买环境污染责任保险"，是地方性法规中首次规定的强制保险；安徽、陕西、新疆、甘肃、贵州、江西、山东、湖北、湖南等各省（区）环保厅陆续制定并下发了当地的环境污染强制责任保险指导意见或实施方案。

2014 年，多个试点地区重视重金属行业、危险废物行业环境污染责任保险工作，四川省将有色金属矿（含半生矿）采选业、有色金属冶炼业、铅蓄电池制造业等企业设定为环境风险较高的企业，并制定了相应的环境风险管理系数。贵州省则制定了环境风险定量评估的基本规则，对发生环境污染事故后保险公司现场查勘、定损和责任认定等做了具体规定。湖北省将企业环境污染责任保险投保情况纳入全省企业环境信用评价体系，对投保环境污染强制责任保险企业实行加分。

2015 年，广东、云南、贵州等省出台多项政策法规推进环境污染责任保险工作。广东省将建立和实施环境污染责任保险制度作为重点工作之一。云南、贵州、黑龙江等省制定指南与实施意见，将环境污染强制责任保险作为重点，对实施范围、实施类别等方面作出了进一步的规定，明确参保企业名单，扩大了参保企业范围。

7.2.3　成果斐然、政策效用尚需提升

试点省份数量不断增加。截至 2011 年年底，仅有江苏、湖南、湖北、河南、重庆、福建、广西、四川、山西、云南等十余省（区、市）开展环境污染责任保险试点工作，截至 2015 年年底，环境污染责任保险试点省（区、市）扩展至近 30 个，增长十分迅速。

投保规模不断扩大。"十二五"期间，我国从最初的仅在高环境风险行业鼓励投保，到现在对高环境风险行业实施环境污染强制责任保险，有了较大的突破。2011—2013 年，我国环境污染责任保险试点地区较少，并无精确的投保统计，2013 年 12 月，环境保护部发布《关于开展环境污染责任保险试点信息报送工作的通知》，正式开始环境污染责任保险试点统计工作。2014 年，据环境保护部收集汇总的信息，环境污染责任保险共包括全国 22 个省（区、市）近 5 000 家企业，涉及重金属、石化、危险化学品、危险废物处置、医药、电力、印染等行业。截至 2015 年，试点省（区、市）已近 30 个，试点行业涉及

重金属、石化、危险化学品、危险废物处置、电力、医药、印染等，保险产品发展到 20 余个，投保企业近 4 000 家。自环境污染责任保险工作开启以来，全国投保企业超过 4.5 万家次，保险公司提供的风险保障金累计超过 1 000 亿元[①]。

政策成效初步显现。环境污染责任保险投保企业和提供风险保障额度不断增加，发挥了一定效用。如 2012 年 12 月 31 日，山西某集团发生苯胺泄漏，总泄漏量为 319.87 t，事故发生后，保险公司及时预付赔款 100 万元，该案于 2013 年 6 月完成赔付工作，赔款共计 405 万元，这也是当时数额最大的环境污染责任保险理赔案例。2015 年 4 月 26 日，深圳市某公司发生严重火灾，造成生产场所大面积烧毁。该公司火灾以及在救火过程中造成的含有毒有害物质的废水、废气若未及时妥善处理，将对周围环境造成严重污染。由于该公司购买了环境污染责任保险，这次火灾引发环境污染问题而造成的费用，由保险公司环境污染责任险支付。这些案件的及时处理，对解决环境污染纠纷、减轻企业负担、缓解社会矛盾起到了积极的作用。此外，一些进展较快的地方还涌现了典型经验，如早在 2009 年，江苏无锡就开始进行环境污染责任保险试点工作，并于 2011 年 2 月推行强制保险试点工作，逐渐走出一条以"政策引导、市场运作、企业参与、专家服务"为主要做法，以"事前风险管理、重在事故预防"为主要特点具有无锡特色的发展道路。

试点工作尚需深化。虽然在"十二五"期间，环境污染责任保险工作取得长足进步，仍存在着较多的问题。根据环境保护部公布数据显示，相较于 2014 年，2015 年虽然试点省（区、市）由 22 个增加到 28 个，但投保企业却由 5 000 个下降到 4 000 个，而且企业续保率极低，基本全是试点企业在投保。整体而言还存在着续保率不高、投保企业数量缩减、保险赔付率过低等困境，这与企业环境违法成本低，缺少强制依据，企业投保动力不足等有关系，应当在"十三五"期间继续深化环境污染责任保险试点，使之更好的发挥作用。

四川、甘肃和江苏 2015 年 1—10 月环境污染责任保险投保情况如表 7-2～表 7-4 所示。

表 7-2　四川省 2015 年 1—10 月环境污染责任保险投保企业统计

试点市（州）、县（市）	投保企业数量/家	试点市（州）、县（市）	投保企业数量/家
成都市	76	宜宾市	7
自贡市	4	广安市	1
攀枝花市	29	达州市	12
泸州市	7	巴中市	6
德阳市	30	雅安市	6
绵阳市	29	眉山市	5
广元市	10	资阳市	14
遂宁市	14	阿坝州	5
内江市	7	甘孜州	5
乐山市	9	凉山州	18
南充市	5	—	—

---

① 数据来源：生态环境部。

表 7-3 甘肃省 2015 年 1—10 月环境污染责任保险投保企业统计

试点市（区）、县（市）	投保企业数量/家	试点市（区）、县（市）	投保企业数量/家
金昌市	11	甘肃矿区	2
酒泉市	9	白银市	25
张掖市	23	武威市	18
天水市	25	定西市	3
陇南市	8	平凉市	5
临夏州	40	庆阳市	6
兰州市	24	甘南州	14
嘉峪关市	14	—	—

表 7-4 江苏省 2015 年 1—10 月环境污染责任保险投保企业统计

试点市	投保企业数	保费总额/万元	责任限额总额/万元
南京市	234	758.76	99 800
无锡市	989	1 250.99	86 957.59
徐州市	42	181.79	21 300
常州市	8		
苏州市	253	602.86	59 391
南通市	310	687	40 100
连云港市	133	240.10	11 802
淮安市	35	109.35	6 075.50
盐城市	93	211.90	11 035
扬州市	105	257.06	23 400
镇江市	31	40.04	2 620
泰州市	98	259.46	26 705
宿迁市	26	35.3	2 410
全省总计	2 357	4 634.61	391 596.09

7.3 绿色基金

绿色基金是专门针对节能减排战略，低碳经济发展，环境优化改造项目而建立的专项投资基金，可以用于雾霾治理、水环境治理、土壤治理、污染防治、清洁能源、绿化和风沙治理、资源利用效率和循环利用、绿色交通、绿色建筑、生态保护和气候适应等领域。绿色基金在绿色金融体系中资金来源最为广泛，具有举足轻重的作用，但在我国起步较晚，仍需进一步推进。

7.3.1   起步较晚、前景广阔

由于历史客观原因起步较晚。国内绿色投资基金发展滞后，主要原因有以下方面：首先，经济利益大于社会责任。从当前情况来看，我国资本市场主要投资动机还是经济利益最大化，关注社会责任、环境保护的企业较少，可持续发展理念尚未引起重视。总体来说，我国绿色投资主体数量较少、绿色投资意识淡薄，没有形成良好的绿色投资社会氛围。其次，投资观念落后。从发达国家实践经验来看，加大绿色投资可以为企业带来丰厚的长期投资回报，对企业自身经营效益有很大的促进作用，但是实际中，很少有企业会主动投资环境保护项目，短期经营动机比较突出，落后的投资经营观念限制了绿色投资发展，最后导致金融市场发育缓慢。从当前国内金融市场情况来看，主要存在监管不到位、信用体系缺失、创新基础薄弱等问题。在这种情况下，金融投资市场上存在严重的市场信息不对称、外部经济问题无形中增大了绿色投资市场上的逆向选择风险。另外，不完善的市场监管、筛选和信息披露制度，会让投资者承担更大的投资风险。这些原因导致我国绿色投资基金发展起步时间较晚，直到 2011 年 2 月，兴业银行发起成立了国内第一家绿色投资基金——兴全绿色投资股票型证券投资基金，该基金主要投资对象是绿色节能、新能源以及环保型企业，以及正在向新兴产业、增长方式转型的企业，或者有志于在绿色环保产业大有作为的公司。

发展前景广阔。作为绿色金融体系的重要组成部分，绿色基金的资金来源广泛，资金量充足，可以汇集政府、机构以及私人资金，在绿色产业市场中大有作为。2015 年 11 月 3 日，《中共中央关于制定国民经济和社会发展第十三个五年规划的建议》提出，支持绿色清洁生产，推进传统制造业绿色改造，推动建立绿色低碳循环发展产业体系，鼓励企业工艺技术装备更新改造。发展绿色金融，设立绿色发展基金。绿色发展基金被首次明确地写进国家战略发展规划中，为建立专业化的社会资本绿色投资平台提供了政策保障。

7.3.2   基金数量不断增加

企业积极创设绿色私募股权和创业投资基金。目前，节能减碳、生态环保已成为很多私募股权基金和创业投资基金关注的热门投资领域。2010 年以来，一些大型企业积极参与绿色基金设立和运作，如中国节能环保集团公司联合银行、保险公司、工商企业等设立的绿色基金已超过 50 亿元人民币；2010 年 7 月，建银国际联合上海城市投资开发总公司共同设立建银环保基金；2014 年 10 月，上海巴安水务股份有限公司与交享（上海）投资管理有限公司拟联合建立巴安水务产业投资基金，通过该基金对环保水务等领域进行投资建设和并购；2014 年 12 月，重庆设立规模为 10 亿元的环保产业股权投资基金，主要投资方向为生态环保类企业，重点投向三峡库区成长性较好的生态环保类企业和重大环保基础设施项目；2015 年 3 月，亿利资源集团、泛海集团、正泰集团、汇源集团、中国平安银行等联合发起设立了绿丝路基金，致力于丝绸之路经济带生态改善和光伏能源发展等。

基金数量不断增加。截至 2015 年年底，全国已设立并在中国基金业协会备案的节能

环保、绿色基金共 144 只，如图 7-3 所示。成立于 2012 年及之前的共 21 只；2013 年共成立 22 只；2014 年共成立 21 只；2015 年共成立 80 只，呈明显上升趋势[1]。据不完全统计，现在至少建立了 20 个有地方政府支持的绿色基金，还有很多民间资本、国际组织等也纷纷参与设立绿色发展基金。

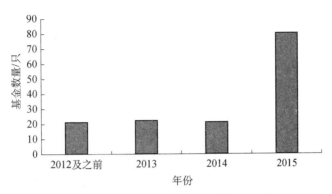

图 7-3　"十二五"期间我国绿色基金设立情况

国内最大规模核证资源减排碳基金的设立填补了碳金融空白。2015 年 1 月 18 日，上海环境能源交易所宣布：海通宝碳 1 号集合资产管理计划（以下简称"海通宝碳基金"）在其平台上正式启动。海通宝碳基金是海通资管与上海宝碳新能源环保科技有限公司在上海环境能源交易所的帮助和推动下成立的专项投资基金，投资金额为 2 亿元。其中，海通资管负责对外发行，海通新能源和上海宝碳作为投资人和管理人。该基金是目前国内最大规模的中国核证资源减排碳基金，提升了碳资产的价值，填补了碳金融的空白。同时，有助于加大资金对新能源和节能减排项目的支持力度，激发更多的投资机构投资于绿色金融市场，为绿色发展基金的建立与实践提供经验参考。

多家环保产业投资基金成立。上海巴安水务股份有限公司与交享（上海）投资管理有限公司拟联合建立巴安水务产业投资基金，通过该基金对环保水务等领域进行投资建设和并购。重庆设立规模为 10 亿元的环保产业股权投资基金，作为全国首只环保产业股权投资基金，主要投资方向为生态环保类企业，重点投向三峡库区成长性较好的生态环保类企业和重大环保基础设施项目。北排集团、国投创新投资管理公司、中国工商银行和上海浦东发展银行共同出资 100 亿元成立国投水环境（北京）基金，用于污水处理等环保产业，2014 年我国主要环保产业基金如表 7-5 所示。环保产业基金的设立为更多社会资本进入环保产业和环境基础设施建设提供了渠道，能有效地对接市场上多元化的资金来源和优质项目。

表 7-5　2014 年我国主要环保产业基金情况

成立时间	名称	成立单位	规模	投资领域
2014 年 10 月 8 日	巴安水务产业投资基金	上海巴安水务股份有限公司与交享（上海）投资管理有限公司联合建立	约 10 亿元	工业水处理、市政水处理、固体废物处理等

---

[1]　人大重阳金融研究院、人大生态金融研究中心《中国绿色金融发展评估报告》。

续表

成立时间	名称	成立单位	规模	投资领域
2014 年 12 月 6 日	环保产业股权投资基金	环保部对外合作中心、重庆市环保局、三峡担保集团、重庆水务资产公司等单位成立	约 10 亿元	生态环保类企业，重点投向三峡库区成长性较好的生态环保类企业和重大环保基础设施项目
2014 年起	节能环保产业发展专项基金	长沙市高新技术园区	每年安排 1 亿元，连续安排 5 年	支持引进节能环保重点企业、扶持产业项目、发展节能环保服务业
2014 年起	战略新兴产业发展引导基金	武汉市人民政府	约 102 亿元（2014—2016 年）	信息技术、节能环保产业等
2014 年 9 月 12 日	环保产业并购基金	深圳市格林美高新技术股份有限公司、中植资本管理有限公司	首期不超过 10 亿元	固体废物处理、大气治理、工业节能等领域
2014 年 9 月 1 日	国投水环境（北京）基金	北排集团、国投创新投资管理公司、中国工商银行浦发银行	100 亿元	污水处理等环保项目
2014 年 8 月 18 日	北京清新诚和创业投资中心环保产业基金	国电清新、盈富泰克创业投资有限公司等	2.53 亿元	节能环保产业，有限投资大气污染防治细分行业

7.4　绿色债券

根据 2015 年 3 月 27 日国际资本市场协会（ICMA）出台的绿色债券原则（The Green Bond Principles，GBP），绿色债券是指任何将所得资金专门用于资助符合规定条件的绿色项目或为这些项目进行再融资的债券工具。其中绿色项目是指可以促进环境可持续发展，并且通过发行主体和相关机构评估与选择的项目及计划。

中国人民银行发布规定，绿色金融债券是金融机构法人依法在银行间债券市场发行的、募集资金用于支持绿色产业项目并按约定还本付息的有价证券。其主要具有资金用途明确、信用评级较高、本金收益保障和投资主体广泛等特点。

7.4.1　政策不断完善

监管机构也出台相应政策，鼓励发展绿色债券。2015 年 1 月 19 日，银监会、发改委联合发布《能效信贷指引》，明确要积极探索以能效信贷为基础资产的信贷资产证券化试点工作，推动发行绿色金融债券。2015 年 12 月 22 日，中国人民银行发布绿色金融债券公告，支持开发性银行、政策性银行、商业银行、企业集团财务公司以及其他依法设立的金融机构申请发行绿色金融债券，标志着我国绿色债券市场正式启动。同时，中国人民银行还发行了《绿色债券支持项目目录（2015 版）》（以下简称《目录》），《目录》由中国金融学会绿色金融专业委员会起草编制，为绿色债券的界定提供了标准指引。《目录》以多维度环境效益尺度作为界定标准，侧重于温室气体减排、污染物削减、资源节约、生态保护等方面。2015 年 12 月 31 日，国家发展改革委发布国内首份《绿色债券指引》，对促进绿色发展，推动节能减排、解决突出环境问题、应对气候变化以及助力经济结构转型都有重要意义。一是明确了绿色债券的适用范围和支持重点。《绿色债券指引》明确了节能减排技术改造项目、绿色城镇化项目、能源清洁高效利用项目等 12 类项目为重点支持项目。二是明确了绿色债券的审核要求。对企业债券现行审核政策做出适当调整；支持绿色债券发行主体利用债券资金优化债务结构，允许企业使用不超过 50% 的债券募集资金用于偿还银行贷款和补充营运资金；发行债券企业可根据项目资金回流的具体情况设计绿色债券的发行方案；鼓励环境污染第三方治理企业等以集合形式发行绿色债券。三是明确了推进绿色债券发行的配套政策。鼓励地方政府通过投资补贴、担保补贴等方式支持绿色债券发行；拓宽担保增信渠道，鼓励绿色项目采用"债贷组合"增信方式，鼓励商业银行进行债券和贷款统筹管理；积极开展债券品种创新等。

专栏 7-1　中国人民银行发布《绿色金融债券公告》

中国人民银行发行的《绿色金融债券公告》，在绿色产业项目的界定、债券存续期间募集资金的管理、信息披露、评估机构参与等方面对绿色金融债券作出了一些规范性规定，主要有以下四方面的特点：

（1）明确了绿色产业项目的界定标准。界定了节能、污染防治、资源节约与循环利用、清洁交通、清洁能源、生态保护和适应气候变化 6 大类（一级分类），以及 31 小类（二级分类）环境效益显著的项目。同时，规定所有筹集的资金均用于绿色产业项目。

（2）明确规定债券存续期间募集资金的管理办法。要求发行人按照募集资金使用计划，将资金投放至绿色产业项目上；规定发行人开立专门账户或建立台账，使资金流向可追溯；规定闲置资金的使用，允许发行人将闲置的资金用于信用高、流动性好的货币市场以及非金融企业发行的绿色债券。

（3）对信息披露做出严格的规定。绿色金融债券的信息披露比普通金融债券严格许多，发行人不但要在募集说明书中充分披露拟投资的绿色产业项目类别、项目筛选标准、项目决策程序、环境效益目标，以及发债资金的使用计划和管理制度等信息，债券存续期间还要定期公开披露募集资金使用信息。

（4）评估机构的加入确保债券的"绿色化"。鼓励发行人聘请专业的第三方机构对绿色金融债券进行认证或评估，要求注册会计师对募集资金使用情况出具专项审计报告，鼓励专业机构对绿色金融债券支持绿色产业项目发展及其环境效益影响等实施持续跟踪评估。第三方的评估与认证报告也需要及时向社会公开。

7.4.2　绿色债券工作不断推进

2014 年 5 月 8 日，中广核风电有限公司在银行间市场发行"14 核风电 MTN001"，为我国首单"碳债券"。2015 年 7 月 17 日，中国银行作为全球协调人成功协助新疆金风科技股份有限公司完成 3 亿美元境外债券发行，票面利率 2.5%，期限 3 年，成为中资企业发行的首单绿色债券。该债券由中国银行澳门分行提供备用信用证担保，穆迪评级公司给予 A1 的国际评级。债券在发行认购环节获得了全球 66 个机构投资者账户近 5 倍的超额认购，债券内容主要为风电项目。该债券是我国企业发行的首只境外债券，为我国企业打通国际债券市场的融资途径、提升企业海外竞争力奠定了一定基础。

2015 年 7 月 2 日，中再产险发行的巨灾债券（地震险）在境外获成功配售，成为国际市场第一只由中国保险机构发行的巨灾债券，标志着中国的巨灾风险开始被国际资本市场分散。该债券由中再集团旗下全资子公司中再产险作为发起人，发行主体为特殊目的机构（SPV）Panda Re，中再集团及中再产险以再保险转分的方式，将其所承保的部分国内地震风险分保给特殊目的机构 Panda Re，再由 Panda Re 在境外资本市场发行巨灾债券金融融资，以融资本金为这部分风险提供全额抵押保险保障。该债券为本金不确定型浮动利率债券，面值为 5 000 万美元，到期日为 2018 年 7 月 9 日。巨灾债券的发行对中国的保险市场具有重要的意义，不仅打通了可交易证券向资本市场转移国内巨灾风险的通道，为中国的巨灾风险提供传统保险市场之外的承保能力，也为保险风险证券化提供了经验借鉴。

2015 年 10 月，中国农业银行在伦敦市场发行 10 亿美元绿色债券，3 年期息率为 2.125%，5 年期息率为 2.75%，获得亚洲和欧洲近 140 家投资机构的超额认购，成为我国金融机构在海外市场发行的首只绿色债券。

2015 年 12 月，继中国人民银行正式推出绿色金融债券后，浦发银行、兴业银行、青岛银行分别获得发行绿色金融债券的行政许可，核准额度共 1 080 亿元[①]。

---

① 郑颖昊. 经济转型背景下我国绿色债券发展的现状与展望[J]. 当代经济管理，2016，38（6）：65-69.

第 8 章

环境市场政策

8.1 环境污染第三方治理

新修订的《环境保护法》为环境污染第三方治理实施提供了制度保障。2014 年 4 月第十二届人大常委会第八次会议通过了《中华人民共和国环境保护法》。虽然新修订的环保法没有明确提出环境污染第三方治理这一概念，但其所确立的政府监管、企业自律、公众参与和社会协同的环境污染社会共治体系，为环境污染第三方治理创造了良好的制度保障和市场需求，为环境污染治理体制转型和环境污染治理模式改革奠定了基础。

加强环境污染第三方治理顶层设计。党的十八大以来，生态文明建设被纳入"五位一体"的中国特色社会主义事业总体布局，生态文明建设上升为国家战略，对环境管理模式的改革与创新提出了更新更高的要求。实践证明，环境保护与生态文明建设不能仅仅依靠政府行政力支撑和控制，更重要的是使市场——这只"无形的手"，成为我国生态文明建设的重要因素。2013 年 11 月，党的十八届三中全会通过的《中共中央关于全面深化改革若干重大问题的决定》首次提出了"环境污染第三方治理"这一概念，提出要"建立吸引社会资本投入生态环境保护的市场化机制，推行环境污染第三方治理"。2014 年12 月 27 日，国务院办公厅向社会公布了《国务院办公厅关于推行环境污染第三方治理的意见》。作为我国第一部，也是现阶段唯一一部较为全面、系统地规定环境污染第三方治理的法律文件，不仅明确规定了环境污染第三方治理的指导思想、基本原则及主要目标，为各省（区、市）制定具体的符合本区域发展情况的规章制度提供了整体导向，并且针对环境公用设施的市场化投资运营、企业第三方治理机制的创新、第三方治理市场的健全、政策与组织实施的强化与完善等重要方面作出了较为详细的设想与构思，为环境污染第三方治理有关的具体法律制度的构建提供了政策性的支持与引导。

第三方治理试点示范不断深入。国家高度重视推进第三方污染治理，通过开展试点等形式积极引导和支持实施第三方治理。就第三方治理制度和模式进行改革示范的要求，国家发展改革委联合财政部、住房和城乡建设部、环境保护部下发《关于开展环境污染第三方治理试点示范工作的通知》（发改环资〔2015〕1459号），在全国环境公共基础设施、工业园区和重点企业污染治理两大领域启动第三方治理试点示范工作。随后，国家发展改革委下发复函（发改办环资〔2015〕2075号），同意在北京市、河北省、江苏省、浙江省、江西省、湖北省、湖南省、贵州省、大连市、宁波市十个省市部分地区或单位开展第三方治理相关试点工作，在深化治污减排、提高治理效率、推动环保产业发展等方面取得了初步成效。

地方政府积极出台政策推进环境污染第三方治理。地方政府积极响应国家推行第三方治理模式的号召，相继制定发布了本地区的第三方治理政策，这些政策主要包括指导意见或实施意见、实施方案等，进一步明确了各地区推行环境污染治理的重点领域和实施安排，如表8-1所示。"十二五"期间，全国共有13个省（区、市）出台了环境污染第三方治理指导意见或实施意见、实施方案。这13个省（区、市）属于环境污染问题严重或环保产业发达的地区，通过高度重视第三方治理模式推行工作，也通过出台政策明确了本地区推行第三方治理的具体目标、重点领域、主要措施等内容。在相关政策带动下，全国各地在脱硫脱硝、废水治理、工业固体废物处理、垃圾处理、环境修复等领域出现了一批第三方治理典型案例（表8-1）。

表8-1   "十二五"期间国家和地方制定第三方治理政策的情况

时间	政策范围	政策
2014/10/8	上海市	《关于加快推进环境污染第三方治理工作指导意见》
2015/1/14	全国	《国务院办公厅关于推行环境污染第三方治理的意见》
2015/4/18	安徽省	《安徽省人民政府办公厅关于推行环境污染第三方治理的实施意见》
2015/5/26	吉林省	《吉林省人民政府办公厅关于推行环境污染第三方治理的实施意见》
2015/5/26	山西省	《山西省推行环境污染第三方治理实施方案》
2015/5/28	河北省	《河北省人民政府办公厅关于推行环境污染第三方治理的实施意见》
2015/7/14	陕西省	《陕西省加快推进环境污染第三方治理实施方案》
2015/9/17	黑龙江省	《黑龙江省人民政府办公厅关于推行环境污染第三方治理的实施意见》
2015/10/13	甘肃省	《甘肃省人民政府办公厅关于推行环境污染第三方治理的实施意见》
2015/11/16	青海省	《青海省人民政府办公厅关于加快推行青海省环境污染第三方治理的实施意见》
2015/11/20	北京市	《北京市人民政府办公厅关于推行环境污染第三方治理的实施意见》
2015/12/2	河南省	《河南省推行环境污染第三方治理实施方案》
2015/12/3	四川省	《四川省人民政府办公厅关于推行环境污染第三方治理的实施意见》
2015/12/3	福建省	《福建省人民政府关于推进环境污染第三方治理的实施意见》

8.2　环保 PPP 项目

1. 国家层面初步建立"法律+政策+指引"三位一体的制度体系

2013 年党的十八届三中全会决定提出，在自然垄断行业，要推进公共资源配置市场化；在支持非公有制经济发展方面，要制定非公有制企业进入特许经营领域具体办法；在转变政府职能方面，要引入竞争机制，通过合同、委托等方式向社会购买服务；在健全城乡一体化发展机制方面，允许社会资本通过特许经营等方式参与城市基础设施投资和运营。这为推广运用 PPP 模式部署了具体的改革任务。2014 年是我国 PPP 模式元年，国务院、财政部、发改委及相关部门积极响应，启动推广 PPP 模式的相关研究，密集制定并印发文件，12 月 4 日财政部和国家发展改革委都发布了各自制定的操作指南和指导意见。2015 年 4 月，国务院常务会议通过《基础设施和公用事业特许经营管理办法》；5 月，财政部、国家发展改革委、中国人民银行下发《关于在公共服务领域推广政府和社会资本合作模式指导意见》；9 月，财政部下发《关于公布第二批政府和社会资本合作示范项目的通知》。同时在 PPP 项目实施的规范性和法律保障方面，相关政策和法规也在研究和推进中。2015 年 12 月，财政部印发《PPP 物有所值评价指引（试行）》，要求我国境内拟采用 PPP 模式实施的项目，应在项目识别或准备阶段开展物有所值评价。另外，《中华人民共和国政府和社会资本合作法（征求意见稿）》也在征求意见，PPP 立法工作加速推进。值得一提的是，2015 年 4 月环保 PPP 项目实施意见出台，财政部与环境保护部联合印发《关于推进水污染防治领域政府和社会资本合作的实施意见》，基于环境保护新形势新任务，结合《水污染防治行动计划》现实需求，在 PPP 适用范围上进行了全面拓展，涵盖饮用水水源地环境综合整治、湖泊水体保育、河流环境生态修复与综合整治、湖滨河滨缓冲带建设、湿地建设、水源涵养林建设、地下水环境修复、污染场地修复、城市黑臭水体治理、重点河口海湾环境综合整治、工业园区污染集中治理等。中央有关 PPP 推广的重要事件如表 8-2 所示。

表 8-2　2014—2015 年中央有关 PPP 模式推广的重要事件一览

时间	部门	相关事项
2014/3/16	中共中央、国务院	《国家新型城镇化规划（2014—2020 年）》
2014/5/21	国家发展改革委	发布通知决定在基础设施等领域首批推出 80 个鼓励社会资本参与建设营运的示范项目
2014/5/26	财政部	召开政府和社会资本合作（PPP）工作领导小组第一次会议
2014/6/4	国家发展改革委	召开座谈会，讨论各地各领域特许经营开展情况，特许经营立法需要解决的问题以及具体制度设计等问题
2014/7/31	国家发展改革委	召开《交通投融资—政企合作研究（PPP）》课题开题会
2014/9/21	国务院	《关于加强地方政府性债务管理的意见》（国发〔2014〕43 号）
2014/9/25	财政部	《关于推广运用政府和社会资本合作模式有关问题的通知》（财金〔2014〕76 号）

时间	部门	相关事项
2014/10/1	财政部	《地方政府性存量债务清理处置办法》（征求意见稿）
2014/10/8	国务院	《关于深化预算管理制度改革的决定》（国发〔2014〕45 号）
2014/10/22	APEC 财长会	《APEC 区域基础设施 PPP 实施路线图》
2014/10/23	财政部	《地方政府存量债务纳入预算管理清理甄别办法》（财预〔2014〕351 号）
2014/10/24	国务院常务会议	要求积极推广政府与社会资本合作（PPP）模式
2014/11/26	国务院	《关于创新重点领域投融资机制鼓励社会投资的指导意见》（国发〔2014〕60 号文）
2014/11/30	财政部	《关于政府和社会资本合作示范项目实施有关问题的通知》（财金〔2014〕112 号）
2014/12/4	国家发展改革委	《关于开展政府和社会资本合作的指导意见》（发改投资〔2014〕2724 号）
2014/12/4	财政部	《政府和社会资本合作模式操作指南（试行）》（财金〔2014〕113 号）
2014/12/30	财政部	《关于规范政府和社会资本合作合同管理工作的通知》（财金〔2014〕156 号）
2014/12/31	财政部	《财政部关于印发〈政府和社会资本合作项目政府采购管理办法〉的通知》（财库〔2014〕215 号）
2014/12/31	财政部	《关于印发〈政府采购竞争性磋商采购方式管理暂行办法〉的通知》（财库〔2014〕214 号）
2015/2/4	国家发展改革委	《国家发展改革委关于开展政府和社会资本合作的指导意见》（发改投资〔2014〕2724 号）
2015/3/10	国家发展改革委和国家开发银行	《国家发展改革委　国家开发银行关于推进开发性金融支持政府和社会资本合作有关工作的通知》（发改投资〔2015〕445 号）
2015/2/13	财政部和住房和城乡建设部	《财政部　住房城乡建设部关于市政公用领域开展政府和社会资本合作项目推介工作的通知》（财建〔2015〕29 号）
2015/4/7	财政部	《关于印发〈政府和社会资本合作项目财政承受能力论证指引〉的通知》（财金〔2015〕21 号）
2015/4/9	财政部和环境保护部	《关于推进水污染防治领域政府和社会资本合作的实施意见》（财建〔2015〕90 号）
2015/4/15	国务院常务会议	部署推广 PPP 模式
2015/4/25	国家发展改革委、财政部、住房和城乡建设部、交通部、水利部、中国人民银行	基础设施和公用事业特许经营管理办法
2015/5/19	国务院办公厅	《国务院办公厅关于转发财政部发展改革委人民银行关于在公共服务领域推广政府和社会资本合作模式指导意见的通知》（国办发〔2015〕42 号）
2015/6/26	财政部	《关于进一步做好政府和社会资本合作项目示范工作的通知》（财金〔2015〕57 号）
2015/9/29	财政部	公布第二批 PPP 示范项目名单
2015/12/8	财政部	《关于实施政府和社会资本合作项目以奖代补政策的通知》（财金〔2015〕158 号）

时间	部门	相关事项
2015/12/18	财政部	《关于规范政府和社会资本合作(PPP)综合信息平台运行的通知》(财金〔2015〕166 号)
2015/12/18	财政部	《财政部关于印发〈PPP 物有所值评价指引（试行）〉的通知》(财金〔2015〕167 号)

2. 地方在两部委文件框架内结合本省实际情况推进 PPP 相关政策出台

2014 年全国共有 7 个省份发布了 PPP 相关文件，其中四川、湖南、江苏 3 省由各省财政厅发文，河北、河南、福建 3 省由省级人民政府发文，安徽由住房城乡建设厅发文。财政部门一般是推广运用 PPP 模式的主要责任部门，但 PPP 项目涉及发展改革委、住建、水利等多部门，是需要协同管理的，所以以省政府名义发布的文件从层级来讲规格较高，也更有利于 PPP 统一管理。在具体定位、适用项目、操作意见等方面，各省 PPP 文件中的相关规定不尽相同。作为首个 PPP 指导意见的省，福建省提出明确的 PPP 试点项目标准，即 PPP 试点项目应为收益比较稳定，技术发展比较成熟，长期合同关系比较明确，投资金额一般在 1 亿元以上，一轮合作期限一般为 10～30 年。对于实施项目，湖南省提出 PPP 模式适用于价格调整机制灵活，市场化程度较高、投资规模较大、有长期稳定需求的使用者付费模式项目。江苏省提出将 PPP 模式定位于"促进经济转型升级、支持新型城镇化建设、加快转变政府职能、提升国家治理能力的体制机制变革"，并提出"PPP 不仅是一种融资模式，更是一种体制、机制和管理方式的创新"。四川省强调财政支持，提出要建立引导投资基金，鼓励金融担保机构参与，采取地方政府债券支持，做好预算保障，落实优惠政策。河南省提出省政府要成立 PPP 领导小组，小组办公室设在财政厅。在绩效评价方面，湖南省和福建省明确提出要引入第三方评审机制。各省具体政府文件如表 8-3 所示。

表 8-3　2014 年以来地方发布有关 PPP 模式推广政策一览

时间	地区	发文单位	文件名称
2014/9/6	福建省	省政府	《福建省人民政府关于推广政府和社会资本合作（PPP）试点的指导意见》
2014/11/27	河南省	省政府	《河南省人民政府关于推广运用政府和社会资本合作模式的指导意见》
2014/12/17	江苏省	财政厅	《江苏省财政厅关于推进政府与社会资本合作（PPP）模式有关问题的通知》
2014/12/17	河北省	省政府	《河北省人民政府关于推广政府和社会资本合作（PPP）模式的实施意见》
2014/12/19	湖南省	财政厅	《湖南省财政厅关于推广运用政府和社会资本合作模式的指导意见》
2014/12/22	四川省	财政厅	《四川省财政厅关于支持推进政府与社会资本合作有关政策的通知》
			《四川省"政府与社会资本合作"项目管理办法（试行）》
2014/11/17	安徽省	财政厅	《安徽省财政厅关于推广运用政府和社会资本合作模式的意见》

3. 国家发展改革委和财政部积极推动开展 PPP 示范项目

国家发展改革委开展 PPP 项目示范情况。2015 年 4 月 18 日，《国家发展改革委关于进一步做好政府和社会资本合作项目推介工作的通知》中要求各地发展改革部门尽快搭建信息平台，及时做好 PPP 项目的推介工作。以各地已公布的项目为基础，经认真审核，5 月 25 日国家发展改革委公布首批 PPP 项目，共计 1 043 个，总投资为 1.97 万亿元，项目范围涵盖水利设施、市政设施、交通设施、公共服务、资源环境等多个领域。所有项目都已明确项目所在地、所属行业、建设内容及规模、政府参与方式、拟采用的 PPP 模式、责任人及联系方式等信息，社会资本可积极联系参与。12 月 16 日国家发展改革委发布了第二批 PPP 推介项目，共计 1 488 个项目、总投资 2.26 万亿元，如图 8-1 所示。与此同时，还对第一批 PPP 项目进行了更新，保留了继续推介的 PPP 项目 637 个、总投资 1.24 万亿元。截至 2015 年年底，国家发展改革委 PPP 项目库总计包含 2 125 个项目、总投资 3.5 万亿元。将市政设施中的污水处理、垃圾焚烧、固体废物处理等项目提取出来归入环保，如图 8-2 所示。从总投资额来看，环保是继交通、市政、公共服务之后的第四大投资领域（共划分六大投资领域）。但是，环保 PPP 项目体量小型化，在第二批项目库中投资金额占比为 6%，比第一批下降了 2%，绝对投资额 1 303 亿元，下降了 20%。与此同时，项目数量却增加了 40%，达到了 484 个。进一步细分环保投资领域，按照水、固体废物和生态环境三大类别划分，其中污水仍占绝对份额，投资额占环保领域比例达到 75%，如图 8-3 所示。

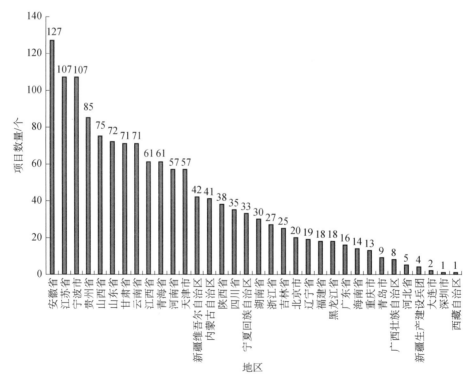

图 8-1　国家发展改革委 PPP 项目

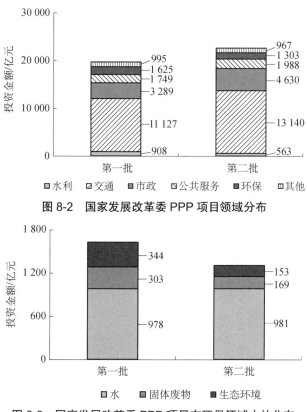

图 8-2　国家发展改革委 PPP 项目领域分布

图 8-3　国家发展改革委 PPP 项目在环保领域中的分布

　　财政部开展 PPP 项目示范情况。从 2014 年开始财政部每年实施一批 PPP 示范项目，到 2015 年已实施到第二批示范项目。2015 年 9 月 29 日，财政部公布第二批 PPP 示范项目，共计 206 个项目，总投资金额 6 589 亿元，平均项目投资金额约为 32 亿元。与 2014 年推出第一批 30 个 PPP 示范项目相比，第二批示范项目无论在数量上还是总投资额上，都远远超过第一批。从分布区域来看，第二批 PPP 示范项目覆盖北京、河北、山西、内蒙古、辽宁、吉林、黑龙江、江苏、浙江、安徽、福建、江西、山东、河南、湖北、湖南、广东、广西、海南、重庆、四川、贵州、云南、陕西、甘肃、青海、宁夏、新疆总共 28 个省（市、区）和宁波、厦门 2 个计划单列市，如图 8-4 所示。从项目领域来看，第二批 PPP 示范项目主要集中在市政、水务、交通等领域。市政领域中，又多以垃圾焚烧发电、城市地下综合管廊、垃圾处理等项目为主，如图 8-5 所示。水务领域中，主要集中在污水处理、河道整治、供水引水等项目，如表 8-4 所示。经统计，环保相关项目有 94 个，几乎占总项目数的 50%。

　　PPP 项目在转变政府职能、激发市场活力等方面初显成效。PPP 模式带来了政府职能的巨大转变，推动"放管服"改革落地生根，打破了地方政府以往习惯的那套规则，地方政府逐渐适应职能的转变，接受政企双方平等合作的理念。PPP 改革使市场创新活力得到释放和动能转换，让市场在资源配置中发挥了决定性作用，达到了"省时、省钱、省力"的目的。PPP 通过全生命周期标准化和公开透明管理，让普通老百姓在公共服务领域有渠道和手段行使参与权、监督权和发言权，推动形成了政府、市场和社会公众三方共商、共建、共赢的局面。

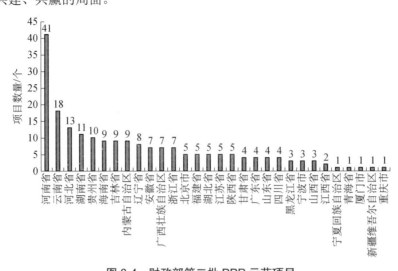

图 8-4　财政部第二批 PPP 示范项目

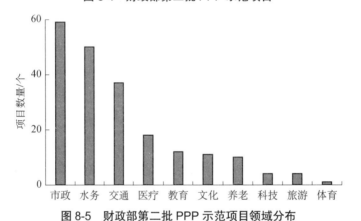

图 8-5　财政部第二批 PPP 示范项目领域分布

表 8-4　财政部 PPP 示范项目环保类名单

项目名称	省份	类型	行业领域
抚顺市三宝屯污水处理厂项目	辽宁省	存量	污水处理
嘉定南翔污水处理厂一期工程	上海市	新建	污水处理
南京市城东污水处理厂和仙林污水处理厂项目	江苏省	存量	污水处理
宿迁生态化工科技产业园污水处理项目		存量	污水处理
如皋市城市污水处理一、二期提标改造和三期扩建工程		存量	污水处理
南京市垃圾处理设施项目		存量	垃圾处理
池州市污水处理及市政排水设施购买服务	安徽省	存量	污水处理
马鞍山市东部污水处理厂		存量	污水处理
安庆市城市污水处理项目		存量	污水处理
九江市柘林湖湖泊生态环境保护项目	江西省	新建	环境综合治理
潭经济技术开发区污水处理一期工程	湖南省	新建	污水处理
南明河水环境综合整治二期项目	贵州省	新建	环境综合治理

第9章
环境与贸易政策

9.1 稳步推进世贸组织（WTO）框架下相关环境议题

推进环境产品协定谈判。近年来，世界各国大力推动绿色增长，把发展环境产品与服务作为新的经济增长点以及提高国际竞争力的重要途径。中国与美国、欧盟等 14 个世贸组织成员于 2014 年 7 月在瑞士正式启动了环境产品协定谈判，以亚太经合组织（APEC）2012 年达成的 54 项环境产品清单为基础，进一步扩大谈判成员和产品范围，实现环境产品贸易自由化。2015 年，WTO 环境产品协定共进行了 8 轮谈判，12 月初结束第 11 轮谈判。谈判初期，各方就环境产品范围展开激烈讨论，最终一致同意将环境产品分为包括大气污染净化、水污染净化、土壤污染治理、环境友好等十类产品。2015 年，各谈判方均提交了环境产品清单建议，并就提名产品的环境效益进行逐项讨论。由于环境产品尚无统一界定范围，通过谈判各方提名形成清单的方式致使部分产品的环境属性引起争议，各方经过多轮磋商仍无法弥合实质性分歧，故谈判进程暂停。谈判各方均表示将继续努力工作，争取尽早启动下一轮谈判以达成协议。

中国积极参与对其他成员贸易政策审议。贸易政策审议是与谈判、争端解决并列的WTO 三大功能之一，根据《马拉喀什建立世贸组织协定》附件 3（贸易政策审议机制），所有世贸组织成员的贸易政策和做法均应接受定期审议。本着多双边结合、了解信息、表达关注的基本原则，中国也逐步加深对其他成员贸易政策审议的参与程度，特别是对世贸组织重要成员和重要贸易伙伴的审议，涉及经济、贸易、政策、法规、环境等多个领域，几乎涵盖了与贸易相关的所有政策的变化及调整情况的说明。截至 2015 年 11 月，中国先后参与了 230 余次贸易政策审议活动，涉及 105 个国家和地区，涵盖了中国主要的贸易伙伴，如美国、欧盟（欧共体）、日本、韩国、澳大利亚、加拿大等。其中参与对美国贸易政策审议 6 次、对欧盟（欧共体）贸易政策审议 7 次、对日本贸易政策审议 7 次、对韩国贸易政策审议 3 次、对澳大利亚贸易政策审议 4 次、对加拿大贸易政策审议 4

次等。通过对这些国家和地区的贸易政策审议，了解这些国家和地区贸易政策的变化，并对其进行评议，为破除贸易壁垒以及推动我国企业和资本"走出去"发挥了积极作用。

贸易政策审议环境议题内外关注点不尽相同。贸易政策审议的核心内容是对被审议成员贸易政策的审查和评议，包括被审议成员的政策、法律及其实施，涵盖了货物贸易、服务贸易以及与贸易有关的知识产权三大议题。审议过程中，我国对其他成员的环境议题关注点主要集中在：项目环评/环境准入标准/环境许可、绿色经济措施（如环境税、审计激励等）、FTA 环境议题、环境服务、环境产品、因环保原因制定的进口管理措施、政府采购等；其他成员对我审议时，提出的问题大多与管理体制、贸易措施（进出口配额）、节能减排及产业结构调整、环境标准等有关。随着对贸易审议参与工作的不断深入，中国已逐渐意识到应充分利用政策审议的平台，获取重要贸易伙伴与环境相关贸易政策，同时借此对外阐述我国环境贸易政策，以降低我国因环境议题被起诉的风险。

稳步推进贸易政策合规评估工作。作为 WTO 成员和全球第一货物贸易大国，我国积极遵守 WTO 规则。国务院各部门、各地方政府制定的有关或影响贸易的规章、规范性文件和其他政策措施应符合承诺的国际法律义务，即贸易政策合规。2014 年 6 月 9 日，《国务院办公厅关于进一步加强贸易政策合规工作的通知》（国办发〔2014〕29 号）发布后，商务部为做好相关落实工作，于 2014 年 12 月 12 日出台了《贸易政策合规工作实施办法（试行）》（商务部公告 2014 年第 86 号），对贸易政策合规性审查的对象、审核流程、具体操作方式予以明确，并以附件形式列出可能影响贸易的政策措施，包括可能影响进出口的进出口税政策、影响贸易的税收优惠政策、补贴及其他政府扶持政策等。

9.2　推动双边自由贸易协定中的环保议题

首次将环境议题作为独立章节列入中瑞协定。2014 年 4 月 29 日，中国和瑞士双方在京互换了《中国—瑞士自由贸易协定》（以下简称《协定》）的生效照会。按照《协定》生效条款有关规定，《协定》将于 2014 年 7 月 1 日正式生效。中瑞双方于 2011 年 1 月启动《协定》谈判，2013 年 5 月，李克强总理访问瑞士期间，中瑞双方签署了关于完成中瑞自贸区谈判的谅解备忘录。2013 年 7 月，商务部部长高虎城与瑞士联邦委员兼经济部长施耐德·阿曼代表两国政府在京签署《协定》。《协定》是近年来中国对外达成的水平最高、最为全面的自贸协定之一，对于环保工作也是一个新的里程碑，通过《协定》的签署，我国首次将环境议题作为独立章节列入自贸协定。

中韩自贸协定涉及环保领域广泛。中国—韩国自由贸易协定谈判于 2012 年 5 月正式启动，经过两年半的艰苦磋商，于 2014 年 11 月实质性结束。2015 年 6 月 1 日正式签署协定，该协议于 2015 年 12 月 20 日正式生效并第一次降税。中韩自贸协定除序言外共 22 个章节，包括初始条款和定义、国民待遇和货物市场准入、原产地规则和原产地实施程序、海关程序和贸易便利化、卫生与植物卫生措施、技术性贸易壁垒、服务贸易、投资、环境与贸易、经济合作、透明度、例外等。环境议题是国际自贸区和投资规则领域的新议题,在中韩自贸协定中,专门设立了独立的环境与贸易章节,主要包括环境保护水平、多边环境公约、环境法律法规的执行、环境影响评估、双边合作及资金安排等多项内容。其中,对于自贸协定实施进行环境影响评估以及同意为环境与贸易章节的实施设立资金机制是我国首次在自贸协定中做出规定,将为今后我国与其他国家开展自贸协定的环境议题谈判提供重要参考。关于环境服务,韩国环保企业可以在中国成立独资企业,从事城镇污水(不含 50 万人口以上城市排水管网的建设经营)、垃圾处理、公共卫生、废气清理和降低噪声服务,有利于两国产业加强环保技术交流,提升中国的环境保护能力和水平。

东盟同我国在环境领域合作达成更高水平开放承诺。2014 年 8 月,中国—东盟经贸部长会议正式宣布启动升级谈判。经过 4 轮谈判,双方于 2015 年 11 月 22 日正式签署中国—东盟自贸升级谈判成果文件《中华人民共和国与东南亚国家联盟关于修订〈中国—东盟全面经济合作框架协议〉及项下部分协议的议定书》,中国—东盟正式结束自贸区升级谈判。该议定书预计于 2016 年中旬正式生效。本次升级谈判中,中国与东盟成员启动并完成了第三批服务贸易具体减让承诺谈判,各国均做出了更高水平的承诺,东盟各国在商业、通信、教育、环境、金融等 8 个部门的 70 个分部门向我国做出更高水平开放承诺,进一步提升了中国—东盟自贸区服务贸易自由化水平。

9.3　环境服务贸易

环境服务市场开放是服务贸易谈判重要领域之一。环境服务是目前 WTO 服务贸易理事会进行服务贸易自由化谈判的 12 个服务部门(如金融、保险、建筑、旅游等)之一,也是亚太经济合作组织(APEC)提前实施贸易自由化的 9 个部门之一。扩大环境服务贸易也是目前发达成员尤其是欧盟在资本、技术、知识优势基础上进一步扩大环境优势的重要举措。服务贸易总协定(GATS)将服务划分成 12 个部门,并对每个部门做了进一步的细分,一共有 160 多个分部分,"环境服务"是重要组成部门,排在第六的位置。2010 年,共 59 个 WTO 成员在环境服务部门下属至少一个分部门给出具体承诺。中国与其他 WTO 主要成员关于环境服务贸易,在七个领域的具体承诺不尽相同,如表 9-1所示。

我国环境服务贸易领域已做出相应承诺。从开放水平来看,我国在入世谈判中,对环境服务贸易的市场准入和国民待遇也做出了相应的承诺,如表 9-2 所示。在自贸协定框架下,我国环境服务市场开放水平承诺可分为三个层次:①在自贸协定中维持我国在 WTO 中做出的环境服务市场开放承诺;②在自贸协定中做出高于我国在 WTO 中的环境服务市场开放承诺,即在部分子行业允许设立外商独资企业;③为我国目前环境服务市场开放的最高水平,即在所有子行业允许设立外商独资企业。中国加入 WTO 时,环境服务贸易市场准入承诺的水平与市场实际开放的程度相接近，个别领域的开放程度甚至比承诺的水平还要高，一些污水处理厂和垃圾发电厂完全由外商独资；为了缩减成本，这些企业制定了本土化战略，不少外商企业已在我国设立合资或独资企业来承接我国的环境服务相关项目。

表 9-1　中国与其他 WTO 主要成员关于环境服务贸易的具体承诺

成员	废水处理服务	废物处置服务	卫生及类似服务	废气清除服务	噪声消除服务	自然与景观保护	其他服务
中国	★	★		★	★	★	★
美国	★	★	★	★	★	★	★
欧盟	★	★	★	★		★	★
加拿大	★	★			★	★	★
瑞士	★	★	★	★		★	★
日本	★	★	★	★	★	★	★
韩国	★	★		★	★	★	★

注："★"为具体承诺。

表 9-2　中国环境服务承诺具体减让情况

环境服务	市场准入限制	国民待遇限制	其他承诺
（不包括环境质量和污染源检查） A. 排污服务（CPC 9401） B. 固体废物处理服务（CPC 9402） C. 废气清理服务（CPC 9404） D. 降低噪声服务（CPC 9405） E. 自然和风景保护服务（CPC 9406） F. 其他环境保护服务（CPC 9409） G. 卫生服务（CPC 9403）	（1）除环境咨询服务外，不做承诺； （2）没有限制； （3）允许外国服务供应者仅限于以合资企业形式从事环境服务，允许外资拥有多数股权； （4）除水平承诺中内容外，不做承诺	（1）没有限制； （2）没有限制； （3）没有限制； （4）除水平承诺中内容外，不做承诺	

服务提供方式：（1）跨境交付　（2）境外消费　（3）商业存在　（4）自然人流动

资料来源：中国服务贸易具体承诺减让表。

推动 APEC 开展绿色供应链合作。尽管 APEC 开展供应链的相关合作可以追溯到 2001 年上海峰会，但是 APEC 真正开始关注绿色供应链问题则是始于 2014 年 APEC 中国年。在中国积极推动下，经过天津绿色发展高层圆桌会议以及第三次高官会等一列磋商，绿色供应链议题的建议最终得以采纳，并写入《北京宣言》之中，内容为"我们积极评价 APEC 绿色发展高层圆桌会议及《APEC 绿发展高层圆桌会议宣言》，同意建立 APEC 绿色供应链合作网络。我们批准在中国天津建立首个 APEC 绿色供应链合作网络示范中心，并鼓励其他济体建立示范中心，积极推进相关工作"。

9.4　WTO 框架下自然资源出口与环境因素考量

WTO 框架下自然资源出口限制措施主要包括两类。WTO 框架下各成员方的出口限制措施主要可分为两大类，即出口关税措施和出口数量限制措施（非出口关税措施）。就自然资源领域来说，出口关税是使用频率最高的手段，通过对《2014 年世界贸易报告》数据整理，发现出口国对自然资源的出口征收出口关税的比例远远高于其他领域。在自然资源的世界贸易中，征收出口关税的比例为 11%，而在世界贸易总额中，征收出口关税的比例仅为 5%。2009—2012 年，57 个国家就自然资源所采取的出口限制措施分析，出口关税使用率为 47%，占比最高，如图 9-1 所示。

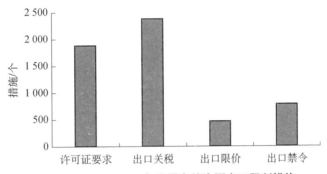

图 9-1　2009—2012 年世界自然资源出口限制措施

WTO 框架下自然资源出口限制主要有三种目的。从理论上看，出口限制措施可以达到以下目的：获得阶段性的贸易成果、生产的转移、支持下游产业（与生产转移目的密切相关）、出口的多样性（与前述两个目的密切相关）、保护环境、避免资源损耗、稳定收入以及对于出口关税升级的回应。经济合作与发展组织对 2009—2012 年 57 个国家自然资源出口限制的目的分析，大部分出口限制措施将用于保护国内产业，另外解决当前经济状况以及防止非法活动也同样是采取出口限制措施的两大目的，为这三种目的而采取的出口限制措施就已经占到了近 80%，而保护环境和保护稀有资源的目的占比较少，两者只占 11%，如图 9-2 所示。

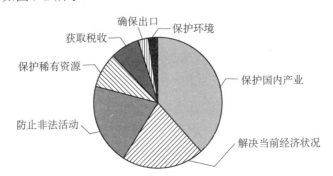

图 9-2　世界自然资源出口限制目的（2009—2012 年）

需要进一步适应 WTO 贸易规则。"十二五"期间发生的一些原材料案贸易争端反映了我国在原材料出口贸易方面的管理能力还需要加强。我国政府自 2006 年以来先后决定对部分工业原材料出口加征关税，包括焦炭、稀土、硅、滑石、黄磷、锡、钨和锌等，其中对黄磷出口征收 70%、对矾土征收 15%、对焦炭征收 40%、对氟石征收 15%、对镁征收 10%、对锰征收 15%～20%、对金属硅征收 15%、对锌征收 25%～35%，并实施配额制管理。2009 年美国、欧盟、墨西哥向 WTO 申诉中国限制部分工业原材料出口，我国进行了积极的中期上诉抗辩工作，2012 年 1 月 30 日，WTO 上诉机构就中国限制原材料出口一案做出最终裁决，确认中国对这些原材料实施出口税和出口配额限制违背了贸易规则，必须加以改正。同时，WTO 也支持中方的几项重要请求，推翻了专家组关于配额分配管理、出口许可证、出口最低限价、配额招标的裁决。2012 年 3 月 13 日，美国、欧盟、日本分别在 WTO 正式向中国提出了就"稀土、钨、钼等原材料出口管制措施"进行磋商的请求，指出中国对其 8 位海关税号下超过 212 种产品实施了超过 30 种贸易措施。中国吸取和总结"九种原材料案"败诉的经验，在被诉前相关部门梳理和完善了稀土等原材料出口管制政策，为"稀土案"的应诉工作做了充分准备。尽管如此，专家组仍认定中国对于稀土等原材料的出口措施不符合 WTO 环境例外条款，从出口关税、出口配额以及限制企业稀土贸易权限三方面裁定中国败诉。

专栏 9-1 　"稀土案"影响：有效的定价机制要合理考虑生态环境成本

取消稀土出口配额制度和出口关税政策，意味着我国在稀土出口方面将完全实现市场化管理，可能产生的结果是出口量大增，国际价格走低，而在现有稀土开发利用环境政策情景下，这会进一步加剧稀土资源开发利用的负面生态环境影响。

资源性产品定价机制中未体现其开发利用中的生态环境成本，"资源低价、环境廉价"是长期以来导致我国稀土资源过度开发和生态环境持续退化的首要原因。我国以占世界 23% 的稀土资源储量，承担了全球 90% 以上的市场供应，这与我国稀土资源长期处于较低价位有关。这种贸易模式不仅效益低下，实质上也是在"透支"我国稀土资源。由于环境外部性没有内部化也导致或进一步加剧了生态环境问题。

国家环保公益项目"稀土开发成本核算与损失评估"研究表明：江西省稀土矿的开采冶炼使赣南地区约有 1 500 万亩的地表植被遭到破坏，4 000 多万 m^3 尾沙未得到妥善处理，水土流失严重，所需的矿山环境恢复治理费用高达 380 亿元，而 2011 年江西省 51 家主要稀土企业全年利润仅 64 亿元，这还是稀土价格上涨 4 倍后的结果。该地区稀土资源开发的经济收益很难弥补环境污染治理和生态修复的成本，有关企业的环境资源成本都被转移出去，最终只能由全社会和后代人来承担。

从长远来看，减少稀土资源产品出口、加强环境政策与贸易政策的整合，需要重视发挥市场经济激励政策的作用，引入市场化治理模式，建立稀土资源可持续利用的长效政策机制，发挥市场机制在配置稀土资源中的决定性作用。

稀土及其他原材料案对我国环保工作的启示。当今世界的贸易争端正在从"准入"

向"准出"延伸，而稀缺资源正是"准出"领域关注的重点。在 WTO 规则中，我国运用贸易政策倒逼环境保护面临困难，关税和出口配额制度都受到了一定程度上的限制。本案的应诉实践也给我们环保工作带来了一些重要的启示：一是资源环境政策与贸易政策之间的协调性需要强化，资源环境政策和贸易政策需要进行内外一体化考虑和设计。二是资源环境保护应主要依靠国内政策进行管制，要进一步加强国内环境政策法规的实施力度。三是大力推动资源环境成本内部化，强化资源环境成本内部化措施，遏制稀缺资源的过度开采和出口。四是加强稀缺资源的"环境与贸易"政策协调性研究，针对稀缺资源，加强环境政策与贸易政策之间相互作用关系的研究。

第 10 章

环境资源价值核算政策

近年来，随着污染的日趋严重，政府和民众越来越意识到环境保护的重要性，同时由于传统经济核算体系中没有反映自然资源的经济贡献，同时也没有反映生态环境恶化带来的经济损失，在这种背景之下，催生了环境资源价值核算体系。简而言之，环境资源价值核算是出于保护环境的目的，为有效解决常规国民经济核算忽视环境和自然资源的主要缺陷而设计的核算。

我国的环境核算真正始于 20 世纪 80 年代，1980 年我国开始全面建立反映环境污染和环境治理水平的统计报告制度，并于 1988 年由国务院发展研究中心牵头，进行了《自然资源核算及其纳入国民经济核算体系》的课题研究等一系列研究。2004 年国家统计局和国家环保总局成立"绿色 GDP"联合课题小组，较为全面地开始研究适合我国国情的"绿色 GDP"核算体系，并于 2005 年在北京等 10 个省市启动了以环境核算和污染经济损失调查为内容的"绿色 GDP"试点工作，但一直没有形成体系，多为研究工作，环境资源价值核算政策的颁布也较少。直至"十二五"期间，党和中央高度重视环境保护，开展了自然资源资产负债表、离任审计、"绿色 GDP 2.0"等工作，促使形成完善的环境资源价值核算体系。

10.1 环境经济核算

由于环境经济核算体现了科学发展观、可持续发展理念，因此使得综合环境经济核算得到了政府高度重视，各部委及科研单位也加大力度对资源环境实物量核算、污染损失价值量核算等中国综合环境经济核算各方面进行探索。"十二五"以来进行了一系列工作推进探索国家环境经济核算体系如表 10-1 所示。2012 年中国共产党第十八次全国代表大会首次把生态文明建设列入中国特色社会主义建设总体布局，强调要把生态文明建设融入经济、政治、文化、社会建设的各个方面和全过程，这为开展综合环境经济核算有了更好的政治环境。

表 10-1　"十二五"期间环境经济核算进展

时间	事件
2010 年 1 月	建立环境经济核算技术支撑与应用体系项目前期培训讨论会在北京召开
2010 年 5 月 22 日	《环境损害评估鉴定与能力建设框架设计》项目试点工作启动会在北京召开
2010 年 10 月	以环境保护部环境规划院为代表的技术组完成《中国环境经济核算研究报告 2008（公众版）》
2010 年 12 月	环境保护部总量司在西安和成都组织开展了污染源普查动态更新培训班
2011 年 4 月 20 日	由环境保护部环境规划院和美国律师协会（ABA）共同主办的生态环境损害评估研讨会在北京召开
2011 年 5 月 25 日	环境保护部发布《关于开展环境污染损害鉴定评估工作的若干意见》
2012 年 1 月	以环境保护部环境规划院为代表的技术组完成《中国环境经济核算研究报告 2009（公众版）》
2013 年 4 月	以环境保护部环境规划院为代表的技术组完成《中国环境经济核算研究报告 2010（公众版）》
2014 年 1 月 5 日	环境保护部政法司在京召开《国家环境资产核算体系建立》项目专家咨询会，"绿色 GDP 2.0"版本研究正式启动
2014 年 3 月	国合会"政府官员环境审计制度"专题政策研究项目启动会暨第一次工作会议在京召开
2014 年 6 月 11 日	环境保护部环境规划院与联合国环境规划署（UNEP）合作的《中国环保产业和联合国环境货物与服务部门统计框架比较研究》项目成果报告在北京发布
2014 年 10 月	深圳市发布全国首个县级自然资源资产负债表系统，包括自然资源资产实物量表（存量表）、质量表、流向表、价值表和负债表（损益表）5 大类
2015 年 2 月	海南三亚编制我国首个地级市自然资产负债表
2015 年 3 月 30 日	环境保护部宣布重启"绿色 GDP"（绿色国民经济核算）研究，建立"绿色 GDP 2.0"体系，推进生态环境资源资产核算

10.1.1　"绿色 GDP"试点

　　社会关注度不断提升。自十八大提出把资源消耗、环境损害、生态效益等指标纳入经济社会发展评价体系后，2015 年 1 月实施的新修订的《环保法》也要求地方政府对辖区环境质量负责，建立资源环境承载力监测预警机制，实行环保目标责任制和考核评价制度。2015 年 4 月发布的《中共中央　国务院关于加快推进生态文明建设的意见》，提出以健全生态文明制度体系为重点，优化国土空间开发格局，全面促进资源节约利用，加大自然生态系统和环境保护力度，大力推进绿色发展、循环发展、低碳发展。同时，随着"大气十条""水十条"的陆续颁布，中国"绿色 GDP"核算引起了社会各界的高度关注。

　　"绿色 GDP"试点研究重启。"绿色 GDP"最早由联合国统计署倡导的综合环境经济核算体系提出。推行"绿色 GDP"核算，就是把经济活动过程中的资源环境因素反映在国民经济核算体系中，将资源耗减成本、环境退化成本、生态破坏成本以及污染治理成本从 GDP 总值中予以扣除。其目的是弥补传统 GDP 核算未能衡量自然资源消耗和生态环境破坏的缺陷。"绿色 GDP"的研究始于 2004 年，国家环保总局和国家统计局联合开展"绿色 GDP"核算的研究工作。2005 年，北京、天津、河北、辽宁等 10 个省市启动了以环境污染经济损失调查为内容的"绿色 GDP"试点工作，这项工作被称为"绿色 GDP 1.0"，而 2014 年 1 月环境保护部政法司在京召开《国家环境资产核算体系建立》项目专家咨询会，标志着"绿色 GDP 2.0"版本正式启动，2015 年，在环境保护部的指导下，"绿色 GDP 2.0"工作全面启动。重启"绿色 GDP 2.0"旨在贯彻落实习近平总书记关于完善经济社会发展考核评价体系，把资源消耗、环境损害、生态效益等体现生态文明建设状况的指标纳入经济社会发展评价体系，使之成为推进生态文明建设的重要导向和约束的指示精神。主要包括四个方面内容：一是环境成本核算，同时开展环境质量退化成本与环境改善效益核算，全面客观反映经济活动的"环境代价"；二是环境容量核算，开展以环境容量为基础的环境承载能力研究；三是生态系统生产总值核算，开展生态绩效评估；四是经济绿色转型政策研究，结合核算结果，就促进区域经济绿色转型、建立符合环境承载能力的发展模式，提出中长期政策建议。

推进"绿色 GDP 2.0"试点研究。根据"绿色 GDP 2.0"第二阶段的安排部署，2015 年，环境保护部根据自愿原则和国家发展改革委主推的主体功能区，从东部、中部、西部不同地区进行选择，最终确定在安徽、海南、四川、云南、深圳、六安市 6 地开展试点工作。各试点地区以动态、开放、创新的原则制定具体工作方案，实施"绿色 GDP 2.0"核算、环境容量核算以及以环境承载力为约束的经济绿色转型政策研究。

10.1.2 生态环境退化成本核算

生态环境退化成本主要包括两类：一是环境退化成本，环境退化成本又称污染损失成本，它是指在目前的治理水平下，生产和消费过程中所排放的污染物对环境功能、人体健康、作物产量等造成的实际损害的价值；二是生态系统破坏损失，生态系统可以按不同的方法和标准进行分类，按生态系统的环境特性将生态系统划分为五类，即森林生态系统、草地生态系统、湿地生态系统、农田生态系统和海洋生态系统。生态破坏损失即由于人类活动而造成的生态系统的服务功能损失。

"十二五"期间各年生态环境退化成本占比当年 GDP 基本持平。据环境保护部环境规划院发布的中国环境经济核算研究报告结论："十二五"期间我国生态环境退化成本不断增加，但占当年 GDP 的比重基本持平。2011 年为 17 271.2 亿元，占 GDP 比重为 3.3%；2012 年为 18 103.5 亿元，占 GDP 比重为 3.2%；2013 年为 20 547.9 亿元，占 GDP 比重为 3.3%，2014 年为 22 975.0 亿元，占 GDP 比重为 3.4%，2015 年为 26 476.6 亿元，占 GDP 比重为 3.7%，2015 年占 GDP 的比例增长幅度较大，主要原因是扩大了核算范围，由城市扩大到了城市和农村，如与 2014 年同口径核算范围相比，2015 年生态环境退化成本为

23 232.2 亿元，约占 GDP 比重为 3.2%，与 2014 年基本持平①，如图 10-1 所示。

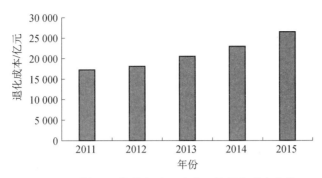

图 10-1　"十二五"期间我国生态环境退化成本变化

各省份生态环境退化成本排序基本稳定。2011—2015 年河北、山东、江苏、河南、广东、浙江等 30 个省（区、市）的各年生态环境退化成本排序基本都位于 1～6 位，而宁夏、青海、海南的生态环境退化成本较小，排序 28～30。总体而言，西部地区的生态环境退化成本较低，但增速较快。

10.1.3　生态系统生产总值（GEP）核算

根据世界自然保护联盟定义，GEP 是生态系统产品和服务功能的经济价值总量，反映的是生态系统产品、服务功能和现存自然资产的总和，体现了人类活动对自然的影响。重点强调三个方面：一是生态系统生产总值的核算必须限定核算的时间和空间范围；二是核算重点是产品和服务的经济价值，而不是生态系统资产的经济价值，是流量的概念，不是存量的概念；三是生态系统生产总值应该是"绿色 GDP"的组成部分之一，完整的"绿色 GDP"不仅应该对经济发展的生态环境成本做"减法"，还应该对人类活动作用下的生态系统服务和产品价值做"加法"，从而提高创造生态价值的积极性。

中央高度重视。2012 年党的十八大报告指出，要加强生态文明制度建设，把资源消耗、环境损害、生态效益纳入经济社会发展评价体系，建立体现生态文明要求的目标体系、考核办法、奖惩机制。党的十八届三中全会提出，必须建立系统完整的生态文明制度体系，用制度保护生态环境。对限制开发区域和生态脆弱的国家扶贫开发工作重点县取消地区生产总值考核。探索编制自然资源资产负债表，对领导干部实行自然资源资产离任审计。这些都为生态系统生产总值（GEP）核算提供了政策依据。

核算工作不断推进。2013 年 2 月 25 日，由世界自然保护联盟（IUCN）、生态文明贵阳国际论坛（EFG）、亿利公益基金会（EF）、亚太森林恢复与可持续管理组织（APFNet）及北京师范大学（BNU）共同主办的"生态文明建设指标框架体系国际研讨会暨中国首个生态系统生产总值（GEP）项目启动会"在北京召开，此次项目在内蒙古库布齐沙漠落地。据初步估计，如果沿用 GDP 核算体系的话，亿利资源企业 20 多年累计在库布齐

---

① 数据来源：环境保护部环境规划院的《中国环境经济核算研究报告 2011—2015》。

沙漠 5 000 多 km² 的绿化投入了 200 多亿元，只能算是不划算的投资。但如果从"生态供给价值、生态调节价值、生态文化价值、生态支持价值"等方面对库布齐沙漠治理区进行科学量化评估，库布齐沙漠的生态系统服务价值已由 20 多年前的负数增长到了目前的 300 多亿元（不含大规模土地改良、碳汇等价值）。此后，试点研究陆续开展，如 2015 年开始在内蒙古兴安盟阿尔山市、吉林省通化市和贵州省习水县三地进行试点研究。环境保护部环境规划院开展了全国生态系统生产总值核算研究，指出 2015 年我国生态系统生产总值为 72.81 万亿元[①]。

10.1.4　经济—生态系统总值（GEEP）核算

经济—生态系统总值（GEEP）是在国民经济生产总值（GDP）的基础上，扣减了人类在经济生产活动中的生态环境成本，增加了生态系统为经济系统提供的生态福祉。GEEP 基本遵循 GDP 的核算原则，对生态和经济系统的最终产品进行价值量核算，是一个流量的概念。经济—生态生产总值是一个有增有减，有经济有生态的综合核算体系，同时考虑了人类活动和生态环境对经济系统的贡献，扣除了生态、环境与经济核算的重复部分，纠正了以前只考虑人类经济贡献或生态贡献的片面性。

探索建立 GEEP 核算体系。"十二五"期间，我国高度重视生态文明建设，逐步调整之前过于强调的唯 GDP 考核目标。十八大提出把资源消耗、环境损害、生态效益等指标纳入经济社会发展评价体系。2005 年开展的"绿色 GDP"核算工作中，扣除了经济系统增长的资源环境代价，但并没有把生态系统为经济系统提供的全部生态福祉都进行核算，只做了"减法"，没有做"加法"。党的十八届三中全会提出，必须建立系统完整的生态文明制度体系以及在 2015 年中共中央、国务院发布的《关于加快推进生态文明建设的意见》和《生态文明体制改革总体方案》的背景之下，2015 年环境保护部全面启动了"绿色 GDP 2.0"版本，开展了生态系统生产总值（GEP）的核算，对生态系统每年提供给人类的生态福祉进行全部核算，包括产品供给服务、生态调节服务、文化服务三个方面。但生态系统生产总值（GEP）只是从生态系统的角度考虑，单独把生态系统为经济系统提供的福祉全部进行核算，并没有把生态系统和经济系统完全纳入同一核算体系中。为把资源消耗、环境损害、生态效益纳入社会经济发展评价体系，环境保护部环境规划院在"绿色 GDP 1.0"和"绿色 GDP 2.0"版本的基础上，构建经济—生态生产总值（GEEP）综合核算指标。

GEEP 可以定量衡量各省份经济—生态价值。据环境保护部环境规划院核算结果，2015 年我国 GEEP 是 122.78 万亿元。其中，GDP 为 72.3 万亿元；从相对量来看，我国单位面积 GEEP 为 1 278 万元/km²，人均 GEEP 为 8.9 万元/人，是人均 GDP 的 1.7 倍。西藏、青海、内蒙古、黑龙江和新疆等省（区）是我国人均 GEEP 最高的省（区），这五个省（区）的人均 GEEP 都超过 11 万元/人[②]，如图 10-2 所示。这五个省（区）的人均

①　数据来源：环境保护部环境规划院：《全国生态系统生产总值（GEP）核算研究报告 2015》。
②　数据来源：环境保护部环境规划院：《2015 年全国经济—生态生产总值（GEEP）核算研究报告》。

GEEP 是其人均 GDP 的倍数都超过了 2.8 倍，尤其是西藏和青海，其人均 GEEP 是人均 GDP 的倍数都超过了 12 倍。除黑龙江外，其他四个省（区）都分布在我国西部地区，属于地广人稀、生态功能突出，但生态环境脆弱敏感的地区。GEEP 能够非常明显地展现各省（区、市）及我国总体的经济与生态价值。

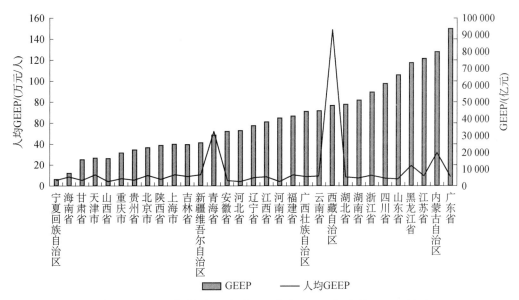

图 10-2　2015 年我国 31 省（区、市）GEEP 与人均 GEEP 情况

10.2　自然资源资产负债表

自然资源资产负债表是指一个地区在某个特定时间点上所拥有的自然资本资产总价值和把自然资本维持在某个规定水平之上的成本（负债）的报告，就是以核算账户的形式对全国或一个地区主要自然资源产的存量及增减变化进行分类核算。编制负债表以客观地评估当期自然资源产实物量和价值的变化，从而摸清某一时刻上自然资源产的"家底"，准确把握经济主体对自然资源产的占有、使用、消耗恢复和增值活动情况，全面反映经济发展的资源环境代价和生态效益，从而为环境与发展综合决策、政府政绩评估考核、环境补偿等提供重要依据。我国自然资源资产负债表工作开始于 2013 年，"十二五"期间处于试点期间。

10.2.1　启动国家试点

《中共中央关于全面深化改革若干重大问题的决定》指出："在生态文明建设过程中对领导干部实行自然资源资产离任审计，要探索编制自然资源资产负债表"，利用自然资源资产负债表来表征国家（地区）自然资源资产存量和流量状况，有助于摸清国家（地区）的自然资源"家底"，为国家（地区）制定经济政策和优化资源配置提供科学依据，并以此为重要指标评价领导干部的政绩与不足。2015 年 11 月，国务院办公厅印发《编制自然资源资产负债表试点方案》，推进自然资源资产负债表编制试点探索，指导试点地区探索形成可复制可推广的编表经验。试点内容主要根据自然资源保护和管控的现实需要，先行核算具有重要生态功能的自然资源。要求试点地区编制 2011—2015 年各年自然资源资产负债表，主要包括编制土地资源、森林资源、水资源等资产负债表，有条件的地区也可以积极探索编制矿产资源资产负债表。试点地区包括内蒙古自治区呼伦贝尔市、浙江省湖州市、湖南省娄底市、贵州省赤水市、陕西省延安市。要求试点地区根据该方案，分别采集、审核相关基础数据，研究资料来源和数据质量控制等关键性问题，探索编制自然资源资产负债表。2015 年 11 月国家统计局同期举办自然资源资产负债表试点工作暨培训会，发布《自然资源资产负债表试编制度（编制指南）》，对试点工作进行全面部署。

10.2.2　三亚等一些地方自发开展试点

2014 年，三亚市政府率先探索城市自然资源资产负债表编制，标志着我国自然资源资产负债表研究工作的起步。截至 2015 年年底，广东省深圳市和浙江省湖州市已完成了自然资源资产负债表试编。深圳市以生态保护为重点的大鹏新区和工业发展为重点的宝安区，作为深圳市生态文明体制改革综合试点，开展区级自然资源资产负债表。深圳市自然资源资产负债表系统，包括自然资源资产实物量表（存量表）、质量表、流向表、价值表和负债表（损益表）5 大类表，又分不同的子系统。负债表系统编制过程遵循了可核查、可报告、可考核原则，主要包括了林地、城市绿地、农用地、湿地、饮用水、景观水、沙滩、近岸海域、大气资源、可利用地 10 大类指标。据核算，大鹏新区 2015 年自然资源资产的实物量价值为 280.22 亿元，生态系统服务价值为 445.80 亿元。浙江省湖州市自然资源资产负债表由两部分组成：第一部分资产类项目包括土地资源、水资源、林木资源和矿产资源，用于摸清自然资源资产"家底"；第二部分是负债类，包括资源耗减、环境损害和生态破坏等，反映的是自然资源资产的使用情况。按照资源环境核算理论框架，湖州市自然资源资产负债遵循先实物后价值、先存量后流量、先分类后综合的技术路径，从底表到辅表、再到主表、最后到总表逐步核算。测算结果显示，2013 年湖州市自然资源资产价值相当于当年 GDP 的 5.2 倍。2003—2013 年，湖州市自然资源资产负债总量相当于核算期内 GDP 总量的 5.6%，主要源于资源耗减及其所造成的环境损害，年均负债率相对较低，为 0.6%。2015 年 7 月，浙江省湖州市政府在北京召开"湖州市自然资源资产负债表编制"项目验收评审会，这也是全国首张较为系统全面的地市级自然资源资产负债表。

第 11 章

行业环境经济政策

11.1 环境保护综合名录为环境经济政策应用提供了"出口"

1. 不断深化和规范《环境保护综合名录》研究和编制工作

不断丰富《环境保护综合名录》编制成果。"十二五"期间，原环境保护部政法司继续组织环境保护部环境规划院及相关行业协会等支撑单位，开展环境经济政策配套综合名录研究和编制工作。2011 年发布了《环境经济政策配套综合名录（2011 年版）》，包括514 种"高污染、高环境风险"（简称"双高"）产品，以函的形式提供给国家发展改革委、财政部、工信部、商务部等经济部门，供制定和调整有关政策参考。2012 年后，《环境经济政策配套综合名录》改名为《环境保护综合名录》（以下简称《综合名录》），环境保护部政法司逐年发布了《环境保护综合名录》2012 年版、2013 年版、2014 年版和 2015 年版，截至 2015 年年底，《环境保护综合名录》共包括"双高"产品 837 项、环境保护重点设备名录 69 项。

"双高"产品数量不断增多、覆盖面不断扩大。《综合名录》中"双高"产品名录是核心产出，也是被发改、财政、工信、商务等经济部门采用最多的核心成果。"十二五"期间"双高"产品从 2010 年版的 349 种增加到 2015 年版的 837 种；并且 2015 年版《综合名录》改变了"双高"名录发布格式，将名录按照行业代码及产品代码重新排列，取消了重污染工艺，只保留了环境友好除外工艺，范围拓展到了农药、无机盐、化学制药、轻工、染料、涂料及其他化工行业等 23 个环境污染较重的主要细分行业。包含了 50 余种生产过程中产生二氧化硫、氮氧化物、化学需氧量、氨氮量大的产品，30 多种产生大量挥发性有机污染物（VOCs）的产品，近 200 余种涉重金属污染的产品，近 500 种高环境风险产品。

"双高"名录编制的科学性不断增强。由于"双高"产品名录制定涉及产业发展、环境污染、环境风险等诸多因素，编制初期主要采用纯定性方法——列入条件法，借助专家经验予以判定。但是，列入条件法很容易受到专家知识经验的局限和主观因素的制约。作为《综合名录》的主要技术支撑单位环境保护部环境规划院，在"十二五"期间，不断适应名录制定工作的新需求，一方面不断加强作为主要编制方法的列入条件法的规范性、可操作性与科学性；另一方面设计构建了 4 种定量化水平较高的"双高"产品判定方法，具体包括基于层次分析法的"双高"判定方法、基于产排污系数的产品环境代价指数法、基于 LCA 的"双高"产品判定方法和基于 DEA 的产品环境绩效指数法，如表11-1 和图 11-1 所示。其中基于层次分析法的"双高"判定方法为定性与定量相结合的方法，后 3 种方法为纯定量方法。目前，这 5 种方法均已用于"双高"产品名录的制定工作。

表 11-1　"双高"产品编制方法

方法	适用范围	优点特征
列入条件法	（1）单一产品判断。当反映产品环境污染、环境风险的相关数据采集不够全面，不能支持对"双高"产品的定量分析时，依靠咨询从事产品生产的相关专家和环保专家，利用他们自身的经验，对产品是否具有高环境污染、高环境风险特征进行综合判断，确定该产品是否为"双高"产品。（2）基于不同研究主题的备选大名单进行筛选。在"双高"产品名录方法体系较为完善阶段，可自主设定主题，如重金属、PM2.5、VOCs、POPs（持久性有机污染物）、新型污染物等，运用列入条件法从众多产品名单中，快速并较为准确地挑选出拟纳入"双高"产品名录的备选名单。（3）行业内小样本组合的筛选。行业内产品在污染、风险等方面具备一定的相似性与较大的差异性，且业内具有相关经验的专家较多。因此，在选定某一行业的前提下，可依托行业协会或对行业情况较为熟悉的大专院校、科研机构等，利用列入条件法较为快速、准确地挑选出行业内高污染、高风险产品以纳入备选名单	（1）可信度较强。列入条件法旨在通过对产品经济发展概况、环境污染状况、环境风险状况及环境管理情况的考察和判断，借助专家经验和实践调研，揭示产品是否具有高污染、高环境风险特征的研究方法，制定流程规范，考察方面全面，既有数据材料又经过编制人员的详细分析、相关专家的论证等，可信度较强。（2）适用性强。列入条件法不仅适用于数据全面、影响因素可定量的情况，而且适用于产品数据不全或主要影响因素难以判断的情况。即只要具有一定经验水平的专家并能够对专家的判断予以实际核实的情况下，可以对任何产品做出判断，适用性较强。（3）简捷快速。列入条件法能够基于产品特性，依据专家经验，抓住关键问题，较为快速地从多个相关产品中，筛选出具有高污染、高环境风险性质的产品，简捷快速。（4）直观性较强。列入条件法的判定结果为描述性语言，能够直接看出产品列入名录的理由，直观性较强
基于层次分析法的"双高"判定方法	（1）同行业间内所有产品或单一产品所有工艺"双高"属性的排序与重点筛选。因为同行业间不同产品或单一产品不同工艺的判定指标具有一定横向可比性，而且具备行业特征。所以在考虑重点环境污染或风险指标的同时要深入研究行业污染或风险特性，建立适用的指标体系，就可以对同行业内所有产品或单一产品所有工艺进行比对排序，筛选"双高"产品。（2）不同行业相似产品的比对排序。对于不同行业产品，若产品生产工艺、污染排放、风险特征等关键因素具有一定相似性，指标间具	（1）客观性强，定量化程度较高。相对于列入条件法纯定性的主观判定，该方法的主观判定因素大大减小，仅仅需要专家对指标进行两两重要性的比对判定，其他过程均通过定量计算，所以方法更为客观，结果更为准确。（2）方法使用不受研究样本数量限制。列入条件法显然只能小样本对比，一旦拟研究对象数量较多，就难以比对判定。而该方法不受拟研究样本量影响，因为最终的定量计算需要将数据去量纲化，去量纲是一个将绝对数据转化成相对数据的过程，所以研究对象样本量不受数量限制，只要不是单一产品，无论样本

方法	适用范围	优点特征
基于层次分析法的"双高"判定方法	有可比性，或者特征指标一致等，就可以建立统一的指标体系，对不同行业间的相似产品进行综合计算，从而对环境污染指数及环境风险进行比对排序	量多大，都可以准确地计算其环境污染及风险指数。所以该方法适用于大量产品"双高"属性的比对筛选。（3）专家经验的定性判断与科学计算的定量判定相结合，方法更有科学性。该方法既不是纯定性方法，也不是纯定量方法。而是依托专家进行指标两两重要性判定、同时利用层次分析为所有指标权重赋值，从而定量计算综合环境污染及风险指数，既充分利用了行业内专家的经验，又建立科学的计算模型量化结果，是一种定性与定量相结合的科学方法
基于产排污系数的产品环境代价指数法	（1）同行业间同一产品所有生产工艺环境绩效比较。相同产品生产工艺不同，其产排的污染物的种类即使不完全相同一般也具有较大的相似性，其差异性主要体现为"三废"污染物的产生与排放的数量不同，环境成本核算通过实际治理成本和虚拟治理成本的计算，更直观地反映出落后工艺与环境友好型工艺间的价值量的差异，为地方政府产业调整、企业自身技术升级提供较为科学的依据。（2）不同行业间产品间的"双高"属性的比较。本方法可以对不同行业的产品，通过其污染物的产生量和排放量、污染治理成本，计算出其在生产过程中产生的环境负面影响所需要支出的费用。通过对比产品所造成污染的货币价值损失，对产品的污染程度有直观和定量的判断	（1）直观的反映环境污染损失的价值量。清晰地反映出产品生产过程中污染物造成的经济损失与环保费用支出，使企业管理者更为直观地认识到自身经营活动对周围环境影响的大小。（2）为环境费用效益分析提供基础数据，是环境经济决策的技术支撑。经济决策的主要方法是费用—效益分析，将污染经济损失的减少与投入的资金进行比较分析，以确定改变产品生产工艺或替代投入科学性。（3）为确定环境问题的优先次序提供依据。可以作为定量的指标来衡量各环境要素的污染物危害程度的比较和排序，确定污染控制的优先次序
基于 LCA 的"双高"产品判定方法	（1）已列入"双高"名录中重点大宗产品（或主要企业）针对性改进方案与管理政策方案制定。（2）针对产品链条较长、较靠近产业链后端与末端的重点大宗消费品的"双高"产品的定性与论证。（3）通过其他方法已纳为或拟纳为"双高"产品但又存在较大争议的重点疑似"双高"产品的争端解决与确认	（1）比较方面最全面、分析最深入。该方法是对基础材料要求与掌握最全面、对产品全生命周期中环境污染与环境风险的产生机制、节点和表象分析最深入的。（2）定量化程度较高、过程与结果的客观性较高，定性较准确、结果较权威。（3）能够针对具体"双高"产品量身定制全面细致的环境绩效改进与提升方案。这是 LCA 的主要功能，也是本方法开发的主要应用
基于 DEA 的产品环境绩效指数法	（1）应用于单一备选产品的"双高"判定。利用 DEA 模型构建的产品环境绩效方法可以计算得到具有相对可比意义的产品环境绩效值。（2）应用于不同行业间差异较大的产品的污染程度对比。本方法通过设置统一的包含 36 个主要行业的参照集，可以通过两种（甚至更多种）产品与参照集进行一次 DEA 排序、直接计算不同产品绩效值进行比较的方式	（1）DEA 模型的计算过程不包含定性成分，是纯粹的定量化方法，具备公平公正性。（2）该模型中指标权重的赋予，由数据分析自动生成，其科学性较高。（3）DEA 方法适用于"双高"产品的筛选、排序和判定，能够满足名录制定中的大部分要求。（4）DEA 方法中的指标可以根据制定需求的不同更换，最大程度地适应实际情况

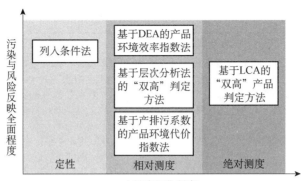

图 11-1　名录制定方法的定量化程度①与全面程度

不断提升《综合名录》制定的规范性。环境保护部环境规划院配合环境保护部积极出台名录编制系列规范性文件。"十二五"期间，《环境保护综合名录管理办法（暂行）》《"高污染、高环境风险"产品名录制定技术导则（初稿）》等规范性文件基本完成，对综合名录在制定和应用过程中所依据的基本原则，以及工作程序、内容、重点、方法、要求和分工等进行了详细规定，进一步细化名录编制过程、规范名录的管理、监督工作，为下一步环保综合名录的编制工作提供管理准则。"十三五"期间将会加快文件的发布工作，从工作模式、技术方法等层面固化名录已有机制与成果，为名录编制工作提供更有利的指导。

建立并运行"双高"产品名录数据库。一方面将已发布的环境保护综合名录在网上予以公布，同时，将历年历次名录制定过程中的各种过程性、技术性、基础性文献也纳入数据库管理，实行全部公开与按需按权限查询相结合的运行管理；另一方面，建立各国环境管理配套名录数据库，包括：美国、日本、欧盟、韩国、加拿大、国际组织、丹麦、印度、中国、瑞典、澳大利亚、挪威、菲律宾等国家（组织）环境名录数据库；实现数据库查询功能和数据搜索等功能，按照国家（组织）、分类、产品名称、CAS 编号等查询条件进行查询的功能；按照产品名称、CAS 编号可以搜索产品在各国名录数据中出现的情况，包括所在名单、出现次数，并且可以进入具体名单进行查看。如表 11-2 和图11-2、图 11-3 所示。

表 11-2　"双高"产品信息库

模块	模块功能
产品信息采集模块	制定综合名录产品的标准规格，即明确名录收录产品时需要收集和整理的产品属性，这些产品属性包括不限于：产品名称、产品编码、产品概况、产量、出口量、工艺、污染排放、环境成本、列入理由。基于以上制定的标准编制名录产品的数据维护功能，包括数据的录入、修改、查询、删除，以及数据的导入和导出功能。在增加名录后，系统依然提供"双高"名录的"精确查询"和"辅助查询功能"，如图 11-3 所示

---

① 测度：一种函数。它对一个给定集合的某些子集指定一个数，这个数可以比作大小、体积、概率等。相对测度为多产品横向比对与比较后，形成的相对的污染与风险程度指标概念。绝对测度为单一产品全过程的污染与风险程度绝对值。

续表

模块	模块功能
舆情跟踪与监控模块	委托记者协会执行舆情的跟踪与监控，并以报告的形式定期发布，在此基础上实现舆情跟踪与监控收集的信息的展现功能
主要发达国家环境管理配套名录数据库模块	进一步实现发达国家名录信息的收集、整理、维护和统计工作。包括管理员登录系统、综合名录站点基本信息、信息发布管理和提取系统、文档库浏览，如图 11-2 所示

图 11-2　"双高"产品信息库精准查询和年度查询

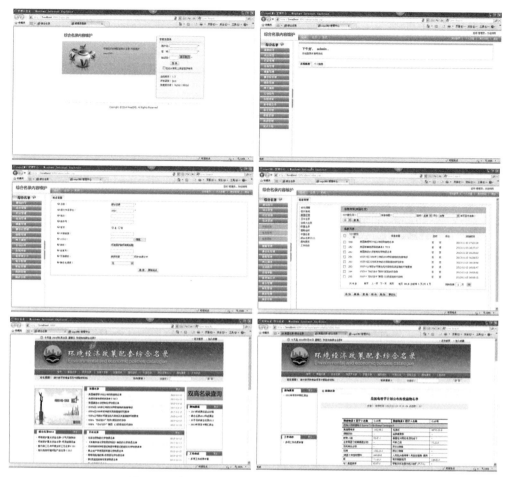

图 11-3   发达国家环境管理配套名录数据库模块

2.《综合名录》逐步成为环境保护融入经济政策的切入点

《综合名录》为产业结构调整提供支撑。2011 年国家发展改革委着手修订《产业结构调整指导目录（2010 年本）》，将"双高"产品名录作为修订的重要依据，采纳 114 种"双高"产品列入《产业结构调整指导目录（2011 年本）》的限制类和淘汰类产品，其中，农药和化学制药行业"双高"产品，90%以上被该目录采纳。

依据"双高"名录调整综合利用增值税优惠和出口退税政策。环境保护部政法司基于《综合名录》的"双高"产品名录，积极配合商务部修订《加工贸易禁止类商品目录》、配合财政部和税务总局修订《资源综合利用产品及劳务增值税优惠政策目录》，目前 200 余种具有单独税号的"双高"产品都已经被取消出口退税，200 余种具有单独税号的"双高"产品都已经被禁止加工贸易。

资源综合利用产品及劳务增值税优惠政策采纳综合名录成果。《关于印发〈资源综合利用产品和劳务增值税优惠目录〉的通知》采纳综合名录成果。2015 年 6 月，财政部、国家税务总局发布《关于印发〈资源综合利用产品和劳务增值税优惠目录〉的通知》（财税〔2015〕78 号），充分吸收了综合名录的研究成果。在第二条，"享受资源综合利用增值税优惠条件"中明确指出,"(三)销售综合利用产品和劳务,不属于环境保护部《环境保护综合名录》中的'高污染、高环境风险'产品或者重污染工艺"。即凡被环境保护部《环境保护综合名录》列为"双高"产品的,不能享受资源综合利用增值税优惠。

为其他经济部门修订及出台相关经济政策提供支撑。"十二五"期间,结合综合名录研究成果,环境保护部先后推动和配合有关部门,出台和修订了一系列环境经济政策。一是将涉重金属的高污染的电池、挥发性有机污染物含量较高的涂料产品纳入消费税征收范围。二是配合国家发展改革委《纳入外商投资产业指导目录》修订。三是推动金融机构按照风险可控、商业可持续原则,严格对生产"双高"产品企业的授信管理。四是推动企业实施绿色采购,商务部、环境保护部、工信部联合发布的《企业绿色采购指南(试行)》明确指出"企业不宜采购被列入环境保护部制定的《环境保护综合名录》中的'高污染、高环境风险'产品名录的产品",引导企业避免采购"双高"产品。五是结合推进生活方式绿色化,引导企业和公众减少对"高污染、高环境风险"产品的使用。这些政策措施都有利于充分体现"双高"产品生产和消费过程中的环境损害成本,利用市场机制遏制其生产、使用和出口,具体政策如表 11-3 所示。

表 11-3　《环境保护综合名录》在环境经济政策中的应用

相关部委	应用于环境经济政策
环境保护部	环境污染强制责任保险
国家发展和改革委员会	《产业结构调整指导目录》
	《纳入外商投资产业指导目录》
财政部	《资源综合利用产品及劳务增值税优惠政策目录》
	《关于取消部分商品出口退税的通知》
	《节能节水和环境保护专用设备企业所得税优惠目录》
商务部	《加工贸易禁止类商品目录》
	《企业绿色采购指南(试行)》
国家税务总局	《关于对电池涂料征收消费税的通知》

11.2　其他环境保护类目录

国家发展改革委积极推动节能低碳技术推广。2014 年 12 月,为贯彻落实《中华人民共和国节约能源法》《国务院关于印发"十二五"节能减排综合性工作方案的通知》(国发〔2011〕26 号)和《国务院关于加快发展节能环保产业的意见》(国发〔2013〕30 号)规定和要求,国家发展和改革委员会对前六批《国家重点节能技术推广目录》技术进行了更新,征集了一批新的技术,编制完成了《国家重点节能低碳技术推广目录(2014 年本,节能部分)》,并以国家发展改革委 2014 年第 24 号公告发布,该目录的发布有效推动了节能技术进步和推广普及,引导用能单位采用先进适用的节能新技术、新装备、新工艺，促进能源资源节约集约利用，缓解资源环境压力。2015 年 12 月，发展改革委印发《国家重点节能低碳技术推广目录（2015 年本，节能部分）》，进一步加大力度推动节能技术进步和推广、缓解资源环境压力。目录涉及煤炭、电力、钢铁、有色、石油石化、化工、建材、机械、轻工、纺织、建筑、交通、通信 13 个行业，共 266 项重点节能技术。

工信部继续推动高效节能机电设备（产品）的推广应用。自 2009 年，工信部发布了《节能机电设备（产品）推荐目录（第一批）》之后，结合工业、通信业节能减排工作实际，"十二五"期间工信部又连续发布了五个批次的《节能机电设备（产品）推荐目录》。2015 年 11 月发布的《节能机电设备（产品）推荐目录（第六批）》，涉及 11 大类 434 个型号产品，其中工业锅炉 13 个型号产品，变压器 98 个型号产品，电动机 79 个型号产品，电焊机 43 个型号产品，压缩机 73 个型号产品，制冷设备 63 个型号产品，塑料机械 21 个型号产品，风机 5 个型号产品，热处理 3 个型号产品，泵 34 个型号产品，干燥设备 2 个型号产品。积极促进了节能高效产品的推广应用，引导和推动生产与消费方式的转变。

11.3 推动实施节能环保领域"领跑者"制度

积极推进能效"领跑者"制度建设。为落实《国务院办公厅关于印发 2014—2015 年节能减排低碳发展行动方案的通知》（国办发〔2014〕23 号）《国务院关于加快发展节能环保产业的意见》（国发〔2013〕30 号）《大气污染防治行动计划》（国发〔2013〕37 号），发展改革委积极推动能效"领跑者"制度的研究与实施，2014 年 12 月发布的《关于印发能效"领跑者"制度实施方案的通知》（发改环资〔2014〕3001 号），通过树立标杆、政策激励、提高标准，形成推动终端用能产品、高耗能行业、公共机构能效水平不断提升的长效机制，促进节能减排。为切实推动能效"领跑者"制度实施，推动终端产品能效水平提升，推进工业绿色发展和转型升级，持续提升能源利用效率，2015 年 11 月发展改革委、工信部、质检总局联合研究制定了《家用电冰箱能效"领跑者"制度实施细则》《平板电视能效"领跑者"制度实施细则》《转速可控型房间空气调节器能效"领跑者"制度实施细则》《高耗能行业能效"领跑者"制度实施细则》，积极推动冰箱、电视、空调等终端用能产品的节能降耗，以及乙烯、合成氨、水泥、平板玻璃、电解铝行业的企业节能减排。

初步建立环保"领跑者"制度。2013 年 9 月国务院印发《大气污染防治行动计划》，提出了"建立企业'领跑者'制度，对能效、排污强度达到更高标准的先进企业给予鼓励"；2015 年 4 月国务院印发《水污染防治行动计划》，提出了"健全节水环保'领跑者'制度。鼓励节能减排先进企业、工业集聚区用水效率、排污强度等达到更高标准，支持开展清洁生产、节约用水和污染治理等示范"；同年 5 月，国务院印发《关于加快推进生态文明建设的意见》，明确提出"加快制定修订一批能耗、水耗、地耗、污染物排放、环境质量等方面的标准，实施能效和排污强度'领跑者'制度，加快标准升级步伐"。基于国家层面对建设环保"领跑者"制度的上位要求，2015 年 6 月财政部、发展改革委、工信部、环境保护部四部委联合发布了《关于印发〈环保"领跑者"制度实施方案〉的通知》（财建〔2015〕501 号），这标志着环保"领跑者"制度在我国开始起步。环保"领跑者"制度以企业自愿为前提，通过表彰先进、政策鼓励、提升标准，推动环境管理模式从"底线约束"向"底线约束"与"先进带动"并重转变。制定环保"领跑者"指标，发布环保"领跑者"名单，树立先进典型，并对环保"领跑者"给予适当政策激励，引导全社会向环保"领跑者"学习，倡导绿色生产和绿色消费。实施环保"领跑者"制度对激发市场主体节能减排内生动力、促进环境绩效持续改善、加快生态文明制度体系建设具有重要意义。

11.4　探索推进绿色供应链管理体系建设

积极推动绿色供应链管理。开展绿色供应链管理工作，发挥企业的主体作用，通过供需双向选择，可以推动上下游企业改进环境管理，进而减少产品全生命周期的环境影响。"十二五"期间，虽然我国尚未出台专门针对绿色供应链管理工作的法律或政策，但已有不少法律政策涉及此项工作，一些法规政策的制定并非以推动绿色供应链管理为初衷，但是在其实施的过程中，调控到供应链某个环节上的具体活动，对于绿色供应链管理工作起着或多或少的推动和保障作用。《工业和信息化部　发展改革委　环境保护部关于开展工业产品生态设计的指导意见》（工信部联节〔2013〕58 号）有效推动绿色设计；新《环境保护法》《清洁生产促进法》积极推动企业绿色生产；财政部发布的《节能产品政府采购实施意见》、环境保护部发布的《企业绿色采购指南（试行）》和国家机关事务管理局发布的《政府机关及公共机构购买新能源汽车实施方案》等强化了绿色采购；《交通运输部关于印发〈加快推进绿色循环低碳交通运输发展指导意见〉的通知》（交政法发〔2013〕323 号）推动了绿色物流体系建设。

建立绿色供应链合作网络天津示范中心。2014 年 5 月，环境保护部在天津举办 APEC 绿色发展高层圆桌会议并发表宣言，鼓励绿色发展并在绿色供应链方面开展务实合作，建立绿色供应链合作网络和天津示范中心。2014 年 11 月，APEC 第二十二次领导人非正式会议发表《北京宣言》，批准在中国天津建立首个 APEC 绿色供应链合作网络示范中心，鼓励其他经济体建立示范中心，积极推进相关工作。国务院批复的中国（天津）自由贸易试验区总体方案（国发〔2015〕19 号），明确要求建设 APEC 绿色供应链合作网络天津示范中心，探索建立绿色供应链管理体系，鼓励开展绿色贸易。2015 年 4 月，中共中央政治局审议通过的《京津冀协同发展规划纲要》，要求推动绿色供应链体系建设，建好亚太经合组织绿色供应链合作网络天津示范中心。《商务部关于支持自由贸易试验区创新发展的意见》（商资发〔2015〕313 号），支持天津市牵头在天津自贸试验区加快建设亚太经济合作组织绿色供应链合作网络天津示范中心，探索建立绿色供应链管理体系，鼓励开展绿色贸易。2015 年 5 月，经环境保护部同意，天津市政府颁布《亚太经合组织绿色供应链合作网络天津示范中心建设方案》（津政函〔2015〕37 号），确定了绿色供应链合作网络天津示范中心建设工作思路和主要任务，以绿色标准、绿色设计、绿色采购、绿色贸易、绿色制造、绿色消费、绿色回收和绿色再制造的方式，建立产品全生命周期的绿色管理和循环，发展人与自然和谐的绿色生产、生活方式。

天津市积极开展绿色供应链管理体系建设。天津市 2013 年印发了《天津市绿色供应链管理试点实施方案》（津政办发〔2013〕94 号），2014 年印发了《天津市绿色供应链产品政府采购管理办法》（津财采〔2014〕35 号），作为我国最早开展绿色供应链管理试点的城市，绿色供应链实施方案和政府采购管理办法的发布，为发挥政府采购政策功能作用，推动天津市经济结构调整和绿色转型，促进经济社会与环境和谐发展起到了积极的作用，也为我国绿色供应链管理提供了样板和经验。2015 年 11 月，天津市发展和改革委员会印发了关于《天津市绿色供应链管理试点工作方案》《天津市绿色供应链管理工作导则》《亚太经合组织绿色供应链合作网络天津示范中心门户网站和登记平台管理办法（暂行）》三个文件的通知（津发改体改〔2015〕1076 号）；12 月，天津市政府颁布了《天津市绿色供应链管理暂行办法》（津政办发〔2015〕101 号）。"十二五"期间，天津市积极落实国家促进低碳经济发展和美丽中国建设要求，加快区域绿色转型和美丽天津建设，全面推进了天津绿色供应链试点工作，作为首个亚太经合组织绿色供应链合作网络示范中心，在绿色供应链研究领域先行先试，积极探索，将为绿色供应链的研究和发展发挥引领和示范作用。

参 考 文 献

[1] 国务院办公厅关于印发国家环境保护"十二五"规划重点工作部门分工方案的通知（国办函〔2012〕147 号）〔Z〕.2012 年 8 月.

[2] 国务院办公厅关于健全生态保护补偿机制的意见（国办发〔2016〕31 号）〔Z〕.2016 年 4 月.

[3] 国务院批转发展改革委关于 2013 年深化经济体制改革重点工作意见的通知（国发〔2013〕87 号）〔Z〕.2013 年 5 月.

[4] 中国共产党第十八届中央委员会第三次全体会议.中共中央关于全面深化改革若干重大问题的决定.2013 年 11 月.

[5] 第十二届全国人民代表大会常务委员会.中华人民共和国环境保护法.2014 年 4 月.

[6] 中共中央国务院关于加快推进生态文明建设的意见.2015 年 5 月.

[7] 中共中央政治局.生态文明体制改革总体方案.2015 年 9 月.

[8] 农业部,财政部.关于深入推进草原生态保护补助奖励机制政策落实工作的通知.2014 年 5 月.

[9] 财政部.国家重点生态功能区转移支付办法.2011 年 7 月.

[10] 湖南省人民政府.关于印发《湖南省湘江流域生态补偿（水质水量奖罚）暂行办法》的通知（湘财建〔2014〕133 号）〔Z〕.2014 年 12 月.

[11] 福建省人民政府.福建省重点流域生态补偿办法（闽政〔2015〕4 号）〔Z〕.2015 年 1 月.

[12] 国家海洋局办公室.2015 年全国海洋生态环境保护工作要点.2015 年 3 月.

[13] 财政部,国家林业局.关于印发《中央财政湿地保护补助资金管理暂行办法》的通知（财农〔2011〕423 号）〔Z〕.2011 年 11 月.

[14] 农业部,国家林业局.关于切实做好退耕还湿和湿地生态效益补偿试点等工作的通知（财农便〔2014〕319 号）〔Z〕.2014 年 7 月.

[15] 财政部,国家发展改革委.财政部国家发展改革委关于全面清理涉及煤炭原油天然气收费基金有关问题的通知（财税〔2014〕74 号）〔Z〕.2015 年 1 月.

[16] 中共中央、国务院.《生态文明体制改革总体方案》.2015 年 9 月.

[17] 国务院办公厅.《关于进一步推进排污权有偿使用和交易试点工作的指导意见》（国办发〔2014〕

38 号）〔Z〕.2014 年 8 月.

［18］财政部　国家发展改革委　环境保护部.《排污权出让收入管理暂行办法》（财税〔2015〕61 号）〔Z〕.2015 年 7 月.

［19］福建省人民政府.《关于推进排污权有偿使用和交易工作的意见（试行）》（闽政〔2014〕24 号）〔Z〕.2014 年 5 月.

［20］湖北省环境保护厅.《湖北省排污权有偿使用和交易试点工作实施方案（2014—2020 年）》（鄂环办〔2014〕278 号）〔Z〕.2014 年 9 月.

［21］甘肃省人民政府办公厅.《关于开展排污权有偿使用和交易前期工作及试点工作的指导意见》（甘政办发〔2014〕196 号）〔Z〕.2014 年 12 月.

［22］重庆市人民政府办公厅.《重庆市进一步推进排污权（污水、废气、垃圾）有偿使用和交易工作实施方案》（渝府办发〔2014〕178 号）〔Z〕.2014 年 12 月.

［23］河北省人民政府办公厅.《河北省排污权有偿使用和交易管理暂行办法》（冀政办字〔2015〕133 号）〔Z〕.2015 年 10 月.

［24］新疆维吾尔自治区人民政府办公厅.《新疆维吾尔自治区排污权有偿使用和交易试点工作暂行办法》（新政办发〔2015〕164 号）〔Z〕.2015 年 12 月.

［25］国家发展改革委.《关于开展碳排放权交易试点工作的通知》（发改办气候〔2011〕2601 号）〔Z〕.2011 年 10 月.

［26］国家发展改革委.《碳交易管理暂行办法》（国家发展改革委令　第 17 号）〔Z〕.2014 年 12 月.

［27］国家发展改革委.《关于印发贵州省水利建设生态建设石漠化治理综合规划的通知》（发改农经〔2011〕1383 号）〔Z〕.2011 年 7 月.

［28］水利部.《关于开展水权试点工作的通知》（水资源〔2014〕222 号）〔Z〕.2014 年 7 月.

［29］浙江省经信委.《关于推进我省用能权有偿使用和交易试点工作的指导意见》（浙经信资源〔2015〕237 号）〔Z〕.2015 年 5 月.

［30］环境保护部.关于提供环境经济政策配套综合名录（2011 年版）及相关政策建议的函（环办函〔2011〕1234 号）〔Z〕.2012 年 5 月.

［31］环境保护部.关于提供环境保护综合名录（2012 年版）的函.2012 年 12 月.

［32］环境保护部.关于提供环境保护综合名录（2013 年版）的函（环办函〔2013〕1568 号）〔Z〕.2013 年 12 月.

［33］环境保护部.关于提供环境保护综合名录（2014 年版）的函（环办函〔2014〕1561 号）〔Z〕.2014 年 11 月.

［34］环境保护部.关于提供环境保护综合名录（2014 年版）的函（环办函〔2015〕2139 号）〔Z〕.2015 年 12 月.

［35］国家发展和改革委员会.国家重点节能低碳技术推广目录（2014 年本，节能部分）.2014 年 12 月.

［36］国家发展和改革委员会.国家重点节能低碳技术推广目录（2015 年本，节能部分）.2015 年 12 月.

[37] 工业和信息化部，国家发展和改革委员会，环境保护部. 关于开展工业产品生态设计的指导意见（工信部联节〔2013〕58 号）. 2013 年 2 月.

[38] 国家发展改革委，财政部，工业和信息化部，等. 能效"领跑者"制度实施方案（发改环资〔2014〕3001 号）. 2014 年 12 月.

[39] 财政部，国家发展改革委，工业和信息化部，环境保护部. 环保"领跑者"制度实施方案（财建〔2015〕501 号）. 2015 年 6 月.

[40] 雷英杰. 环保行业 PPP 市场存在三大问题 [J]. 环境经济，2019（5）：50-51.

[41] 赵晔. 完善绩效考核促进环保 PPP 项目良性发展 [N]. 中国环境报，2019-03-07（003）.

[42] 逯元堂，赵云皓，卢静，等. 污水处理 PPP 项目投资回报指标研究——基于财政部 PPP 入库项目 [J]. 生态经济，2019，35（3）：170-174.

[43] 生态环保类 PPP 项目即将迎来专项资金 [J]. 环境经济，2018（22）：7.

[44] 逯元堂. 坚持资金投入与攻坚任务相匹配 [N]. 中国环境报，2018-07-03（003）.

[45] 张晓宇，陈异晖，蒋洪强，等. 云南省环境经济核算实证研究及应用思考 [J]. 生态经济，2018，34（5）：111-114，188.

[46] 周峰，陈正. 贵安新区两湖一河 PPP 项目生态与环保建设成效 [J]. 环境与发展，2017，29（10）：203，205.

[47] 逯元堂. 推进环境领域 PPP 模式，提升环保投资效率与环保产业市场空间 [J]. 环境保护科学，2017，43（6）：2.

[48] 蒋洪强，吴文俊. 生态环境资产负债表促进绿色发展的应用探讨 [J]. 环境保护，2017，45（17）：23-26.

[49] 耿丹丹. 农工党中央：创新环保领域 PPP 模式推动产业转型发展 [N]. 中国政府采购报，2017-03-07（002）.

[50] 逯元堂，宋玲玲，高军. PPP 模式下黑臭水体治理依效付费机制思路与框架设计 [J]. 环境保护，2016，44（23）：35-37.

[51] 董战峰，董玮，田淑英，等. 我国环境污染第三方治理机制改革路线图 [J]. 中国环境管理，2016，8（4）：52-59，107.

[52] 叶敏，闫兰玲. 杭州市环境污染第三方治理现状及发展对策 [J]. 环境科学与管理，2016，41（7）：47-50.

[53] 关于在燃煤电厂推行环境污染第三方治理的指导意见 [A]. 全国硫与硫酸工业信息总站（CSAIC）、中国化工学会无机酸碱盐专业委员会（硫酸）、《硫酸工业》编辑部. "双盾环境杯"第四届全国烟气脱硫脱硝及除尘除汞技术年会（2016）论文集 [C]. 全国硫与硫酸工业信息总站（CSAIC）、中国化工学会无机酸碱盐专业委员会（硫酸）、《硫酸工业》编辑部：中国化工学会，2016：4.

[54] 曹俊. 环保领域 PPP 项目存在政府欠款或不足额支付，环境商会提案建议 签合同应提供项目经费证明预留并提供履约保证金 [J]. 环境经济，2016（Z2）：68-69.

[55] 姜青新. 环境污染治理的第三方力量——《关于推行环境污染第三方治理的意见》初步解读 [J]. WTO 经济导刊，2015（8）：65-66.

［56］蓝虹. 三类 PPP 模式各有特色　环保项目如何各取所长［N］. 中国经济导报，2015-07-24（B06）.

［57］逯元堂. 突破制约瓶颈大力推进环保 PPP［N］. 中国环境报，2015-05-26（002）.

［58］刘超. 管制、互动与环境污染第三方治理［J］. 中国人口·资源与环境，2015，25（2）：96-104.

［59］国务院办公厅出台《关于推行环境污染第三方治理的意见》［J］. 再生资源与循环经济，2015，8（1）：12.

［60］董战峰. 如何深入推进环境污染第三方治理制度［N］. 21 世纪经济报道，2015-01-19（018）.

［61］蒋洪强，王金南，吴文俊. 我国生态环境资产负债表编制框架研究［J］. 中国环境管理，2014，6（6）：1-9.

［62］葛察忠，程翠云，董战峰. 环境污染第三方治理问题及发展思路探析［J］. 环境保护，2014，42（20）：28-30.

［63］任维彤，王一. 日本环境污染第三方治理的经验与启示［J］. 环境保护，2014，42（20）：34-38.

［64］骆建华. 环境污染第三方治理的发展及完善建议［J］. 环境保护，2014，42（20）：16-19.

［65］常杪，杨亮，王世汶. 环境污染第三方治理的应用与面临的挑战［J］. 环境保护，2014，42（20）：20-22.

［66］蒋洪强. 我国生态环境资产负债表编制框架研究［A］. 中国会计学会环境会计专业委员会. 中国会计学会环境会计专业委员会 2014 学术年会论文集［C］. 中国会计学会环境会计专业委员会：中国会计学会，2014：12.

［67］董战峰，李红祥，葛察忠，等. 环境经济政策年度报告 2015［J］. 环境经济，2016，179-180：13-33.

［68］董战峰. "十三五"环境经济政策体系建设［J］. 社会观察，2015，（9）：34-37.

［69］国家环境经济政策研究与试点项目技术组. 国家环境经济政策进展评估：2014［J］. 环境经济，2015，3：5-11.

［70］国家环境经济政策研究与试点项目技术组. 国家环境经济政策进展评估：2013［J］. 环境经济，2015，3：12-19.

［71］国家环境经济政策研究与试点项目技术组. 我国环境经济政策 2012 年度报告［J］. 环境经济，2013，120（12）：16-25.

［72］田永. 改革开放 40 余年来环境保护价格工具的解析［J］. 环境保护，2019，47（7）：33-37.

［73］江苏省物价局课题组. 完善资源环境价格政策体系　促进经济结构调整和转型升级研究［J］. 价格理论与实践，2015（10）：39-43.

［74］许文. 环境保护税与排污费制度比较研究［J］. 国际税收，2015（11）：49-54.

［75］薛亮，邱国玉. 完善我国城市污水处理收费制度初探［J］. 价格理论与实践，2016（10）：160-163.

［76］谭雪，石磊，马中，等. 基于污水处理厂运营成本的污水处理费制度分析——基于全国 227 个污水处理厂样本估算［J］. 中国环境科学，2015，35（12）：3833-3840.

［77］龙凤，杨琦佳，葛察忠，等. 环境保护税对企业经济负担的影响分析［J］. 环境保护，2018，

46（Z1）：82-85.

[78] 徐会超，张晓杰. 完善我国绿色税收制度的探讨 [J]. 税务研究，2018（9）：101-104.

[79] 王慧杰，董战峰. 构建跨省流域生态补偿机制的探索——以东江流域为例 [J]. 环境保护，2015，5：44-48.

[80] 葛察忠，程翠云，董战峰. 环境污染第三方治理问题及发展思路探析 [J]. 环境保护，2014，20：28-30.

[81] 王金南，董战峰，陈潇君，等. 排污权有偿使用与交易：环境市场制度的重大创新 [J]. 环境保护，2014，7.

[82] 董战峰，葛察忠，王金南，等. 环境经济政策：十年呈现五大特征 [J]. 环境经济，2014，121-122：36.

[83] 董战峰，葛察忠，喻恩源，等. 加快探索排污交易构建污染减排长效机制 [J]. 环境经济，2012，7.

"两会"代表和委员有关
环境经济政策的提（议）案

1. 2011 年

■ 茶忠旺代表：建议建立洱海流域国家生态补偿机制

洱海流域为探索建立完善的生态补偿机制已开展很多工作，当前洱海成为了我国富营养化初期湖泊保护治理的典型，其保护治理经验被环境保护部总结为"洱海保护模式"，建议环境保护部把洱海流域纳入国家生态补偿试点，在已有流域生态补偿经验的基础上，编制洱海流域生态补偿方案，给予政策、技术、资金扶持。

■ 刘礼祖代表：建议尽快完善森林生态补偿机制

自 2001 年我国森林生态效益补助资金试点以来，我国森林生态补偿存在补偿标准偏低、补偿渠道单一等问题，没有真实体现"谁受益、谁破坏、谁补偿"的原则，建议逐年提高中央财政对重点公益林的补偿标准，到 2020 年提高到不低于 50 元/亩；建立补偿资金多渠道筹集机制，尽快成立以国家发改委等综合部门牵头的领导小组，探索和推行森林生态效益多途径补偿制度。允许生态公益林入股分成，在不破坏公益林的前提下，探索以森林生态效益入股参与经营性收入分成机制。

■ 马福海代表：建立青藏高原湿地生态补偿机制

建议国家建立青藏高原湿地生态补偿的长效机制，通过生态效益补偿，进一步推进青藏高原湿地保护工作。对因湿地生态保护受到直接经济损失和生产生活成本增加的农牧民，以及因加强湿地生态保护建设需要增加的投入，通过中央财政转移支付、地方配套等多种方式予以解决。同时，国家应进一步加强对青海高原湿地恢复项目的倾斜和投入，保障农牧民不减收、不受损，扭转青藏高原湿地生态系统恶化趋势，达到区域经济社会可持续发展和生物多样性恒久维持的目标。

■ 雷元江代表：构建跨省区大江大河流域生态补偿机制

鉴于我国大江大河上游（如长江上游的青海、东江上游的江西）往往比较贫困、大江大河下游（如长江下游上海、江苏；东江下游广东、香港）往往比较富裕的实际情况，建议构建跨省区大江大河流域生态补偿机制，由下游富裕区域对上游贫困地区予以生态补偿，以利于上游人民从源头保护生态。

■ 陈秋华代表：探索珠江流域生态补偿机制

为改善西江流域的生态环境，珠江上游地区投入了数百亿元资金，下游地区应对珠江流域的生态建设和保护给予适当补偿或分担。对照广东为江西寻乌三县每年支付的 1.5 亿元资金，广西处于珠江上游的县份有 70 多个，建议珠江下游每年给广西 10 亿元补偿，用于西江流域生态建设和保护。相关款项由中央或水利部珠江水利委员会协调，专款用于西江流域水资源保护项目。

■ 黄美缘代表：生态补偿立法步伐亟须加快

我国生态补偿制度的不统一、不健全，主要表现在生态补偿制度的分散建立，缺乏统一性；生态补偿制度的实践不协调，缺乏可持续性；生态补偿制度的内容不完善，可操作性不强，实施效果不明显，法律制度的权威也受到影响。这导致我国有关生态保护措施落实不到位、保护工作不平衡。建议尽快开展生态补偿立法，将生态补偿提到法律制度实施高度。

■ 陈秋华等代表：建立生态受益区对生态保护地区的生态补偿机制

国家对公益林 10 元/（亩①·年）的补偿标准仍然太低，应提高补偿标准。建议建立下游地区对上游地区、开发地区对保护地区、生态受益地区对生态保护地区的生态补偿机制，设立国家生态补偿专项资金；按照"谁开发、谁保护，谁受益、谁补偿"的原则，加大对重点生态功能区均衡性转移支付。赵贵坤、吴家权等人大代表也建议加大对生态地区公共财政的投入，提高生态补偿标准，将林农纳入低保救助范围。张秀隆代表也建议应有一种机制让上游群众在生态保护中获益，以调动他们保护生态的积极性。

■ 香港特别行政区代表：构建东江水生态补偿机制

香港特别行政区全国人大代表杨耀忠建议研究东江水生态补偿。他指出上游地区的一些城市，如河源市等因为要承担保护东江水生态的工作，只得放弃部分污染性较大的产业，令他们承受一定的经济损失，因此有需要对这些地区进行生态补偿，一方面鼓励他们继续做好东江水生态的保护工作，同时亦是对他们的牺牲做出一些实质上的经济补偿。由于生态补偿的评估和计算方面十分复杂，涉及众多因素，则需要由内地政府进行详细评估。

■ 钟明照代表：海洋生态补偿应有法可依

钟明照代表指出当前我国沿海地区开发利用海洋的热情空前高涨，对海洋生态环境

---

①　1 亩≈666.67m²。

的压力也不断增加。然而，海洋开发活动的生态环境代价尚未得到有效补偿，导致近岸海域污染严重、海洋及海岸带栖息地损失、海洋生态系统结构失衡等一系列海洋生态环境问题。建议国家应尽快启动建立海洋生态损害补偿赔偿制度的立法程序，对海洋生态损害补偿索赔的责任主体、赔偿范围和标准、程序等进行明确界定，从而为健全、完善与我国开发和保护相协调的海洋生态保护政策提供经济调控手段，为海洋生态保护与建设提供可持续的财政机制。

■ 乔正孝代表：建立三江源生态补偿对国家乃至世界具有重要意义

位于青海省南部的三江源自然保护区被誉为"中华水塔"，对国家乃至世界的生态安全都具有重要意义。但是，该自然保护区面临着生态被破坏恶化的危机，三江源生态补偿机制实质上解决的是国家生存安全的问题，补偿机制的核心建议包括两个问题：一是三江源地区的生态修复的问题；二是通过这种修复解决和中下游地区的差距问题。

■ 祁万利代表：京津贫困带应变"生态补偿"为"生态共建"

京津周边贫困带虽然经济薄弱，却是重要的水源地和生态屏障，然而靠自身力量难以长期承担京津上游水资源保护的重担，长期依靠"吃补贴"也不现实，只有实施"生态共建"，才能刺激京津两地加大资金投入，将当前分散在多个部门的生态建设资金统筹使用，弥补河北省张家口、承德地区因财力有限而导致的生态建设资金投入不足。

■ 吴嘉甫委员：建立自然保护区核心区贫困群众生态补偿机制

我国先后建立了一批国家级森林、野生动物和湿地类型自然保护区，保护区内群众传统的林木采伐、珍稀野生植物采集，野生动物猎捕等生产活动受到了法律法规的限制，一些生产设施建设和矿产资源开发也被法律法规禁止，给保护区群众的生产生活带来了一定的影响。建议国家应建立相应的生态补偿机制，专门设立一项专项资金，专门用于保护区社区发展。一是适当提高保护区内核心区生态移民的补偿标准；二是用于支持继续留在保护区核心居民的社区发展；三是国家发展计划、财政、民政扶贫等部门要整合各类资金，形成合力，尽力帮助保护区内群众提高生活水平，使他们因生态保护的牺牲得到相应补偿。

■ 白玛委员：建立和实施三江源生态补偿机制

三江源地区的生态环境保护面临着艰巨而复杂的任务，一是有限的资金难以承担近40万km² 环境治理任务，短期的政策措施无法持续有效地解决生态保护的艰巨任务；二是当地自然条件恶劣，经济发展滞后，地方政府无力支付生态环境保护的巨额资金；三是三江源地区的群众为生态环境保护做出了巨大牺牲。建议建立和实施三江源生态补偿机制，解决三江源地区生态环境保护与经济社会发展之间的矛盾。一是进一步厘清三江源生态补偿机制的基本思路；二是三江源生态补偿机制建议包括生态环境保护与建设补偿、农牧民生活补偿、公共服务设施建设补偿、扶持生态产业发展补偿四方面；三是拓宽三江源生态补偿机制的筹资渠道。必须采取"以国家补偿为主，地方政府补偿为辅，社会各界积极参与"的方式筹措补偿资金。

■ 梁衡代表：国家应该给所有森林"投个保"

从森林的公益性和林业产业的弱质性来看，国家应该给所有森林统一集中投保。因从实际调查来看，在自愿参保的情况下，森林保险普遍存在参保率低、参保面窄等问题，原因主要有两方面：林农对森林保险认识不足，存在侥幸心理；保险人认为风险大、无利可图。建议基本森林保险每亩森林保险金额不超过 500 元、保费不超过 1 元的标准，可以由中央财政出这笔保费，林业部门集中办理森林保险，按现有森林面积 29 亿亩，财政只需要负担 29 亿元保费。同时，基本森林保险实行集中统保，还可以带动补充、充实森林保险，进一步提高灾后恢复森林的能力和水平。

■ 民盟中央：建立健全环境污染强制责任保险制度

民盟中央认为建立健全环境污染强制责任保险制度，打破"企业违法污染获利，环境损害大家买单"的不合理局面迫在眉睫。建议：将环境污染责任险作为强制保险推出，从立法层面为建立和实施环境污染强制责任保险制度提供法律依据。制定环境污染责任保险的实施细则或管理办法，对环境污染责任保险的适用范围及其标的限定等问题作出明确规定。建立环境污染专项风险基金，用以支付重大环境污染事故超赔部分以及垫付应急处理费用等。建立环境污染强制责任保险参保企业保费财政补贴制度。逐步完善配套机制。保监部门要建立风险数据库、风险评估体系，有关保险公司要建立起以市场需求为导向的责任保险产品体系。引入第三方损失评估和责任认定鉴定机构。建立重大环境污染事故的应急协调机制。

■ 吴焰委员：加快发展环境污染责任保险

目前我国环境污染责任保险发展十分缓慢，建议进一步完善环境污染责任保险制度。主要包括：建立健全环境污染责任保险法律法规体系，在国家和地方立法中纳入环境责任保险的相关条款，尽早出台环境责任保险专门法规。明确环境污染责任保险制度建设的强制性方向以及过渡措施。由环境保护部门制定高污染、高环境风险产业（产品）目录，将目录内企业投保环境污染责任保险情况与其获取信贷的资质挂钩。为环境污染责任保险发展提供必要的政策支持。建立环境污染责任保险参保企业保费财政补贴制度，以及对承保公司的税收优惠机制。设立环境污染损害赔偿基金，用以支付重大环境污染事故超赔部分以及垫付应急处理费用等。

■ 李谠委员：发展环保产业基金，"聚钱促环保"

环保产业资金投入仍受限于我国环境基础设施领域投资、建设、运营一体化的投融资模式。财政资金远不能满足环境产业发展的需要，专业投资运营商尚处于发展初期，资本市场还不够发达，现有产业资金来源渠道不足以支持环境产业的深化和发展。建议：设立环保产业基金，发挥这种基金的孵化、重组、牵引功能，引导社会资本投入到环保产业中来，实现产融结合；国家支持社保基金及各类保险资金对环保产业基金进行投资；

建立环保产业引导基金，将一部分政府对环保产业的补贴，通过引导基金的模式来实现；鼓励外资以环保产业基金的形式进入环境产业经济实体进行投资。

■ 闫冰竹委员：推进低碳银行建设助力节能减排

低碳银行作为新生事物还存在一定问题。首先，建设低碳银行动力不足；其次，商业银行在推进低碳银行建设时，收益与风险不匹配，客观导致其缺乏动力；再次，目前绿色信贷缺乏可操作的指导细则和奖惩细则；最后，低碳金融服务配套体系不完善。建议：一是完善政策法规体系，建立绿色信贷的激励机制；二是要完善节能减排相关政策环境，对于企业节能减排项目给予财政贴息、减免税收等，成立中小企业节能减排基金等担保机构，促进低碳银行的业务经营；三是建设节能减排的市场化机制，鼓励商业银行开展节能环保企业的债券承销业务。

■ 刘克崮委员：加快梯次推进资源税整体改革

2010 年我国资源税改革取得突破性进展，然而改革范围小，不仅地域小，产品范围也窄。此外，税费关系尚未理顺，收费项目品目繁多，定位不清晰且缺乏规范性、稳定性、统一性和公平性。建议采用扩大地域范围和扩大产品覆盖范围两条线分别梯次推进资源税整体改革。将石油天然气资源税改革扩大至全国；扩大纳入改革的产品范围。先在新疆将煤炭纳入资源税改革范围，实行从价计征，税率定为 5%；推进相关配套改革。与煤炭资源税改革同步，取消各地未经国务院或财政部批准的与煤炭相关的收费基金和行政事业费。

■ 周健民委员：重视利用环境经济政策措施促进发展方式转变

主要包括：继续改革城镇污水处理收费政策。制定分地区的污水处理收费指导性标准，逐步推行分区、分类、分档的污水处理费计征方式。逐步提高污水处理费，推进污泥处理收费。进一步完善电厂脱硫脱硝经济激励政策。实施脱硫电价分档定价机制，根据燃煤含硫率不同，对脱硫电价实施差别补贴；全面实行基于减排成本的电力环保综合电价政策。加快出台和实施专门面向环境保护的环境税税种。在对现有税制进行"绿化"改造的同时，争取开征环境税税种。大力推进生态环境补偿机制建设。加快流域生态补偿立法，全面推进重点流域跨省、以及省内和市内跨界流域生态补偿机制。争取全面试行排污权交易政策。继续扩大、深化试点，抓紧制定相关法规，推进工业点源排污权交易，探索农业面源污染交易试点，争取在全国范围内推行排污权交易。高度重视落后产能退出的环境经济补偿机制建设。建议建立全国性高污染、高资源消耗产业的落后产能产权交易制度，中央也可建立重污染企业退出补偿专项资金用于补贴退出的重污染企业。

2. 2012 年

■ 杜国玲代表：加快制定生态补偿法，使用好生态补偿金

当前生态补偿机制还存在着补偿范围不明确、补偿标准不科学、补偿模式单一、资

金来源缺乏、政策法规体系建设滞后等问题。此外，现有补偿资金名目多且由多部门分头实施，补偿效果无法进行绩效评估。"由于管理体制不完善，在发放过程中还存在生态补偿资金与民政、交通等资金'一揽子'划拨的情况，生态补偿资金常常被挪用。"建议应制定《国家生态补偿法》，建立健全国家层面上的、一体化的、均衡性的生态补偿机制。建议生态补偿资金须专款专用，建立健全严格的审计和考评制度，完善事前、过程和事后监管，让生态补偿资金使用透明。防止出现"跑、冒、滴、漏"等乱象。

■ 陈立德委员：尽快制定出台生态补偿条例

尽快制定出台生态补偿条例，实施"谁开发、谁保护，谁破坏、谁恢复，谁受益、谁补偿，谁污染、谁付费"的生态补偿制度。实现生态补偿机制建议从几个方面着手：补偿内容上，要全面规定区域生态补偿、流域生态补偿、生态要素补偿和其他特定事件生态补偿等多方面的内容；补偿方式上，要在以政府补偿为生态补偿主要方式的同时，利用经济激励手段和市场手段来促进生态效益的提高；在如何进行生态补偿上，要从生态保护者的直接投入和机会成本、生态受益者的获利、生态破坏的恢复成本、生态系统服务的价值考虑。要增强社会参与生态补偿的广泛性，加强各个环节的社会监督。

■ 钟昌明代表：国家要重视建立生态补偿机制

加快生态补偿立法，利用环境管理手段，实施差异化补偿；加大对生态保护区的项目、资金、技术的扶持力度；国家要加大对污染减排方面的扶持，真正把生态保护绩效作为财政转移支付资金分配的重要指标；在环境基础设施建设、农村环境治理、生态屏障保护等工程上尽可能地向欠发达地区倾斜。追根溯源，进行生态补偿机制是为了更好地惠及民生，要将山区农民的荷包与生态直接挂起钩来。

■ 陈志胜代表：重视完善生态补偿机制

目前我国实施的生态补偿机制仍存在不少问题，主要表现在：一是生态补偿标准偏低；二是补偿经费支付方式单一；三是现行的财税政策不完善，在一定程度上限制了生态补偿机制的建立；四是收费和使用以部门或行业为界不太科学；五是全国还没有形成统一规范的管理体系；六是法律法规体系不健全，约束力不强。为进一步完善现有的生态补偿机制，建议：一是加强研究、广泛宣传。开展生态保护立法研究，全面提高各级领导、企业和公民的生态环境意识；二是突出重点、完善制度。加大对中西部地区、生态效益地区转移支付力度，设立对重点生态区的专项资金支持模式，实行收支两条线管理，征收的生态补偿费应该专款专用生态保护和补偿；三是调节税收、多渠道筹资。

■ 吴广林等代表：对公益林实行动态补偿

林区的老百姓大多靠伐树补贴生活。为了保护植被，实行间伐政策，保护生态与林区群众的利益产生了矛盾。一亩公益林，每年才补贴10元，山上随便砍根毛竹也能卖15元，怎么让村民不砍树？为保护生态、保护水源林，建议建立对生态公益林的动态补偿机制，适时开征生态效益补偿税，把生态效益价值纳入国民经济核算体系。

■ 周建元代表：提高生态补偿标准让森林造福人民

林业在保护江河水源水质，促进农业稳产丰产等方面发挥重要作用。汉江在襄阳境内有195 km，30条支流汇聚，流域面积达1.97万km²。南水北调中线工程实施后，将直接导致汉江中下游水源减少。襄阳市将新增沙地面积2万hm²，使森林生态质量和数量，以及水土培植方面受损，导致管护林地费用的增加。建议将汉江流域襄阳段林业生态建设纳入国家支持范畴，在水土保持、生态保持、湿地保护等方面增加投入。同时，提高生态补偿标准，使得森林发挥生态效应，造福人民。

■ 唐世礼代表：健全生态补偿机制来解决林区群众生活实际问题

呼吁国家建立健全生态补偿机制，对贫困的民族地区林农的生产生活给予关注。林区农民因为大面积植树造林而减少甚至失去了耕种的土地。此外，森林成长得好，林区有限的耕地由于阳光日照受到影响，产量就会降低。而不能随意伐卖树木，经济来源也会减少，村农生活上必然有困难。所以各级政府应当建立健全生态补偿机制，解决林区群众生活上的实际问题。

■ 吕滨代表：建立海洋生态损害赔偿制度

近年来，我国海洋环境突发事件呈多发、频发态势，给海洋环境造成了较大的损失，迫切需要我们运用环境经济政策量化、赔偿海洋环境损失。建立海洋生态损害赔偿制度，运用经济杠杆调节环境利益相关者的利益格局，是世界重要海洋国家最主要的政策手段之一。建议海洋部门要加快推进建立海洋生态损害赔偿制度，推进海洋生态损害国家索赔，组织起草海洋生态损害国家索赔办法。

■ 王利明代表：用环境损害赔偿救济受害人

一是重罚款轻赔偿，违法成本低。在我国发生环境污染致他人损害后，一般重罚款轻赔偿，重行政手段轻司法手段，罚款之后污染还合法化了，出现了违法成本低、执法成本高的问题。行政处罚对污染企业的罚款数额往往很小，与违法人所获得的利益极不相称，甚至有些地方出现了严重的环境污染问题，最后不了了之，对生态造成的损害还要由政府掏钱修复；二是受害人应得到损害赔偿。当前我国对环境污染纠纷处理的立法不健全，缺乏具体、明确的规定，当初在制定环保法时，对环境损害赔偿也没有重视，给司法部门适用法律造成很大困难，使得许多环境污染损害赔偿不能在法律程序上及时解决。呼吁国家制定专门的环境损害赔偿法，对环境污染造成的损害及其赔偿原则、方法、程序、数额等进行全面规定。

■ 焦家良委员：完善生态补偿制度推进扶贫开发

在新的历史时期，我国的扶贫工作进入了攻坚克难的阶段，贫困表现为"四位一体"的特点，即贫困地区、少数民族聚集区、生物多样性富集区和生态环境脆弱区交织在一起。这种特点决定了在扶贫攻坚的过程中不可能采用大规模的、自然资源开发型的扶贫道路，而且从长远的国家战略利益来看，这些地区应该建设成为国家的生态屏障和各民族的心灵家园，所以生态补偿就是这些地区扶贫攻坚的重要策略。要将市场机制引入生态补偿标准的制定，推行多元化补偿方式，除适当加大货币补偿的力度外，还要逐步探索多元化补偿方式，通过制定政策，加大生态公益林经营扶持力度，如提供免税、小额贷款、防火（虫）保险、专项补助等形式，同时为生态公益林经营者免费提供医疗保险、养老保险等形式，为其基本生产和生活提供保障。

■ 广西代表团：建立跨省流域生态补偿机制

建立跨省流域生态补偿机制，在珠江上下游、左右岸需要在省和省、地区和地区之间，建立全新的生态协调与利益补偿机制。建议国家应尽快制定出台跨省流域调水的市场补偿政策，增加中央财政对珠江上游省区的财政转移支付，设立生态补偿公益基金，组织和协调建立流域上下游之间的对口帮扶制度，将珠江流域少数民族地区水源林区群众，全部纳入农村居民最低生活保障和粮食补助范围，制定实行水权交易政策等，应该由国家整体进行调控。

■ 雷元江代表：让东江流域生态补偿走向制度化

东江源头区域涵盖江西寻乌、安远、定南三县，是国家级生态功能保护试点区，东江源的生态保护既具有生态意义，也具有特别的政治意义，国家应将东江源纳入国家跨省流域的生态补偿试点。从机制上看，东江源区生态补偿要解决四类问题：一是确定流域生态补偿的各利益相关方，谁来补？谁受益？二是估算生态补偿标准，是以流域的面积、流量、水质三要素为标准还是设置其他标准？三是不同主体之间，通过什么方式和途径进行补偿？最后是与生态补偿的相关配套政策。这是一个系统工程，需要顶层设计，对不同利益相关者的利益进行合理平衡。建议由中央财政直接进行转移支付。除此之外，也可以对流域的上游地区进行政策优惠和项目扶持，支持多上一些节能环保的项目，培养其自身的"造血"能力，促进其加快发展。

■ 刘礼祖代表：加强湿地保护立法，建立湿地生态补偿机制

由于当前湿地生态补偿机制未建立，湿地区域群众为保护湿地所遭受的损失得不到补偿，生活相对贫困，严重挫伤了群众保护湿地的积极性，也造成湿地保护部门、当地政府和群众关系难以协调，保护压力越来越大。建议尽快建立国家湿地生态补偿制度，按照"谁受益、谁补偿"的原则，对征用、占用湿地和利用湿地资源的单位或个人征收湿地生态补偿费，对因保护湿地生态环境使湿地资源所有者、使用者的合法权益受到损害的，给予补偿。

■ 杨焱平等委员：建立健全由受益地区补偿生态保护区和资源开发区机制

山西作为重要的能源重化工基地，60 多年来产煤 120 多亿 t，其中 3/4 贡献给了全国各地，却将生态破坏留在了山西，生产原煤所造成的生态环境损耗累计需要上万亿元的治理资金。如此庞大的成本，仅靠山西一己之力无法承担。建议在国家层面建立健全由

受益地区补偿生态保护区和资源开发区的机制，扩大中央财政的转移支付制度补助范围，加大对资源环境历史欠账的体制性补偿。同时，积极探索市场化生态补偿模式，使资源资本化、生态资本化。

■ 青海省代表团：推进三江源生态补偿机制

由于三江源自然保护区覆盖范围广，生态保护与建设直接影响到 4 个州 21 个县的经济社会发展问题，因而其生态补偿范围广，补偿内容涵盖层次多，实施难度大，现阶段只能根据财力可能，突出重点、低标准起步，循序渐进。因此，青海省建立三江源生态补偿机制的基本思路是：先着重从草畜平衡、农牧民培训创业和教育发展等 11 个补偿政策入手进行积极探索，适当兼顾与生态保护和建设相关联的一些其他问题。运行一至两年后，再根据财力可能，适时扩大补偿范围，提高补偿标准，逐步建立起一项持久、稳定的生态补偿长效机制。全面落实这 11 项补偿政策，年需资金近 50 亿元。如果剔除中央落实草原生态保护补助奖励资金 20 亿元后，尚有 30 亿元的资金缺口。建议中央充分考虑青海省三江源地区的特殊困难，通过适当增加国家重点生态功能区转移支付补助，帮助青海省推进生态保护与建设工作。

■ 嘎玛仁青代表：建立湿地生态效益补偿机制

得天独厚的地理条件、气候条件孕育出了西藏独一无二的生态环境。那曲地区湿地资源十分丰富，是我国乃至亚洲重要的生态安全屏障，必须对湿地资源进行保护。同时湿地又是牧区水草最丰富的地方，对湿地进行保护可能会对周边群众的生产、生活带来一些影响，希望能够建立湿地生态效益补偿机制，使环境保护与群众增收相结合。

■ 严金海代表：建立补偿机制保护青海高原湿地

由于全球气候变暖造成的持续干旱和人为活动加剧的综合影响，青海省高原湿地呈现出源头水量减少，湿地萎缩，湿地生物资源及其多样性急剧减少，湿地生态系统恶化加剧。建议在青海高原湿地区域加大湿地保护补助资金的扶持范围和力度，实施禁牧、休牧、减畜、生态移民等政策，加强湿地生态保护管理能力建设。通过生态效益补偿，达到国家生态效益、地方提高可持续发展能力、牧户要增收致富的目的。进一步加强对青海高原湿地恢复项目的倾斜和投入，保障牧民不减收、不受损，高原湿地生态系统恶化趋势得到扭转。

■ 白尚成代表：建议六盘山区列入全国生态补偿试点

宁夏六盘山特困连片地区是黄河支流泾河、葫芦河、清水河的发源地，水源涵养、水土保持、生物多样性保护等生态功能独特，生态区位十分重要。由于自然和历史等原因，宁夏六盘山连片特困地区生态建设欠账多、条件差、投资大，恢复建设需要长期和大量的投入。建议国家加大对六盘山连片特困地区生态建设的支持力度，在贫困地区生态补偿资金中列出专项基金，参照退耕还林 8 年补助政策，开展与生态效益挂钩的生态功能区转移支付试点，对扶贫移民退出后的耕地或村集体所有的土地划归国有恢复生态，实行一次性补偿，用于移民异地安家建房、购房补贴和转移就业培训补贴等扶持措施。

■ 丁秀花代表：在怒江州开展生态补偿试点

怒江州是世界罕见的资源富集地，怒江流域现在的问题，不是保护和修复生态环境的问题，而是拯救生态的问题。怒江州农民人均纯收入为 2 327 元，按照国家新确定的 2 300 元贫困标准，全州 43 万农民 80%以上生活在贫困中。贫困带来的巨大生存压力，使怒江流域陡坡耕种和砍伐木材为燃料的生产生活方式仍在延续，生态环境恶化的趋势没有得到遏制，形成贫困与生态环境破坏的恶性循环。泥石流等地质灾害频繁，群众因灾返贫现象突出。建议按照"谁开发、谁补偿，谁保护、谁受益"的原则，从矿产和水电资源开发中提取生态补偿费，每吨金属锌提取 300 元、每度电提取 0.05 元，用于生态环境、民族文化保护，以及基础设施、社会保障体系建设等。

■ 张秀隆代表：尽快建立红水河流域生态补偿机制

红水河是广西的"母亲河"，是我国第三大河流珠江的重要干流，红水河流域的上游地区为保护生态环境所承担的成本让这个欠发达地区压力非常大。红水河流域应该与下游地区共享整个流域发展成果，下游除了享受生态环境保护带来的成果，也要承担起相应的责任。因此，让下游地区补偿上游地区为保护生态环境付出的成本，这将极大地提高下游的积极性。建议国家应尽快建立红水河生态环境补偿机制，加大对红水河生态环境保护与建设资金、项目的支持。受益地区加大对生态保护地区的反哺力度。根据生态环境服务功能辐射范围，确定受益地区，明确具体的补偿标准。签订地方生态环境利用补偿协议，由受益地区按年度向生态环境保护区所在地方支付补偿费，补偿费专项用于红水河生态环境的保护和流域内群众生活用电补贴、能源替代补贴和困难生活补助等。

■ 甘肃代表团：建议国家加大对甘肃生态补偿力度

甘肃的生态环境保护与建设不仅直接关系着甘肃省的生态安全，也直接关系着整个西北乃至全国的生态安全，是我国重要的生态屏障。但由于自然、历史及人类活动、财力匮乏等多方面因素影响，甘肃现阶段生态保护建设仍面临水土流失严峻，土地沙漠化突出，自然湿地萎缩、河湖生态退化，森林质量低下，草地退化严重，农田生态质量下降，自然灾害频发等诸多问题。甘肃财力十分紧张，如果没有国家的大力支持，仅靠甘肃自身的努力，保护的速度远赶不上环境恶化的速度，为积极探索生态脆弱区域生态文明建设的道路模式，探索西部欠发达地区生态修复和环境保护的科学路径，甘肃代表团建议国家将甘肃省设立为"全国生态环境保护和补偿试验区"，建立流域水资源补偿和湿地生态补偿机制，扩大甘肃省森林生态效益补偿的范围，提高补偿标准，并加大转移支付力度，完善森林生态效益补偿及草原生态奖补制度，提高对禁止开发区、限制开发区补助系数，支持甘肃省进行生态建设和改善民生。

■ 赵贵坤代表：加大民族自治地区资源开发和生态补偿力度

广西金秀瑶族自治县是我国第一个成立的瑶族自治县，森林覆盖率高达 83.34%，是广西最大的天然林区、最大的"天然绿色水库"，是仅次于西双版纳的全国第二大物种基因库。据全国生态专家评估，金秀大瑶山森林每年的直接经济效益为 4.81 亿元，社会生态效益为 49.8 亿元。金秀不但要按照国家的规定禁采、禁伐林木和禁种林下作物，还要支付巨额的森林管护经费。国家现行的森林生态效益补偿标准为国有 5 元/亩、集体 10 元/亩，还不如一根扁担的价值，这种补偿显然是不合理的。建议：一是加快建立生态建设和环境保护补偿机制；二是建立健全生态补偿公共财政转移支付制度；三是贯彻落实《国务院在实施〈中华人民共和国民族区域自治法〉若干规定》，尽快制定实施细则，在全国范围内依法建立生态补偿机制，使其具有现实的较强的可操作性。

■ 吴玉才代表：将盐池列为资源开发生态补偿试点县

西部大开发以来，盐池县以其特殊的地理位置和丰富的资源，成为陕甘宁边区的经济中心、西北门户和前哨阵地，现已探明远景石油储量近 1 亿 t，煤炭储量 5.4 亿 t，但是在开发利用过程中，破坏生态、污染环境、诱发地质灾害等突出问题也随之而来，严重制约着该县经济社会可持续发展。建议要在资源开发采矿权价款上给予重点倾斜支持，对于煤炭采矿权价款按照比例返还地方，石油矿产资源补偿费全额返还地方，解决地方财政困难问题。支持开征石油资源开发生态补偿金，把盐池列为资源开发生态补偿试点县，按石油、煤炭市场销售价的 2%～3%征收生态补偿金。同时，支持征收资源型企业可持续发展准备金，建议盐池县先行先试，对石油、煤炭开发企业征收可持续发展准备金，专项用于环境综合治理和解决因资源开发带来的社会问题，保证资源枯竭后该县经济仍能健康快速发展。

■ 陈宝根代表：建议秦岭试点生态补偿

新中国成立以来，由于森工企业的连续采伐和盲目的毁林开荒，已使秦岭山地森林面积下降，蓄积量下降 70%以上。虽然经过多年植树造林和植被保护，森林面积有所恢复，但现有森林 80%为天然次生林，林分质量差，生态功能低。建议：明晰生态环境产权，在全社会树立"生态有价、环境有价"的观念，为建立和实施生态补偿机制奠定思想基础；建立生态补偿法律机制，尽快制定秦岭国家生态补偿条例；开展生态补偿研究，科学制定生态补偿标准，建议国家有关部门积极组织跨学科、跨专业的学术研究队伍，系统开展生态补偿标准确立的理论和技术体系研究，并因地制宜开展生态环境补偿地方的试点工作，分类制定科学的生态补偿标准；拓宽生态补偿资金融资渠道，实现生态补偿方式多样化。

■ 李光富委员：增加中线水源区生态补偿

丹江口水库是南水北调中线工程引水处，丹江口库区由此成为国家重要战略资源的承载地和全国水源保护最为敏感的地区。位于核心水源区的丹江口市搞好生态环境建设，直接关系到华北特别是京津等地的饮用水安全问题。目前由于生态建设资金严重缺乏，远远不能满足正常生态保护需要，在一定程度上影响了治理的步伐和效果。作为国家级的贫困县，丹江口市地方财政困难，完成任务难度相当大。希望国家增加丹江口市生态补偿资金，重点用于环境保护以及涉及民生的基本公共服务建设。

■ 陈开枝等委员：珠江流域应设立"流域生态补偿"机制

除国家继续给广西、云南、贵州提供生态补偿外，广东省作为流域下游地区生态受益者，也应该对这三省区给予补偿。建议在广东省财政建立珠江流域中上游地区水源林保护建设专项资金，主要用于中上游地区为涵养水源保护和建设水源林、修建水利设施等项目的投资等。另外，广东、广西、云南、贵州四省（区）应尽快建立四省（区）政府珠江流域中上游地区生态补偿联席会议制度，启动关于实施生态补偿的具体措施和标准、流域中上游三省（区）确保提供稳定优质水源和增加水量的责任等问题的协商进程。

■ 杨新华委员：祁连山生态补偿机制亟待建立

祁连山是西北乃至全国重要的生态安全屏障，发挥着涵养水源、调节径流、保持水土的重要作用。但由于区域气候变化及人类活动的加剧，祁连山生态环境不断告急。目前国家在祁连山只实施了天然林管护补助和草原保护奖励补助，而对水资源、湿地资源、野生动植物资源保护和林区管护人员、农牧民群众的民生保障以及生产生活都没有涉及，难以解决祁连山生态保护的根源性问题。建议：一是从国家层面建立祁连山生态补偿试验区，建立和完善以天然林管护补偿、天然草场补偿、水资源补偿、矿产资源开发补偿、生产资料补偿等为主要内容的祁连山生态补偿体系。二是国家通过转移支付、财政补贴、政策倾斜、项目实施、技术补偿、税费改革、人才技术投入等方式和手段，加大财政转移支付力度，为全面推进祁连山区生态补偿区建设提供有力的资金支持、政策扶持和技术支撑。

■ 王曦委员：加快建设完善我国海洋石油污染法律救济制度

海洋原油泄漏事件危害巨大，如果对这类事件不采取严厉惩罚，必然使一些企业对海洋环境保护掉以轻心，酿成大祸。对于污染海洋环境资源的行为，不仅要追究民事责任，更要追究刑事责任，特别是对公司单位要课以高额罚金。建议应明确海洋生态损害赔偿提出程序，对于海洋石油污染事件还需完善共同诉讼制度，同一环境污染的受害者可对污染者提起共同诉讼。

■ 潘晓慧委员：对多山地省份优先进行生态补偿

我国是一个山地面积辽阔的国家，山区（包括山地、丘陵和高原）面积约占全国陆地总面积的 67%，山区地质地貌复杂，地表起伏巨大，而且不同地区之间差异显著，这种地形地貌差异及地表起伏状况给我国区域生产、生活、基础设施建设、政府公共服务运行成本等社会经济发展造成重大影响，形成各地公共财政支出成本的巨大差异。地形地貌差异极大地影响到我国不同省份的区域发展成本。建议国家应对山地多、地表起伏度巨大的省份，进一步加大国家财政转移支付力度，把地表起伏大的省份作为生态补偿的优先示范区。在基础设施建设项目上，适当向地表起伏大的地区倾斜。

■ 在湘委员联名提案：重视建设东江湖长效补偿机制

东江湖是湖南第二大湖泊，是湘江的主要水源地。东江湖有饮用水水源地功能和重要生态功能，应纳入国家湘江流域综合治理规划，并作为单独的生态补偿主体纳入湘江流域生态补偿范围。考虑将东江湖流域确定为国家级生态功能保护区，加大资金支持力度。现行的公益林补偿标准为每亩每年 10 元，远低于经济林收入，为提高群众保护生态的积极性，建议对东江湖周边第一层山脊内公益林补偿提高到每亩每年 150 元，流域其他区域公益林补偿提高到每亩每年 100 元。希望国家加大对东江湖国家重要水源地保护、东江流域环境保护治理规划项目的资金投入，增加流域内群众生活补助项目，确保治理规划项目按计划顺利实施。

■ 倪慧芳委员：建立边疆民族地区生态补偿机制

云南省生物多样性保护对于维护国家乃至周边邻国的生态安全、保护国家战略资源、保持与东盟战略对话的主动性等方面不仅具有十分重要的意义，而且也是我国履行生物多样性国际公约的实际行动，有助于树立负责任大国的良好形象。根据现有政策，国家级限制开发区由中央财政负责转移支付，省级限制开发区由省级财政负责转移支付。按目前规划方案，云南省还有超过 30 个县属于省级限制开发区，将由省级财政负责转移支付，省级财政压力很大。由于西部地区对下游地区和维护全国生态安全做出了重要的贡献，考虑到西部地区省级财力有限，仅靠自身之力难以达到有效保护。建议国家应牵头建立科学合理、互利共赢的生态补偿标准和长效补偿机制，推进建立下游对上游、生态受益地区对生态贡献地区的生态补偿基金。同时，国家应加大对西部地区生态补偿的财政转移支付力度，并将西部地区的省级限制开发区财政转移支付调整为由国家和省级共同承担。

■ 甘肃代表团：将甘肃煤炭资源税由从量征收改为从价征收

甘肃省现行煤炭行业资源税税额为 3 元/t，资源税平均税负仅为 0.88%。截至 2011 年 11 月，全省共征收煤炭资源税 15 601 万元，仅占全省地方税收收入的 0.61%，煤炭生产企业税负明显偏低。现行的税额标准不符合经济发展实际，违背资源税立法原则。随着国民经济的发展，煤炭行业的经营情况、资源状况以及煤炭价格等都发生了很大变化。但资源税税负由 1994 年的 0.30%升至 2010 年的 0.88%，仅仅增长了 0.58 个百分点，起不到税收调节经济的杠杆作用，这与资源税普遍征收、合理调节级差的立法原则相悖。建议将甘肃省煤炭资源税由从量征收改为从价征收。国家考虑甘肃省实际，将甘肃省煤炭资源税平均税负调整到 3%左右。经测算，将煤炭资源税税额标准调整到 3%，甘肃省每年可增加资源税收入约 3 亿元。

■ 内蒙古代表团：建议煤炭资源税改革可先设立试点

目前煤炭资源供求关系紧张、价格高位运行的形势下，煤炭资源税采用从量定额计征方式，没有适当反映煤炭的稀缺性和不可再生性、煤炭的市场价值、煤炭开采的环境损害成本。建议内蒙古作为煤炭资源税改革试点。第一，内蒙古作为国家重要的生态屏障,2010 年内蒙古煤炭产量居全国第一。率先实施煤炭资源税改革,有利于缓解部分企业对煤炭资源的过度开采,推动企业更新设备,促进节能减排,维护国家生态安全;第二,内蒙古率先实施煤炭资源税改革,有利于调节政府、企业的分配关系,改变煤炭企业利润高、税负低、政府收入过少的局面。增加政府收入,解决企业污染物排放外溢性问题;第三,内蒙古率先实施煤炭资源税改革,有利于培育地方支柱财源。经测算,执行 5%税率,剔出产量增加因素,2012 年全年将带动内蒙古税收收入净增约 80 亿元;第四,内蒙古率先实施煤炭资源税改革,煤炭生产企业完全可以承受。2011 年,内蒙古煤炭资源税负担率为 1.3%。如果煤炭资源税实行从价定率改革执行 5%的税率,与内蒙古自治区煤炭生产企业高达 50%以上的平均利润率相比,企业完全可以接受。

■ 蒋平安等委员:加快推进资源税改革

矿产资源税费标准偏低,没有反映出矿产资源的供求和稀缺状况,造成企业粗放型生产,大量浪费宝贵资源,也给资源地的生态环境造成极大破坏。而且,近几年来,矿产品价格大幅上涨,但是国家和资源地政府却没有从资源价格的上涨中获得相应的收益。建议中央有关部委继续加大支持力度,尽快推出新疆煤炭资源税改革试点工作。同时,建议财政部适时推动铁矿石、铜镍矿、铅锌矿等其他资源税改革,允许新疆大胆探索、先行先试。2011 年 11 月,原油、天然气率先从价定率计征资源税。未来可以将全球紧缺的、大宗的、价格波动较大的资源产品加征超额资源税,实行累进比例税率、分段计征的计税方法,在石油天然气基础上,将金属矿原矿、非金属矿原矿、水资源纳入征收范围。建议在总结新疆维吾尔自治区实施原油天然气资源税改革试点经验的基础上,应尽快在资源富集地区将矿产品资源税由从量计征调整为从价计征,以发挥国家税收政策对资源输出地的扶持、保护和合理开发。

■ 李毅中委员:加快电价资源税改革

我国工业和实体经济发展取得的成效明显,但问题和结构性矛盾也不少:一是自主创新不足。我国规模以上工业企业研发投入只占业务收入的 0.69%,而国外大公司和行业一般都在 2%~3%以上,新兴产业则在 10%~15%。我们自主研发投入不足,一些关键技术、元器件、零部件甚至成套设备等依赖进口,导致受制于人;二是发展的质量和效益差。我国工业销售利润率只有 6.14%,其中钢铁行业不到 3%,最新数据只有 2.55%。即便作为新兴产业的电子制造业销售利润率也只有 2.54%。工业增加值率只有 26.5%,发达国家则在 35%~40%;三是对资源和环境问题重视程度还不够。2011 年我国一次性能源消耗总量约为 35 亿 t 标准煤,增长 7%,占全世界的 46%。铁矿石用量 17 亿 t,进口 6.8 亿 t。这样的发展模式,长期下去将难以为继。必须加快转型升级,调整结构,国家要加快推进相关领域改革,特别是电价和资源税改革。

■ 纪宝成代表:包装企业应缴环境资源税

我国现在是世界上第二大包装大国,每年固体垃圾约 50%是废弃包装物,包装成本平均是商品价值的 30%～200%，包装远远超过了商品自身价值，特别是一些酒类、茶叶、保健品等，甚至用黄金、绸缎、红木等材质包装。这是企业利润至上、缺乏社会责任感的问题，也是请客送礼、公款消费所致，政府监管也不力。应该重树价值取向，强化包装标准体系，加强法律体系的监管。加强经济调控，对包装企业增收环境资源税，加大整治力度。对消费者进行计量垃圾收费，从点滴做起。

■ 政协委员研讨会：资源大省绿色发展要重视资源税和生态补偿

国际上所有大资源类国家都是富国，而我国资源大省多是穷省。建议：一是需要建立明确的生态补偿机制，完善财税机制，确保利益共享；二是资源税要快速推，要把握好煤、油气、铁等资源税推进的节奏；三是生态补偿和资源税是两个概念，现有的资源税仅仅体现了资源的经济性和级差收入，并没有体现出资源生态服务的价值和资源的机会成本。要实现资源大省的绿色可持续发展，如何通过市场手段和法律保障来加大生态补偿力度、扩展补偿范围是特别值得考虑的。

■ 陈志胜代表：建议征收汽车排污费

中国汽车业近 10 年将以 23.3% 速度快速增长，但普遍存在堵车严重、停车难、能源紧张、污染严重等汽车社会性问题。建议借鉴发达国家的汽车社会管理经验，非营运车辆按车型排气量或耗油量综合推算出排污费。即排气量为 1.0 以下、1.1～2.0、2.1～3.0、3.1～4.0，4.1～5.0、5.1～6.0，分别征收年排污费为 2 千元、5 千元、1.5 万元、3 万元、4.5 万元、6 万元，排气量在 6.1 以上的收费以此类推。

■ 方方委员：加快建立国家碳交易市场

2011 年下半年欧盟宣布自 2012 年 1 月 1 日起，对所有飞入欧盟的域外航班征收"碳关税"。这一举措遭到世界许多国家和地区的反对，由此打响了全球"碳关税"争执的第一枪。此后，国际"碳关税"之战风起云涌。鉴于国际碳减排进程中类似纷争愈演愈烈，同时也为了以市场机制推动中国节能减排发展，建议：一是尽快建立全国统一的碳交易市场，以具有广泛性、权威性的市场吸引广大买家和卖家，最终形成自然垄断地位的国内市场，进而影响全球碳交易价格；二是采取"区域定额，全国交易"的方式，推动全国碳市场的建立。在减排定额分配方案确立后，鼓励全国所有交易主体到一个国家级的交易市场登记注册并达成交易，从而极大提升该市场碳交易的规模、权威性和有效性，使之最终成为一个可与欧盟排放交易体系及拟议中的美国碳交易市场相抗衡的大型交易市场。

■ 十八位科技界全国政协委员联名提案：建立科学合理的电价形成机制

建议：尽快完善一次能源价格、上网电价、销售电价之间的联动机制，引导电力资源优化配置，高效利用；加快建立科学合理的电价形成机制和传导机制，引导电力市场建设和有序运行，有效解决电力行业可持续发展能力不足的问题。当前应适当提高基本电费比重，进一步扩大分时电价实施范围，以价格杠杆引导客户合理用电；进一步研究用电价格改革，根据可再生能源发电在内的发电、用电的动态变化关系，以智能电网为平台，探讨实时电价的可能性，以指导客户科学、节约用电。

■ 姜晓亭代表：加大对农业面源污染防治投入力度

在资金安排上，建议切实加大对农村环境保护的投入，逐步建立政府资金引导、社会资金参与、农民自主投入的多渠道筹资机制。建议政府资金实行奖励和补助相结合的投入方式，加大"以奖代补""以奖促治"政策支持力度，重点加大农村环境监测和农村水环境保护投入，安排专项资金支持农业面源污染防治和农村饮用水安全工程建设。农业、水利、林业等部门农村基础设施建设资金、环境保护部门的排污费专项资金、国土资源部门的矿山生态环境治理恢复保证金等专项资金要向农村地区倾斜。同时，按照"谁投资、谁受益"的原则，运用市场机制，吸引社会资金参与农村环境保护基础设施建设。采取多种方式，发动农民自愿筹资筹劳，参与农村环境综合整治。

■ 张洪委员：设立专项基金反哺三峡库区生态屏障建设

按照"谁利用、谁补偿，谁受益或谁损害、谁付费"的原则，设立专项基金，为三峡库区生态屏障建设与保护提供稳定的资金来源，用于解决生态屏障区内部分生态移民安置、森林建设与管护等问题。基金来源可以包括中央财政补助资金和在三峡水电建设资金、三峡总公司发电收入、中央财政从长江中下游及南水北调等受惠地区上缴的财政收入中按一定比例提取，由中央财政每年统一提取、统一划拨，专款专用。

■ 饶子和代表：建议制定政策加大投入促进再生水利用

目前，我国城市再生水利用缺乏统一的配置和利用规划，基础设施建设相对滞后，安全利用保障体系仍不健全，在一定程度上影响再生水资源的高效利用。例如，个别地区城镇污水处理率不高，使某些进入河道的再生水存在受到二次污染的风险。因此，建议有关部门尽快研究制定《城市再生水利用实施管理办法》等政策法规，使再生水利用有法可依。出台针对再生水生产企业和用户的优惠政策，建立合理的再生水水价体系。加大再生水领域科研投入，支持研发安全可靠、高效低耗、低投资、低成本的工艺技术和成套设备。

■ 潘碧灵委员：发行湘江流域重金属污染治理专项债券

湘江流域重金属污染治理涉及 927 个项目，估算总投资 595 亿元，目前，中央预算内资金支持比例为 30%，地方配套资金压力很大。除请求国家提高中央预算内资金支持比例外，考虑发行湘江流域重金属污染治理专项债券来筹集资金。希望国家发展改革委能比照产业类债券发行标准，适当降低发行门槛，允许湘江流域重金属治理专项债券规模超过净资产 40%的上限，放宽发行主体 3 年连续盈利的要求，创新债券发行方式，以滚动方式在湘江流域长沙、株洲、湘潭、衡阳等地发行，缓解各地市治污资金压力。

■ 30 位全国人大代表联合建议：发行环保彩票

若能发行"中国环保彩票"，必将为环保事业提供新的更为充足、可持续的资金来源。也是为环保宣传独辟蹊径，有利于为环保理念深入人心。我国如果发行，将开创世界先河，并彰显中国政府建设环境和谐事业的坚定决心和积极作为，也有利于无界域环保问题的解决。环保彩票可借鉴现有福利、体育彩票的整个发行模式、渠道和架构，可以资源整合，避免曾经的缺陷和弯路，探索成本低，可以实现"高起点"运作。如现阶段政策不允许发行新的专项彩票，也可在福彩、体彩中增设"环保彩票"项目，等时机成熟后再分离操作。定期对环保彩票对环保事业的助力效果进行评估，并向社会公布，以确保钱能真正用在刀刃上。

■ 冯燕代表：建立持续有效的循环经济模式

明确垃圾处理的主体、责任、权利、要求和规范，将政府行政手段直接管理转变为依靠法律法规进行法治管理，建立健全各类废物回收制度和促进循环经济的激励制度。建立垃圾清运回收系统，全面实现市场化运作。彻底与政府脱钩，由企业自购清运车辆实施垃圾清运，政府按清运量付费。建设城市生活垃圾大型中转站，将原始垃圾在中转站进行分选、压缩，渗滤液进入城市污水处理场处理，分选后的垃圾分别送入焚烧厂或填埋场处理。国家对从事垃圾处理的企业给予一定的优惠政策。

■ 吴焰委员：加快推进部分强制责任保险险种实施

一是尽快启动强制责任保险的立法工作。鼓励有条件的地区和部门制定出台支持责任保险发展的法规和管理办法，先行先试，为国家相关法律的制定、修改和完善积累经验；二是为责任保险的发展提供适当的政策引导和支持。充分发挥公共财政的引导作用和税收杠杆作用，给予责任保险参保主体和主办保险公司税收优惠政策，有效降低相关主体的投保负担和运营成本。协助保险公司进行责任保险产品创新和损失追偿。设立公众安全事故救助基金，作为发生特重大公众安全事故时强制责任保险赔偿的补充；三是进一步扩大环境污染责任保险试点范围；四是加强相关部门间的协调配合，加强对责任保险功能作用的宣传，提高公众的风险责任与保险意识。

3. 2013 年

■ 尼玛泽仁等驻川委员：建生态补偿机制 守护"中华水塔"

30 余名驻川全国政协委员呼吁将川西藏区纳入"三江源国家生态保护综合试验区"，并尽早建立系统科学的生态补偿机制；打破行政区划建"大三江源"试验区，将川西藏区整体纳入"三江源国家生态保护综合试验区"范围，进行政策资金支持；国家在四川三州开展生态补偿机制建设试点工作，按照"谁开发、谁保护，谁破坏、谁治理，谁受益、谁补偿"的原则实施补偿，包括耕地质量补偿、地质灾害补偿、水生态环境监测体系补偿等；从发电收入、售电收入中依法确定一定比例的"生态补偿基金"，从发电企业、售电企业纳税总额中明确"生态补偿基金"，将水资源费的50%以上作为"生态补偿基金"。

■ 岳崇委员：把生态补偿原则入法

岳崇委员针对当前的生态问题提出尽快把生态补偿立法，建议确立"谁保护，获补偿"的法律原则，并且明确保护者即生态补偿接受主体的义务就是保护好、保持好生态环境，确保生态安全其权利是接受补偿主体的补偿。这样即可平衡相关者的利益冲突，又可保护和激励环境保护者的行为，使生态环境不断持续得到保护与改善。

■ 阎钢军代表：建立湿地生态补偿制度保护地球之肾

针对当前湿地保护面临较大压力，湿地生态补偿机制未建立，湿地区域群众为保护湿地所遭受的损失得不到补偿，挫伤了群众保护湿地的积极性，建议国家尽快建立湿地生态补偿制度，并把鄱阳湖湿地纳入国家湿地生态补偿试点。建议可按照生态公益林的补偿标准对湿地的权利人进行补偿。同时，参照国家森林植被恢复费征收办法，根据湿地的类型和湿地开发的项目征收湿地占用费，遏制湿地资源逐步减少的趋势。

■ 邓辉代表：建立跨省流域生态补偿机制

应尽快建立跨省流域生态补偿机制，促进上下游地区经济社会的共同发展。由于流域生态补偿机制缺失，将给江河流域下游区域水生态环境安全留下隐患，也使水源区经济社会发展受到限制，不利于实现全面建成小康社会的目标。鉴于我国江河流域上游比较贫困、下游比较富裕的实际情况，建议全面建立跨省流域生态补偿机制。同时，将流域生态补偿机制纳入法制化轨道，适时进行立法。

■ 多名驻鄂政协委员联名提案：在湖北打造全国生态补偿先行区

进一步完善生态补偿机制，通过增值税、所得税减免等支持片区发展绿色能源和特色产业，将发展特色产业纳入粮食补助范围，同时将十堰市作为全国生态补偿先行区。他们还建议健全完善区域协调机制，建立片区各省市联席会议制度，定期举办"秦巴山片区经济社会发展论坛"，建立6省17市经济协作示范区、建成全国扶贫攻坚经济协作示范区。政协委员们还建议，将受水区收取的水资源费，按照一定比例对湖北进行返还。同时，设立南水北调中线工程生态环境保护基金，以横向转移支付形式给予水源地生态建设补偿，专项用于污水处理、垃圾处理、环境保护。

■ 张守志委员：建立六盘山连片贫困地区生态补偿机制

全国政协委员张守志在全国"两会"期间建议建立六盘山区生态补偿机制，将六盘山及其外围现有的公益林全部纳入国家生态补偿的范围，提高补偿标准，集体和个人的国家级重点公益林统一按每亩10元的标准予以补偿。同时加大对公益林建设的支持力度，近期营造水源涵养林150万亩，以确保水源地功能。

■ 瞿海代表：开展东江湖生态补偿试点

瞿海提出尽快开展东江湖生态补偿试点的建议，建议以下游受益地区作为补偿主体，建立上下游生态补偿机制；国家发改委将郴州东江湖列入国家流域和水资源生态补偿试点；中央财政通过转移支付、专项补贴、税收返还等给予支持，建立郴州东江湖生态补偿机制；从开发和利用的收益中提取适当比例的资金，专项用于郴州东江湖保护的补偿。

■ 周乃翔代表：应给农民生态补偿

全国人大代表、江苏省苏州市市长周乃翔表示，当前，城乡统筹发展最需要做的是给农民生态补偿。从目前来看，通过财政转移支付的方式，让城市化、工业化成果更多反哺"三农"，是可行的，也受到了农村和农民的欢迎。下一步，苏州还将提高补偿的数额，特别是直接补贴到农民手中的数额。周乃翔建议更多有条件的地方进行探索推广苏州的经验。

■ 武鸿麟委员：完善森林生态补偿制度的提案

为调动广大农民群众积极性，配合支持做好生态保护，建议国家进一步加大对贵州省森林生态建设的投入力度，将未纳入补偿的 589 万亩国家公益林和 3 750 万亩地方公益林全部纳入中央财政补偿范围，同时尽力提高森林生态效益补偿标准。

■ 金长征代表：建立生态补偿机制"加速"太湖水清澈起来

建立健全生态补偿机制，促进太湖流域水环境治理，让太湖水清澈起来，建议综合运用行政、价格、税收、财政等多种政策和手段。应探索建立太湖流域内跨省市的水环境保护的生态补偿机制，每年由中央财政以转移支付方式给予一定数额的资金补偿。对入湖断面水质不能达到功能区要求的地区，则根据改善或恶化的幅度按规定向上缴纳不同数额的补偿资金，从而为各个地方的水污染治理工作提供长期的激励和约束。

■ 潘碧灵：政府应加快环境税的出台

将生态文明建设和环境权写入我国宪法，并确保每年生态环保投入增幅高于财政支出增速。建议把建设生态文明和保障公民环境权益写入宪法，并尽快修改已严重不适应现状的《环境保护法》《大气污染防治法》等法律，强化法律约束，加大对企业违法责任的追究。同时把生态环保投入作为公共财政支出的重点，加快环境税出台，督促企业不断加大环保投入，促进国际投资合作，大力发展节能环保产业。

■ 贾康委员：开征排污税碳税，降低企业所得税

加大税收优惠，将环保企业所得税减至 15%，加大对中小企业的优惠力度；提高低保以保障征税，建议目前国内碳排放征税从每吨 5～10 元的低水平先开始实行，同时为了保证低收入人群基本生活不受价格上涨影响，政府要提高低保，保证最低收入人群生活不受影响。

■ 全国工商联发布倡议书：建议开征二氧化硫等税

修订《大气污染防治法》，涵盖当前以细颗粒 $PM_{2.5}$ 和烟霾为特征的区域性污染，制定并实施应急预案、实行煤炭消费总量控制、能源结构调整等。加快环境立法工作，加快制定《土壤污染防治法》等法律，制定并完善相关环境标准，完善相关机制，加强监督体系建设。为高标油品减免税，对特大城市实施汽车总量控制、对车辆能源进行改革，同时制定实施差异化的税收政策。开征二氧化硫税，建议开征二氧化硫税、氮氧化物排

放税和工业 COD（化学需氧量）税三个税种，可先从征收碳税试水，对企业碳排放量以每吨 5～10 元的标准征起。

■ 陈敏代表：征收环境资源税控制企业排污

通过征收环境资源税来推动企业减排，并对重污染企业实行差别化的电价水价。坚持"谁污染，谁买单"：污染排放多的企业，交的污染治理费用也要多。重污染行业根据污染程度不同，实行差别化的电价水价。企业所上交的污染治理费用中，应该包括购买环境污染责任保险的费用、碳税和其他环境资源税，同时引入排污权交易等机制。

■ 工商联：进一步完善环保企业税收优惠政策

进一步完善环保企业税收优惠政策：一是环保企业所得税减按 15% 的税率征收；二是免征污水处理、垃圾处理等污染治理企业的生产经营性用房及所占土地的房产税和城镇土地使用税，切实减轻企业负担，促进环保事业发展。

■ 张有喜代表：应调整煤炭生产企业增值税抵扣项目

政府应区别对待国有老煤炭企业和新型煤炭企业，调整煤炭生产企业增值税抵扣项目；调整增值税抵扣范围；煤炭生产企业在筹（新）建、扩建、改建矿井以及巷道的开拓、延伸的所有耗费，按 17% 比例在巷道服务期限内抵扣增值税进项税；增加煤炭生产企业在取得采矿权、土地使用权等权益资产而支付的价款；明确煤炭生产企业在治理"三废"、采煤沉陷治理、农村集体土地补偿、村庄搬迁、矿区生态环境治理等成本费用项目支出的抵扣，根据实际发生金额按 17% 计算增值税进项税进行抵扣；煤炭销售过程公路运费、铁路运费的增值税进项税抵扣，其抵扣基数应当全额计算，抵扣比例由 7% 提高到 17%。对于新建矿井盈利能力强而且没有承担社会负担责任的煤炭生产企业确定增值税税率为 17%；对于承担社会负担责任重的老煤炭生产企业，按 2～3 年为周期给予增值税税率优惠政策，确定增值税税率为 13%。

■ 韦秋利代表：用税收调节鼓励可循环制品替代一次性用品

应鼓励企业对资源进行循环利用，多生产能重复使用的日用品，在税收上给予优惠或减免。建议出台限制一次性用品的法规，对不环保的一次性用品的生产和销售进行征税；鼓励企业回收和加工一次性用品，并给予税收优惠或减免；鼓励科研院所研发新的可以替代一次性用品的可循环产品。培养公众环保意识和减少一次性用品的使用，特别是引导青少年树立环保、生态的消费理念少用或尽量不用一次性产品。

■ 工商联：建议落实生活垃圾焚烧发电价格新政策

一是加大新政策的贯彻执行力度。研究制定贯彻落实的实施细则，补贴标准，设立合理调价依据，规范项目特许权授予办法；二是确保上网电费实时足额结算。各省级电网企业要依据省级价格主管部门核定的垃圾发电量和常规能源发电量，及时足额支付上网电费。因故不能按约付清上网电费的电网企业，应向发电企业支付违约金。

■ 朱共山代表：建议全国范围征收可再生能源电价附加

将可再生能源电价附加在除西藏自治区以外的全国范围内，对各省、自治区、直辖市扣除农业生产用电（含农业排灌用电）后的销售电量进行全部一律征收，并将征收范围扩大到所有的自备电厂的用电量。可再生能源发电的补贴资金部分应全部由电力附加承担，建议收支均由电网公司完成，并由电网公司根据国家规定的电价直接向可再生能源发电企业结算。同时免除可再生能源电力附加在征收、发放过程中的各种税费。另外，加强对可再生能源补贴发放的监管。

■ 朱光耀委员：环保高科技行业享 15% 税收优惠

针对气候变化和环境污染问题，从财税制度而言需有所突破。一方面，要加大财政对环保产品、环保行业的支持力度，可以考虑环保高科技行业享受 15% 税收优惠；另一方面，要加紧推出环境税，最重要的是对二氧化碳、二氧化硫排放征税。同时，要理顺目前的价格机制，在非化石能源方面反映环境成本；抓住国际应对气候问题的机遇，推进整个环境问题的国际合作。

■ 工商联：建议提高电厂脱硝补贴电价

一是对现役的火电企业老机组低氮燃烧改造项目，按照机组容量给予进行一次性投资补贴。结合地方财政和企业实际，加快研究制定合理的财政补贴标准；二是上调电厂烟气脱硝价格至合理水平。

■ 吴焰提案：加快发展环境污染责任保险

一是建立健全环境污染责任保险相关法律法规体系。适时出台环境污染责任保险的专门法规，明确投保原则、主体、范围等内容，进一步健全损害责任追究机制；二是加快推动全国性的环境污染强制责任保险制度建设。将开展环境污染强制责任保险在《环境保护法》中予以明确，由国务院法制办会同环保、保监部门共同推进；三是进一步细化对环境污染责任保险的财税支持。综合多种经济手段，逐步建立环境污染责任保险激励约束机制和保费补贴制度，加大对中西部地区、民族自治地方和重点生态功能区的保费补贴力度，对承办保险公司给予相关的税收优惠待遇；四是构建环境污染责任保险与绿色信贷的联动机制。建立环境保护部门、保险机构与信贷机构的联动机制，将企业投保情况与信贷挂钩。

■ 杨超：大力推动食品安全及环境保护责任保险

为有效解决我国食品安全问题和环境污染问题，大力推动食品安全、环境保护责任保险提出以下几点建议：一是建立具有法律约束力的强制性的食品安全、环境保护责任保险制度；二是建议财政部和国家税务总局根据实际情况，通过财政支持、税收优惠等方式对参保企业和承保公司予以一定的政策支持；三是建议保监会会同国家食品、环保监管部门，建立食品安全保险评级、环境监测机制，健全此类责任保险的服务和产品体系。

■ 民革中央：建议先出台高风险企业环保强制险办法

提出先行出台高风险企业强制保险政策指导意见和实施办法的提案，建议增加市场化手段管理环境污染风险，出台推动环境污染责任保险的政策，可以借鉴"交强险"经验，先行出台高风险企业强制保险政策指导意见和实施办法。推行环境污染责任保险或环境风险抵押金并行制度，强化企业环境风险责任。同时，建立部门联动监督机制，强化外部约束力。

■ 高建平委员：发展绿色金融，助力美丽中国

银行业在绿色金融领域要积极探索、创新与作为，希望全社会更加关注并积极推进环境保护与节能减排，共建生态文明。建议从以下几个方面来鼓励和推动绿色金融的进一步发展：一是加快出台绿色金融项目认证规则，统一绿色信贷的统计标准；二是鼓励银行发行专项用于绿色金融业务的金融债；三是完善绿色金融政策环境，对银行制定差别化的监管和激励政策；四是给予财政税收支持，降低商业银行办理绿色金融业务的营业税率以及相关所得税税率，为绿色金融项目贷款进行贴息等；五是建议地方政府建立绿色发展基金或是担保公司，为中小型企业的节能减排项目提供支持。银行要加大对城镇化发展的金融资源投入和服务支持，加大对节能减排、绿色环保、生态文明建设相关领域和项目的金融投入，丰富完善金融服务内容。

■ 陈进行委员：推进脱硝产业化发展

一是在规范核算脱硝设施建设及运营成本的基础上，合理确定其脱硝电价，以弥补改造和运营成本；二是国家给予脱硝改造工程专项资金支持，专款专用，全部返还所缴企业用于脱硝、除尘等设施的改造；三是适时开展火电厂烟气脱硝特许经营，由专业化公司承担脱硝设施的投资、建设、运行及日常管理；四是建立健全配套财税金融政策，加大对作为战略性新兴产业的脱硫、脱硝产业的扶持力度，支持符合条件的环保企业上市融资；五是研究设立脱硝产业投资基金，主要用于脱硝催化剂以及脱硝催化剂失活后续处理和再生等技术的研发，推进原材料实现国产化，降低脱硝成本。

■ 全国工商联：环保未来十年需投 10 万亿元

全国工商联环境商会联合全国人大代表、全国政协委员和部分环保企业家在京发布《就当前环境时局致社会各界的倡议书》，倡议未来十年要确保环保投入占 GDP 比重达到 2%～3%。建议应尽快成立大的资源与环境保护部，统一环境监管治理职能。应该抓紧修订《环境保护法》，以及与大气污染、水污染和固体废物污染相关的环境防治法，加快制定《土壤污染防治法》等法律，制定并完善相关环境标准，完善污染物排放总量控制制度和污染治理特许经营制度。开征二氧化硫税、氮氧化物排放税和工业 COD（化学需氧量）税三个税种。

■ 政协委员王玉锁：天然气价改要循序渐进区别对待

为了有序推进天然气价格改革，促进天然气行业健康发展，加快推动生态文明建设，

建议如下：一是天然气价格改革要循序渐进、区别对待，不同地区、不同行业采取差异化价格；二是同步推动天然气价格改革和天然气行业改革。放开上游天然气进口限制，允许各类资本参与国际市场气源采购；加强中游监管，将具有自然垄断性质的管网、LNG接收站等基础设施独立运营，由能源部门加强监管；三是完善相关能源定价机制，提升天然气价格竞争力。推动煤炭等替代能源价格改革，将环境成本内部化，纳入价格形成机制，推动天然气替代煤炭；以鼓励天然气在系统效率高的分布式能源、价格承受力强的天然气交通等领域的应用，推动天然气消费规模的快速增长，促进能源结构调整和节能减排。

4. 2014 年

■ 台盟党派：加快制定《国家生态补偿法》

近年来，我国在生态建设和环境保护方面取得一些成效，但生态环境状况仍然十分严峻。地下水、森林、矿藏等资源不合理开发利用情况越发严重，生态环境恶化、生态安全风险增高的趋势没有从根本上扭转，粗放经济增长方式仍未改变。特别是生态补偿机制方面因立法相对滞后，部门和单位监管薄弱等原因使生态遭到破坏，带来一系列生态问题。建议国家要尽快制定《国家生态补偿法》，要明确"谁破坏，谁治理、谁赔偿；谁受益，谁补偿；谁保护，谁有偿"的生态环境补偿的基本原则，以此确定补偿的主体、补偿的方式和补偿的资金来源等，确定相关利益主体间的权利义务和保障措施。提案建议：加快建立"环境财政"；完善现行环保税收政策；建立以政府投入为主、全社会支持的生态环境建设投资融资体制；逐步建立市场化生态补偿模式；强化监督制约，加强环境执法能力建设。

■ 潘碧灵委员：完善生态补偿机制，加快生态文明制度建设

生态补偿在协调我国区域间、流域间、产业间的发展上已初见成效，不仅遏制我国生态环境不断恶化的趋势，同时在调节相关利益主体关系，协调区域或部门发展，确保经济社会可持续发展等方面发挥了积极作用。但目前我国生态补偿机制实践仍处于发展初级阶段，尚未建立起一套全面、系统、完善的生态补偿机制和生态补偿政策体系，与国际生态补偿机制、生态文明建设要求、广大人民群众的期盼相比，仍有不少差距和问题。生态补偿常常陷入只说不做、知易行难的困局，特别是跨省、市的生态补偿难以落实，目前全靠各地方自觉。要杜绝这一情况必须完善管理体系、加快出台生态补偿的政策法规，加大生态补偿投入力度、扩大生态补偿适用范围、探索多元生态补偿方式、健全配套制度体系、加强生态补偿管理工作、出台生态补偿政策法规、提升全民生态补偿意识，从"源头"来完善生态补偿机制。

■ 张学勤代表：建议尽快建立生态效益补偿机制

内蒙古大兴安岭国有林区总面积 10.67 万 km²，森林面积 8.28 万 km²，在维护呼伦贝

尔大草原、东北粮食主产区的生态安全方面发挥着重要作用。天保工程二期实施以来，林区的森林面积持续扩大、森林蓄积持续增长、森林覆盖率继续提升。但与此同时，林区面临着成本上升和投入不足的双重压力。国有林区应建立起能够反映生态贡献并具有可持续性的投入机制，建立生态保护效果与投入补偿标准相挂钩的激励评价机制，切实让生态建设工作突出的单位得到肯定和鼓励，激发他们自觉保护生态、兴林富民的主动性和积极性。希望从顶层设计的角度，按照党的十八届三中全会提出的"谁受益、谁补偿"原则，加快完善对重点生态功能区的生态补偿机制。按照"谁污染、谁付费"的原则，加快推行碳排放权交易制度。目前，国内多个城市已经开展碳汇交易试点，碳汇交易正在成为一种新型的交易类型，具有广阔的发展空间。请国家有关部门将内蒙古大兴安岭林区纳入碳汇交易试点范围，使其进入碳汇交易市场，让生态效益尽快转化为经济效益。

■ 民盟中央：建议完善生态补偿机制，增加绿色信贷投放

目前我国生态主体功能区建设问题突出，首先表现在生态补偿机制的不健全。国家补偿机制主要通过生态保护项目实施进行财政转移支付，尚未出台以生态主体功能区为实施主体的财政补助政策或建立补贴专项资金，造成转移支付力度和应用范围与生态主体功能区建设不匹配。另外，金融支持生态主体功能区建设的功能大大削弱。建议需从国家层面制定完善的生态补偿机制，以市场为必要补充，增加绿色信贷投放。提高国家补偿标准。具体而言，财政部可牵头建立横向转移支付机构，以生态环境指标测算转移支付标准，建立生态补偿横向转移支付制度；中国人民银行总行出台《金融支持生态主体功能区产业及绿色经济发展指导目录》，将全国性绿色信贷和省级"鼓励类"产业及项目的执行情况纳入中国人民银行对相应金融机构的综合评价体系。

■ 罗霞代表：拓宽融资渠道，建立合理的资源有偿使用和生态补偿制度

石油、煤炭等稀缺资源的大面积使用，衍生了雾霾、烟霾等大气灾害，空气质量已成为影响居民健康生活的关键因素。因此，建议建立资源有偿使用和生态补偿法规，保障制度顺利开展。完善融资体制，拓宽融资渠道。鼓励企业以捐赠等形式将资金投入到生态环境建设中来，鼓励民间捐赠与资助，可考虑发行资源有偿使用和生态补偿基金彩票。

■ 广西代表团：建议尽快建立跨区域生态补偿机制

广西背靠大西南，毗邻粤港澳，全区 80%以上的国土面积、90%以上的天然林和水源涵养林，处于珠江的西江流域，境内珠江流域面积占珠江流域总面积的 44.6%，是维系珠江下游特别是粤港澳地区生态安全的重要屏障。为当好这道"生态屏障"，广西不少地方做出了巨大牺牲。建议国家支持广西生态补偿机制建设，建立健全生态保护者和生态受益者之间公平利益分配机制，让生态保护地区的乡亲，不再捧着"金碗"受穷。要完善生态补偿机制的顶层设计，抓紧制定出台《关于建立健全生态补偿机制的若干意见》，适时研究制定生态补偿条例，从法律上明确生态补偿责任和各生态主体的义务，明确生

态补偿的内涵、依据、范围、标准和方式等，不断完善绿色信贷、绿色税收、绿色保险、生态移民、林农粮补等环境经济政策；建立生态资源保护的受益者直接补偿体系。比如从依托公益林景观事业的旅游部门经营收入、内河航运以及水力发电等企业营业收入中提取一定比例的资金，用于该区域的生态效益补偿；探索水权和水市场交易等市场化的生态补偿模式，鼓励上下游之间建立水资源有偿使用的机制；相关部委牵头，建立跨省生态补偿协调机制，加大下游发达和受益的珠三角地区对上游欠发达的公益林保护区的补偿力度。同时，建立压咸补淡应急调水补偿机制，通过电量补偿或经济补偿等方式对调水地区进行适当的补偿。

■ 民建中央：建立耕地生态补偿机制，推动农业发展方式转变

目前全国耕种土地面积的 10% 以上已受重金属污染，许多地区"良田"变为"毒地"。不仅如此，还有大量的有机污染物，包括大气、水体及其他所有污染的绝大部分，最终都会回归土地，污染土壤及耕地。建议加快生态补偿立法，将耕地生态补偿纳入 2010 年国务院组织起草的《生态补偿条例》草案调整范围，在该条例中增加对耕地生态补偿的基本内容及相关配套制度措施等具体规定；建立耕地生态补偿基金，将耕地补偿基金用于预防出现新"毒地"、修复现有"毒耕地"以及救济"毒地"损害；鼓励受害粮农自救与互助，转变农业发展方式，发展生态农业和循环农业。

■ 杨慧代表：健全完善退耕还湿补偿机制

随着经济社会的发展和气候条件变化，京南华北平原区的湿地资源逐步减少。河北在全国属水资源匮乏地区，衡水在河北又是水资源最匮乏地区之一。由于多年严重超采，冀枣衡地下水漏斗区目前已覆盖到全市范围，并与周边德州、邢台、沧州、天津的漏斗区相连，形成一个面积 4.4 万 km^2、中心水位埋深 112 m 的世界罕见的复合型漏斗，不仅造成了严重的生态问题，而且对农业特别是小麦等作物的可持续生产带来威胁。建议健全完善退耕还湿补偿机制。从衡水湖的情况看，在恢复和保护过程中，国家和省政府都给予了工程投资支持，但对退耕还湿的农民占地没有单独补偿，现在只是地方每年每亩补助 200 元，随着农民土地收益的增加，退耕还湿的农民补偿问题逐步凸显。建议国家参照并高于退耕还林政策对退耕还湿制定相应的补偿标准，更好地保障农民群众切身利益，推动退耕还湿工作开展。

■ 王福耀委员：建议在川西北地区实行退耕还林

实施退耕还林是党中央、国务院为改善生态环境作出的重大决策。自 1999 年开始试点以来，工程区林草植被迅速增加，生态环境明显改善，补贴政策深入人心，受到了广大群众的拥护和支持。川西北地区是发展相对滞后地区，也是重点生态功能区，在涵养水源、蓄洪防旱、调节气候、保护生物多样性等方面发挥着极其重要的作用。为进一步加强川西北地区生态保护与建设，充分发挥其重点生态功能区的作用，建议率先在川西北地区实施新一轮退耕还林工程，将耕作半径较大的耕地纳入退耕范畴，以县为单位相

对集中安排。同时，在政策、计划、项目等方面向高海拔地区、高寒生态脆弱区倾斜。同时，提高退耕还林政策补助标准，延长补助年限。以粮食实物兑现补助或将补助标准提高至 500 元/亩。同时，将还生态林补助年限延长至 30 年以上，还经济林补助年限延长至 20 年以上，或建立永久性补偿机制，确保退耕还林工程建设成果得到有效巩固。

■ 张天任委员：健全源头水生态补偿长效机制

中国生态补偿长效机制尚未根本确立，应加快推进生态补偿立法，顶层设计逐步形成完整且更具法规功能的生态补偿条例和实施细则；建议不断创新生态补偿科学方法，将生态补偿纳入省财政的一般性转移支付制度，建立水资源费征收返还机制；建立完善生态补偿长效机制，严格考核各财政专项补偿资金的使用绩效，更好地发挥财政生态补偿金的激励和引导作用。

■ 张全代表：建议探索流域上下游生态补偿机制

从 2008 年《水污染防治法》修订实施以来，我国的水污染防治工作取得了较大进步，但水环境恶化趋势未得到根本遏制。建议成立国家层面的领域管理委员会，通过立法建立流域间的协同合作长效机制；探索在流域上下游之间通过财政转移支付等方式建立生态补偿机制，以跨地区界断面的水质监测数据为依据，确定一个具体水质标准，上游水质好于这一水质标准的，下游给予上游补偿；上游水质劣于这一水质标准的，上游给予下游补偿。

■ 朱奕龙委员：建立黄河中上游水环境保护生态补偿机制

宁夏地处黄河中上游，在保护黄河方面所承担的责任和付出更大、更多。从 2007 年开始，宁夏就先后投入上百亿资金，对上百家企业水污染项目进行集中治理，成为全国重点流域省区水质改善较快的省区之一。宁夏担负维护我国生态安全和黄河流域水质安全的重任。如果仅凭宁夏自身实力，很难完成重大投入和根本性治理目标。黄河中上游环境治理方面成绩突出，投入巨资，其实惠及的是黄河中下游，甚至是大半个中国国土的面积。建议国家在保护黄河水质安全方面安排专项资金，在黄河中上游地区建立黄河流域水环境保护生态补偿机制的试点工作，用上游保下游水质、下游补上游收益的市场机制，平衡投资与受益的关系，使"谁受益，谁补偿"原则变成制度，让行政的手和市场的手同时发挥作用，保证国家在向污染宣战中取得决定性胜利。

■ 民革中央：建立完善三峡库区农业面源污染控制的生态补偿制度体系

三峡库区生态环境建设与保护是三峡工程后续建设工作的三大重点任务之一。作为一项复杂的系统工程，三峡库区农业面源污染控制的生态补偿制度体系的建立和完善，应当根据其生态系统服务价值、生态环境保护成本、发展机会成本等，综合应用行政、法律和经济手段，以调整生态环境保护和建设相关各方之间的利益关系。建议建立和完善三峡库区农业面源污染监测制度；建立和完善与当前财政体制相适应的三峡库区资金安排制度；建立和完善三峡库区农业面源污染控制的生态补偿协调与协商机制；建立和完善三峡库区农业面源污染控制的生态补偿监督与保障机制。

■ 张洪委员：发行生态环境彩票，创新三峡库区生态补偿机制

三峡库区是长江流域重要的生态屏障，也是国家战略性淡水资源库，在生产国家必需生态产品方面具有重要且不可替代的地位。但是，三峡库区生态退化趋势明显，生态产品的生产能力受到极大制约。建议发行三峡库区生态环境彩票，所筹集的资金专门用于生态环境保护。并结合市场机制和财政转移机制，创新生态补偿制度，将三峡库区基本公共服务供给纳入国家财政预算，健全财政保障制度，实现公共服务均等化。同时建立生态产品交易机制，实现生态产品市场价值。把三峡库区纳入生态补偿优先示范区。增加退耕还林还草面积，延长三峡库区退耕还林补偿时段。

■ 常海霞代表：建议建立祁连山生态补偿机制

尽管这几年国家逐步加大祁连山生态治理，但祁连山生态局部好转、整体恶化的趋势没有改变。随着人口的不断增长、受超载放牧、垦荒种地、采矿探矿、劈山修路和管理缺失等多种因素的影响，祁连山水源涵养区出现了冰川退缩、雪线上移、植被退化、水源涵养功能减弱、水土流失加剧等诸多问题。建议尽快建立祁连山生态功能区补偿机制，把天然林管护、天然草场、水资源、矿产资源开发、生产资料全部纳入补偿机制。将牧民从生态区搬出来集中定居，其中一部分转化为生态管护员，另一部分支持其发展旅游及舍饲养殖等产业，莫让"绿色水塔"失色。

■ 天津代表团：完善排污收费制度，改善环境空气质量

自 2000 年修订之后，《大气污染防治法》发挥了重要的作用。但当下所面临的新形势是，此法已难以适应区域性、复合性大气污染防治的需求。主要表现在大气污染防治职责设定不明，协同协作机制缺乏可操作性；区域联防联控、总量控制、预警应急等制度亟需法律依据；违法成本低、守法成本高，法律责任缺乏威慑力度；缺乏经济激励机制，企业治污积极性不高等方面。议案提出，要大幅提高违法企业的处罚额度，适当简化执法程序，缩短处罚的周期，实施"按日累计罚款"。要进一步完善排污收费制度，实施梯级收费措施，促使企业采取先进的生产工艺和污染防治技术，淘汰技术落后产能，提高企业深度污染治理的积极性。要明确促进环保科技和环保产业发展的经济制度，鼓励和支持大气污染防治基础科学和应用技术的研究，鼓励先进适用的大气污染防治技术的推广和应用，引导市场投资向环保产业倾斜，推动绿色信贷的发展等。

■ 张福利代表：建议平衡冀北地区工商业电价，缓解大气污染

当前，我国正处于经济发展转型、产业结构调整的特殊时期，随着工业化、城镇化进程的深入推进，能源资源消耗持续增加，在传统煤烟型污染尚未得到有效控制的情况下，以细微颗粒物（PM$_{2.5}$）为主要特征的区域性、复合型大气污染日益突出，大气环境形势严峻。特别是京津冀地区，由于城市密集和区域内发展不平衡，导致高能耗企业环首都高度聚集，这成为京津冀地区强雾霾天气频发的重要原因。而工业电价水平较低、

电价补贴机制不健全又成为高能耗企业环首都高度聚集的根源所在。针对上述情况,建议以省内南北网购售价差水平相当为原则,提高冀北地区销售电价水平,特别是大工业及一般工商业电价,促进冀北地区销售电价与周边地区接轨,以合理平衡河北省经济发展布局,促进产业结构优化调整,缓解大气污染现状。同时,研究制定适用于风电等清洁能源大规模集中外送通道建设工程投资回报机制,完善价格补偿机制,保障清洁能源的持续健康发展,推动实现"以电代煤、以电代油、电从远方来",减少京津冀地区燃煤消费量,从根本上缓解大气污染问题。

■ 张庆军代表:建议对电动车充电电价进行优惠,扶持新能源汽车

国家近期明确了新一轮新能源汽车推广应用补贴政策和示范城市,推进新能源汽车推广应用。截至 2013 年年底,合肥市推广应用新能源汽车 8 813 辆,其中九成以上是纯电动汽车。但是,合肥在新能源汽车推广过程中,主要遇到以下三方面问题:一是在国家现行电价政策下,电动汽车的运营成本相对较高。按国家现行电价政策,电动公交车充电价格归类为"一般工商业用电及其他"。目前电动公交车购置成本较高,扣除国家财政补贴后,经测算,在现行电价政策下,电动公交车年运营成本比燃油公交车高出约 1.2 万元。二是新能源汽车未享受燃油车的"燃油补贴"待遇。按照国家财政部《城乡道路客运成品油价格补助专项资金管理暂行办法》,中央财政给予燃油公交车、出租车燃油补贴。电动公交车、出租车暂不享受传统燃油车的成品油价格补助。三是国家对新能源汽车充电基础设施补贴尚未明确。现阶段,充电基础设施投资成本高,收回投资成本周期长。建议由国家发展改革委制定全国统一的电动公交车、出租车充电电价,并予以优惠;给予电动公交车、出租车与传统燃油车"同等待遇",按照《城乡道路客运成品油价格补助专项资金管理暂行办法》的补贴标准,对电动公交车、出租车予以补助;由国家财政部牵头制定电动汽车充电基础设施的补贴和奖励政策,以此进一步加大新能源汽车政策扶持。

■ 南存辉委员:对分布式光伏发电进行补贴,发展清洁能源

做好家庭用户减负与监管机制的结合。针对家庭用户所反映的一次性投入成本过高的情况,在现有国家按电量补贴的方法基础上标准为每千瓦时 0.42 元人民币,配套初装费用补贴包括设备补贴和工程补贴,可按装机容量不同采用阶梯补贴方式,鼓励家庭高效率使用屋顶资源。在减轻家庭用户负担的同时,便捷高效地解决家庭用户补贴的申报和拨付等工作,缩短成本回收期,提高申请积极性。

■ 孙丹萍委员:实施差别电价,推广分布式光伏

要加大非化石能源的供应,一方面是可再生能源和新能源装机容量的增加;另一方面是电网方面硬件和软件的增加。在提高能源利用效率方面,提议我国可实施强制关停部分高耗能企业和使用节能产品;出台电价调整方案,扩大差别电价实施范围和力度,实施鼓励可再生能源发展的电价政策;对项目建设实行更加严格的能耗、水耗、环境、资源综合利用标准,建立项目能耗评估制度;在各地方建立节能专项资金,制定能耗超

限额加价的政策。

■ 李河君委员：完善分布式度电补贴政策

建议中央政府要完善度电补贴政策，免除光伏发电企业的一切税收和行政事业收费，地方政府要积极配合中央政府加大补贴力度。现行度电补贴水平是影响分布式电站大规模发展的关键所在。度电补贴的初衷主要是鼓励自发自用，而现行采购电价加上 0.42 元/（kW·h）度电补贴的最终电价成为衡量光伏发电效益的标准。如果所建设的分布式光伏发电全部按照火电脱硫电价加上 0.42 元补贴卖给供电部门，14 省（市）的平均上网电价将在 0.9 元/（kW·h）左右。

■ 刘汉元委员：强化完善分布式发电补贴与金融配套政策

国家发展改革委、能源局出台了很好的扶持政策，但由于各省均未出台具体备案办法，所以市、县级管理部门在遇到分布式光伏项目申报、备案、并网时，各地的理解和把握就出现较大偏差，项目就难以继续推进。在电网接入方面，电网企业将权力下放，但其地市级公司技术、经验和管理能力不足，极大地拉长了并网周期。由于各地缺乏统一规范的备案与申报流程，有些地方电网公司要求发展改革委先出具备案文件，而发展改革委要求电网公司先出具接入方案，二者相互扯皮推诿，使用户在分布式发电并网及补贴申报中无所适从。建议充分考虑地面、水面、屋顶等不同的建设环境，对农业、渔业等复杂环境下电站建设新增或完善补贴政策。通过政策细化和落地，切实推动电网公司及各参与主体增强发展积极性，自觉加大对国家政策的执行力度。光伏发电金融方面，建议重点优势企业出台特殊金融支撑政策、以创新金融方式扩大光伏市场融资渠道、以国家开发银行为承接主体积极落实金融配套政策。

■ 九三学社中央：确定合理水价，大力发展水资源再生利用

根据国家住房和城乡建设部《关于全国城镇污水处理设施 2013 年第一季度建设和运行情况的通报》显示，截至 2013 年 3 月底，全国设市城市、县累计建成城镇污水处理厂 3 451 座，污水处理能力约 1.45 亿 m^3/d，较 2012 年年底新增污水处理厂 111 座，新增处理能力约 300 万 m^3/d。从理论上说，污水的处理量，就相当于再生水的生产量。这么大的再生水量，被城市利用的却很少。

为提高水资源再生利用率，建议：确定合理的水价促进水资源再生利用。要合理确定水资源费与城市供水价格，科学制定污水处理费及再生水价格，使再生水与自来水之间有较大的差价，发挥经济杠杆作用，培育市场，增强使用再生水的内生动力。

■ 宋伟代表：提高排海企业排污成本，保护海洋环境

随着我国对海洋资源开发强度以及海岸工程建设力度的不断加大，近岸海域环境质量不容乐观。海洋环境保护法在海洋油污防治和陆源污染防治方面，逐渐暴露出许多有待完善的方面，需要加快修订。主要表现在：罚款标准亟待提高；沿海地区城镇污水处理企业法律责任亟待明确；民事赔偿责任制度亟待建立。

建议：提高海洋环境污染的违法成本。建议提高罚款额度，提高违法行为的罚款上限。弥补对间接排海企业法律责任认定的缺陷。建议参照 2008 年修订的水污染防治法的有关规定，明确"向排海的城镇污水集中处理设施排放水污染物，应当符合国家或者地方规定的水污染物排放标准"的禁则，以及违反本法规定，排放水污染物超过国家或者地方规定的水污染物排放标准，或者超过重点水污染物排放总量控制指标的，由县级以上人民政府环境保护主管部门按照权限责令限期治理，处应缴纳排污费数额二倍以上五倍以下的罚款。

■ **民建中央：拓宽环保产业投融资渠道，大力发展环保产业**

作为国家战略性新兴产业之首，环保产业面临前所未有的黄金发展期，在"十二五"期间预计将保持 12%～15%的增速。不过，调研发现，《中华人民共和国环境保护法》是1989 年修订的，处罚条款弱，违法成本低，守法成本高，已不能适应产业发展的需要。去年 10 月底，环保法修订草案提请全国人大常委会三审，但会议未就草案修改进行最后表决。提案就此建议"尽快推出"，进一步明确环保产业在环境保护、生态文明建设中的地位和作用；同时尽快出台《排污许可证管理条例》，加强和规范污染源环境监管，提高超标排放惩罚力度。

另外，调研还发现，环保企业以中小型企业为主，产业集聚度不高，没有形成规模效应，融资难问题比较突出。建议拓宽环保企业融资渠道。具体而言，一是推广发展项目融资、融资租赁，积极发展债权融资。二是加大金融机构信贷力度。采用政府贴息等方式，鼓励银行业金融机构投资环保产业；探索将特许经营权、收费权等纳入贷款抵押担保物范围。三是积极利用国际资本，继续加强与世界银行、亚洲开发银行等国际金融组织合作，申请环保产业项目专项贷款。

■ **全国工商联环境商会：建立专项资金，推进环境污染第三方治理**

独立运营、自负盈亏并对企业排污直接负责的环保企业第三方治理模式，对于解决企业违规排污问题具有很好的作用。国际上，工业减排普遍采用第三方治理模式，即排污企业以合同的形式通过付费将产生的污染交由专业化环保公司治理。采用第三方治理模式，一方面排污企业由于采用专业化治理降低了治理成本，提高了达标排放率；另一方面政府执法部门由于监管对象集中可控而降低了执法成本；此外，还刺激了环保企业和产业的发展。去年 12 月，珠海启动了推行环境污染第三方治理的立法进程。

建议：设立清洁水和清洁空气基金。国家从排污收费、专项污染治理资金、国有资产拍卖资金中拿出一部分设立清洁水和清洁空气基金。基金采取无息或低息贷款方式，贷款期限适当延长，以适应污染治理项目周期长的特点。前期通过试点运行方式，获得较好的反馈后再大范围推广。引入第三方中介支付机构，上游企业先将治污费用存入中介机构，待确认环保公司达标排放后，再由中介机构将治污费转给环保公司。

■ **台盟中央：设立三峡水库生态涵养发展区专项基金**

建议将长江上游三峡水源来源地界定为"生态涵养发展区"，并从国家层面设立三峡水库生态涵养发展区专项基金（中央财政补助资金和在三峡水电建设资金、三峡总公司发电收入、中央财政从长江中下游及南水北调等受惠地区上缴的财政收入中按一定比例提取）。基金主要用于：建设生态屏障、发展生态经济、建立涵养扶贫、加快生态涵养旅游区建设、加强森林资源保护、加大治污补贴、补贴地方财政。

■ 尼玛卓玛等代表：建立专项资金，加大对三江源国家生态保护综合试验区保护力度

尼玛卓玛、诺尔德、王玉虎等青海省代表在全国"两会"上建议，国家应加大对三江源国家生态保护综合试验区设立生态管护公益岗位支持力度。按照"小财政、大民生"原则和先行先试要求，2011 年青海省在达日、玛沁、治多等县开展三江源地区草原管护公益性岗位试点工作。草原生态管护工作得到明显加强。但由于青海省地方财政困难，安排的草原生态管护员数量较少，远不能满足生态管护工作的需要。为稳妥推进设置生态管护公益岗位工作，三江源地区生态管护公益岗位按草原、森林、湿地三类设置，共需设 7.82 万个生态管护公益岗位，每年所需资金仅靠青海省财政是无法实现的，必须得到中央财政支持。建议中央财政设立三江源试验区生态管护公益岗位专项资金，逐年增加，支持设置生态管护公益岗位，为巩固提高生态保护和建设成果提供支撑。

■ 孙太利委员：建议中央安排专项资金治理大气污染

去年以来，国务院和地方政府出台了一系列关于防治大气污染的政策、条例等。但是在贯彻执行中，一些地方、一些部门责任不到位，执行不到位，使大气污染治理见效慢，雾霾依然严重。建议中央政府安排专项资金治理大气污染。通过国家的投入，带动地方的投入，企业的投入，社会的投入。

■ 邓辉代表：建立专项资金，完善城乡一体化的垃圾处理网络

近年来，随着国家对"三农"问题重视程度的加深，农村发展迅速，农民持续增收，老百姓的日子红火起来了，但垃圾围村却成为困扰农村发展的一个顽疾。建议：从国家层面加大对农村垃圾处理工作的资金投放力度，重点照顾偏远地区、经济欠发达地区和革命老区，确保这些财政实力不够雄厚的地区有钱办事。应完善城乡一体化的垃圾处理网络，在每个村庄设立固定的垃圾收集场所，建立村级垃圾处理站或转运站，形成"农户分类、村里收集、乡镇清运、县市处置"的工作格局，提高农村垃圾收集率、清运率、处理率，坚决杜绝将农村生活垃圾向沿河倾倒现象的发生。由政府聘请有劳动能力的低保户等人员，建立专门的保洁工作队伍既增加了低收入人群的收入，也提高了农村垃圾处理的专业水平。

■ 环境商会：建议设立垃圾飞灰处理专项扶持资金

飞灰于 2008 年就被列入《国家危险废物名录》。由于处理成本很高以及缺乏规范的市场和严格的监管，截至目前，全国也仅有少数几座城市在进行垃圾焚烧飞灰处理。建议：建立各级财政专项资金对飞灰处理的激励和补贴机制。将飞灰处理成本计入垃圾焚

烧补贴或进行专项补贴；将企业收益与飞灰等处理处置是否达标挂钩。提高社会居民垃圾处理费收缴率，适当提高收费标准。相关部门应督促所有城市均开征垃圾处理费。如推广垃圾处理费与水费、电费、燃气费等捆绑收取制度或委托代收。各地根据实际情况确定合理收费标准。

■ 民进中央：建议完善林业贴息贷款政策

目前，林业贴息贷款政策面临的主要问题有：林业贴息贷款规模小；贷款期限短；贷款利率高。极大地加重了林农的经济负担，严重影响了贷款造林的积极性；贴息范围有待进一步扩大。建议：增加中央财政林业贷款贴息预算规模，按照每年不低于 20%的速度，逐年扩大林业贷款中央财政贴息资金预算规模；扩大贴息范围，将林业专业合作社、家庭林场等新型林业生产经营主体的林业种植和林下经济项目纳入贴息范围；提高中央财政贴息率，由现行的 3%提高到 5%以及加快建立林业信贷产品。

■ 胡翎代表：向传统能源征收碳排放税和资源税，大力发展新能源产业

目前，新能源产业在发展过程中面临着诸多困境。其中包括开发利用成本高，资源分散、规模小，宏观政策支持力度不够，融资渠道不畅，产业链尚不完整，不能大规模储存等，无法实现较快发展。建议向传统能源征收碳排放和资源税，使传统能源和清洁能源的成本一致。在此基础上，通过降低企业所得税补偿企业的用电成本，减少能耗低且盈利较好的新能源企业对电价上涨的影响。社保基金投资新能源领域，既可解决发展新能源产业的资金问题，也可解决社保基金的保值、增值问题。

■ 王福耀委员：建议对重点生态功能区实行差别化税收

对如阿坝州一类集重点生态功能区、民族地区、贫困地区和地震灾区于一体的特殊地区实行差别化税收政策。一是将地区企业所得税共享的中央部分全额留地方政府。二是开征环境保护税，改革资源税，扩大资源税征税范围，加大自然资源保护力度，维护资源所在地的利益。将环境保护税与资源税改革进行综合考虑，实行资源有偿使用制度和生态补偿制，逐步将资源税扩展到占用各种自然生态资源，并实行从价计征。

■ 环境商会：建议完善环境基础设施运营企业税收优惠政策

针对专业从事环境基础设施投资运营企业，环境商会建议采取以下税收优惠政策。第一，减按 15%的税率征收环保企业所得税。环境基础设施投资运营企业所得税税率，比照高新技术企业减按 15%的税率征收。第二，调整"三免三减半"为"五免五减半"优惠政策。企业从事符合条件的环境保护、节能节水项目的所得，自项目取得第一笔生产经营收入所属纳税年度起五年内免征所得税，第六年至第十年减半征收企业所得税。第三，比照国家财政部门拨付事业经费的单位免征房产税和土地使用税的政策，建议免征污水处理、固体废物处理、大气治理等环境基础设施投资运营企业的生产经营性用房及所占土地的房产税和土地使用税。

■ 董大胜委员：完善矿产资源税费制度

近几年，我国经济的持续增长消耗了大量的矿产资源，也带动了矿业权交易的高度活跃。审计发现，目前在矿产资源管理中主要存在两个问题。一是在矿业权的出让转让中，国有资产流失问题严重，腐败犯罪问题多发。二是部分地区矿山开发"小、散、乱"的格局尚未根本扭转，部分矿山的资源开发效率不高，严重破坏环境。对矿产资源管理重视程度不够、有关制度不健全、执行制度不严格是出现上述问题的重要原因。建议完善矿产资源税费制度，应提高矿业权使用费和矿产资源最低勘查投入标准，完善矿山环境恢复治理制度，加强对矿业权人实际勘查投入和履行生态环境保护责任情况的监管；提高资源税和矿产资源补偿费征收标准，并与储量消耗挂钩，以经济手段引导矿业权人集约利用资源。

■ 贾康委员：将资源税覆盖到煤炭行业

造成目前环境问题的重大原因之一就是来自机制性的资源粗放，低消耗用，必须依靠配套改革中形成经济手段为主的长效机制来化解。下一阶段极有必要积极推进从资源税改革切入、逼迫电力价格和电力部门系统化改革，并进而引发地方税体系和分税制制度建设来助益市场经济新境界的新一轮税价财联动改革。新一轮价税财配套改革的一大关键是抓住我国煤炭市场价格走低的宝贵时间窗口，推出将资源税"从量"变"从价"机制覆盖到煤炭的改革。这新一轮"价税财联动"配套改革，通过理顺我国基础能源比价关系，同时"冲破利益固化藩篱"使资源、能源价格形成机制顺应市场经济，从而在配合地方税体系建设等财政体制深化改革任务的同时，形成法治化框架下有规范性和可预期性的经济调节手段为主的制度体系与运行机制。

■ 方方委员：建立全国性碳排放市场

中国在 7 个城市进行了试点实验，在试点城市尽快建立一个全国性的、统一的碳排放市场，真正通过市场的手段来推动节能减排。

■ 台盟党派：加大排污权交易市场建设

如何实现城镇化与工业化、信息化、农业现代化的深度融合、良性互动、相互协调、科学发展，必须通过运用有效的市场经济手段建立治污的惩罚和激励机制。城镇化建设需要走绿色发展之路，我国应加大排污权交易市场体系建设，助推城镇化绿色发展。建议：推进低碳经济绿色发展、循环发展，以促进改善生态环境质量为导向的环境管理战略转型；完善污染物排放许可制，可进行排污权的有偿转让或变更活动，建立完善新排污权交易政策、市场体系和高效的市场运行机制；政府可通过市场购买民间资本的产品服务而获得城镇环境治理的公共服务产品；应建立完善有利于环境治理企业自我发展的财税政策体系。

5. 2015 年

■ 农工党中央：设立京津冀协同发展生态环境保护基金

可参照对口援藏、援疆模式，实施"京津援冀治污工程"。按照共同而又公平分担的原则，由中央财政资金引导，京津冀共同出资设立京津冀协同发展生态环境保护基金，采取资金、技术、人力、项目等不同方式重点援冀，努力确保三地特别是河北省污染物治理任务如期完成、区域环境质量同步改善。资金规模设定为 300 亿元右。其资金来源可以有以下几种选择：一是由中央财政拨款；二是按照共同又有区别的原则，由京津冀协商按一定比例出资，京津应承担主要部分；三是由社会投入和社会捐赠；四是在京津冀设立专门的生态环保附加费，如电力、燃油附加费等。

■ 贾康委员：雾霾问题凸显，应尽快开征环境税

尽管我国在改善环境方面采取一系列政策措施，但仍存在突出问题。以雾霾等为代表的资源环境危机因素继续凸显，经济增长、民生改善和环境保护之间如何协调亟待解决，而目前单纯依靠传统的行政干预方法已经明显不足以解决现阶段面临的这些突出问题。必须出台更合理更全面的政策，包括财税政策等经济杠杆调节手段。目前尚未设立专门的环境税种，现行的环保排污收费政策征收标准偏低，范围过窄，整体环境税收政策缺乏系统性，环保效果不显著，在一定程度上与此有关。而以环境税和税制绿化为代表的绿色财税制度改革是必然选择。要加快环境税立法，按照财税改革的部署开征环境税。建议在保持宏观税负稳定的前提下，一方面进行结构性减税，选择一些特定税种削减其税负水平，比如增值税和企业所得税等；另一方面通过结构性加税，即开征环境税弥补减税带来的税收收入减少。

■ 刘正军代表：建议尽快设立耕地修复基金

2014 年 12 月，农业部发布了《关于全国耕地质量等级情况的公报》，我国现有耕地中，中低产田占耕地总面积的 70%，耕地退化面积占耕地总面积的 40% 以上。总体来看，耕地质量问题突出，保障国家粮食安全和农产品质量安全面临严峻挑战。

在土壤污染防治中，耕地污染治理和修复的难度更大，具有成本高、周期长的特点，在加大污染耕地修复治理工作力度的过程中，必须依靠社会的力量，尤其是发挥环保企业在土壤治理方面的专业经验和技术优势。政府采用环境绩效合同服务等方式引入第三方治理，开展综合环境服务，打破以项目为单位的分散运营模式，采取打捆方式引入第三方进行整体式设计、模块化建设、一体化运营。对环境绩效合同服务类项目，建立公平、合理的绩效考核和评价机制，公共财政支付水平与治理绩效挂钩。

耕地修复由于其特殊性，不可能像场地修复后用于商用土地，从而快速实现成本的回收与盈利，这也就更加突出了建立新型融资模式的紧急性和迫切性。可以借鉴参考美国的超级基金做法。从政府财政拨款中拿出一部分，再吸引一部分社会资金，设立耕地修复基金，基金采取无息或低息贷款方式，贷款期限适当延长，以适应耕地修复治理项

目周期长的特点。基金可以优先贷款给实施污染耕地治理的环保企业，以推动污染耕地治理。

■ 张天任代表：建议免征或减征电池消费税

1月26日，财政部、国家税务总局联合下发了《关于对电池涂料征收消费税的通知》（财税〔2015〕16号），指出："自2015年2月1日起，将对各类电池征收消费税（部分电池免征），在生产、委托加工和进口环节征收，适用税率均为4%；铅蓄电池自2016年1月1日起征收。"由于过去近二十年电池产业的高速、低成本扩张，国内电池工业产能目前处于较严重过剩，加上国外品牌参与国内市场竞争，整个电池行业的竞争异常激烈，企业盈利水平低，行业基本处于微利经营的整体困难局面。统计显示，2014年全国电池行业主营收入平均利润率仅为4.37%，比全国轻工业平均利润率低约50%。

一些大型企业由于持续的技术装备、环保设施升级，投入大、环保设施运行费用高等因素，部分企业甚至处于亏损状态。目前，全行业亏损面继续加大，亏损额明显上升，其中大中型企业的亏损额占了68%；从行业龙头企业和国有企业2014年的业绩看，多处于微利状态，如果再征收4%的消费税，将造成国内电池工业，特别是大中型骨干企业面临被压垮的局面，不仅会使相关电池企业陷入严重的生存危机，也将严重影响到中国电池在国际市场中的竞争地位，遏制民族电池工业的健康持续发展。

电池大多为消费类产品，直接面对消费市场的部分小规模企业，因可不开具发票而不用缴纳消费税。在现有市场环境下，消费税征收率越高，非规范企业的竞争优势越强，势必会刺激小型企业的产品鱼目混珠，产生劣币驱逐良币的现象。征收消费税的政策客观上更支持了小规模企业和非规范企业的发展，对大型骨干企业的健康发展更加显失公平。征收消费税，也会导致税负最终由消费者分摊，现在骑电动车的人大多是中低收入的人群，企业如果把税负考虑进去，加价的话，就要增加这些消费者的负担。

在当前国家战略竞争和产业全球竞争这个关键发展阶段，全行业处于微利和亏损的情况下，征收消费税不利于行业的健康和可持续发展，也缺乏可操作性，建议免征或缓征电池消费税，在条件成熟时再考虑择机出台。退而求其次，建议调低电池消费税征收税率（1%～2%），以缓解目前民族电池工业国际竞争优势不强、行业规模骨干企业普遍盈利太低、亏损加大的实际状况。

■ 潘碧灵委员：将"绿心"纳入国家重点生态功能区生态补偿范围

长株潭城市群生态"绿心"地区地处长沙、株洲、湘潭三市结合部，分为禁止开发区、限制开发区和控制建设区。"绿心"禁止开发区内以生态修复、生态服务为主，只能从事生态建设、景观保护、土地整理和必要的公益设施建设，严禁其他项目建设；限制开发区只能发展高端、低碳的第一、第三产业，禁止发展第二产业；控制建设区采取发展提升策略，以解决"绿心"禁止开发区内原住民的外迁、居住、生活和就业问题。

长株潭城市群"绿心"保护工作仍存在不少困难和问题，主要是生态基础设施薄弱、毁绿现象依然存在，房地产过度开发，高速铁路、城际铁路、高速公路、高等级公路等交通建设分割"绿心"。当地部分村集体和群众认为,"绿心"地区开发建设的严格限制,影响了经济发展,因而对"绿心"保护积极性不高,乱砍滥伐、毁林建坟、采砂采石等现象时有发生。建议财政部、环保部等相关部委,将长株潭城市群"绿心"地区作为一个单独的行政单元纳入全国重点生态功能区生态补偿范围,在财政转移支付资金上予以支持,用于"绿心"地区环保基础设施建设,加强生态建设和环境保护,对"绿心"地区的地方政府及居民给予一定补偿,提高生态公益林补助标准,促进区域经济社会发展与人口、资源、环境相协调,走出一条有别于传统模式的生态文明新路。

■ 工商联:城镇污水设施建设运作采取以效果为导向的合同环境服务模式

城镇污水处理是一项符合政府采购范围的公共服务,可以按照环境保护部当前大力推行的以效果为导向的合同环境服务模式来运作。该模式由环保企业提供投资、建设污染治理设施,并由其运营,而政府与企业签署合同购买环保服务。该合同以水质指标的质和量为合同标的。在具体操作中,可根据主要的环境问题及环境目标选择技术,签署环境服务合同。

■ 全国工商联:进一步完善环境基础设施领域 PPP 模式

20 世纪 80 年代,我国开始应用 PPP(Public—Private—Partnership)模式吸收市场资金加大对基础设施领域的投资。2002 年建设部发布《关于加快市政公用行业市场化进程的意见》等文件,促进了水务和垃圾处理领域 PPP 模式的应用。但由于模式不完善、配套措施不健全等多方面原因,2007 年前后 PPP 在我国的发展遭遇"瓶颈"。近年,随着经济形势的转变,公用产品和服务对质量、效率的要求进一步提高,政府财政无法满足基础设施投资的需求,再次促进了 PPP 模式在基础设施投资建设领域的应用。

在过去的二三十年,我国积极尝试以 PPP 模式来发展基础设施以及市政公共事业,但 PPP 模式并没有得到良好的发展,究其原因主要如下:一是法律保障体系不健全。我国在 PPP 领域的法律法规建设还处于初级阶段,相关法规的效力层级不高,法规分散化、职能重叠、交叉适用现象严重,整个 PPP 行业缺乏完整的法律体系。特别是地方政府由于换届或历史遗留问题而朝令夕改,颁布、修订、重新诠释法律或规定导致项目的合法性、市场需求、产品/服务收费、合同协议的有效性发生变化等多种情况的出现,加大了 PPP 对法律保障体系的需求程度。二是项目决策机制不完善。目前我国 PPP 项目主管部门繁多、政府部门权责划分不清、决策程序不规范等问题,导致项目审批程序复杂,项目决策、管理和实施效率低下。如青岛某污水处理项目前期,政府对市场价格的了解和 PPP 模式的认识有限,频繁转变对项目的态度,最终导致合同经很长时间谈判才签署成功。三是政府信用风险不易控制。某些地方政府为加快基础设施建设或为了提升政绩,在短期利益的驱使下承诺缺乏承受能力的条件以吸引民间资本投资,而合同签订后,政府难以履行或不愿履行合同义务,如不按时支付项目费用等,直接危害到合作方的利益。四是项目收益无法得到保障。PPP 项目一般都与公众日常生活密切相关,特别容易受到舆情民意的压力,如无法根据项目情况进行价格调整等市场化行为,使项目收益无法控制。有些 PPP 项目签订合同后，政府出现"甩包袱"现象，对项目的市场化运作不予支持和配合，甚至有时新建、改建其他竞争性项目，导致项目收益受到损害。

建议：一是完善法律法规体系。通过立法等形式完善 PPP 法律法规体系，加快制定与法律配套的条例、指南、示范合同等，约束政府的履约行为，建立与 PPP 项目全生命周期相适应的财政预算管理体制等，从而对 PPP 项目的实施予以保障，方能吸引更多民间资本进入。二是明晰边界与责权分配。政府指定机构或部门专门负责 PPP 项目工作开展，建立权责分明的管理体系，使项目管理系统化、规范化，不仅便于公私合营双方谈判，也可避免政府部门内多头管理、工作互相推诿、项目操作程序不规范的弊端。三是建立风险分担机制。建立合理公平的风险分担机制，对经营管理问题、成本价格问题、政策导向问题等所引起的经营风险进行适当的划分，并建立完善的监督、赔偿机制。对于支付风险问题，建议中央或地方将维持 PPP 项目正常运转的财政资金打入第三方支付账户作为保证金，及时支付服务费用。四是协调好各参与方利益。对项目的立项、投标、建设、运营管理质量、收费标准、调整机制、项目排他性、争端解决机制以及移交等环节作出全面、系统的规范性规定。PPP 模式改变不了市政公共基础设施需要资金投入以维持建设和运营的社会公益属性，通过市场机制运作基础设施项目并不表示政府全部退出投资领域，政府还需继续投入精力以维持基础设施的稳定运营，建议地方财政预算划定一定比例的资金为基础设施和公用事业的补贴资金，尽快建立补贴补助机制的具体形式及标准。

附件 2

国家层面出台环境经济政策情况

序号	政策名称	发布部门	文号或发布日期	政策类型
1	《国家发展改革委办公厅关于加强重点流域水污染治理项目管理的通知》	国家发展改革委	发改办地区〔2011〕73 号	环境管理政策
2	《关于加强电石法生产聚氯乙烯及相关行业汞污染防治工作的通知》	环境保护部	环发〔2011〕4 号	行业环境政策
3	《工业和信息化部 科学技术部 财政部关于印发〈再生有色金属产业发展推进计划〉的通知》	工信部 科学技术部 财政部	工信部联节〔2011〕51 号	行业环境政策
4	《关于调整公布第七期环境标志产品政府采购清单的通知》	财政部 环境保护部	2011 年 1 月 30 日	环保综合名录及应用
5	《关于进一步规范监督管理严格开展上市公司环保核查工作的通知》	环境保护部	环办〔2011〕14 号	行业环境政策
6	《2011 年度交通银行"绿色信贷"政策指引》	中国交通银行	2011 年 3 月	环境信用政策
7	《关于印发 2011 年矿产资源节约与综合利用专项资金申报指南的通知》	财政部 国土资源部	财办建〔2011〕32 号	环境财政政策
8	《关于申报2011年中央财政主要污染物减排专项资金项目有关事项的通知》	环境保护部	环函〔2011〕53 号	环境财政政策
9	《中国银监会办公厅关于全面总结节能减排授信工作及做好绿色信贷相关工作的通知》	中国银监会	银监办发〔2011〕60 号	环境信用政策
10	《中华人民共和国国民经济和社会发展第十二个五年规划纲要（2011—2015 年）》	国务院	2011 年 3 月 16 日	综合性环境政策
11	《关于发布〈海上油气生产设施弃置费企业所得税管理办法〉的公告》	国家税务总局	2011 年 3 月 22 日	环境税费政策
12	《中央分成水资源费使用管理暂行办法》	财政部 水利部	财农〔2011〕24 号	环境财政政策

续表

序号	政策名称	发布部门	文号或 发布日期	政策类型
13	《绿色能源示范县建设补助资金管理暂行办法》	财政部 能源局 农业部	财建〔2011〕113 号	环境财政政策
14	《商务部　财政部　环境保护部关于进一步规范家电以旧换新工作的通知》	商务部 财政部 环境保护部	商商贸函〔2011〕210 号	环境财政政策
15	《关于组织申报 2011 年县（区）级环境保护部门环境监察执法能力建设项目资金的通知》	环境保护部	环办函〔2011〕396 号	环境财政政策
16	《关于三峡电站水资源费征收使用管理有关问题的通知》	财政部 国家发展改革委 水利部 中国人民银行	财综〔2011〕19 号	环境财政政策
17	《国务院批转住房城乡建设部等部门关于进一步加强城市生活垃圾处理工作意见的通知》	国务院	国发〔2011〕9 号	其他环境政策
18	《关于印发〈淘汰落后产能中央财政奖励资金管理办法〉的通知》	财政部 工信部 国家能源局	财建〔2011〕180 号	环境财政政策
19	《关于发布鼓励进口技术和产品目录（2011 年版）的通知》	国家发展改革委 财政部 商务部	发改产业〔2011〕937 号	环保综合名录及应用
20	《关于应用污染源自动监控数据核定征收排污费有关工作的通知》	环境保护部	环办〔2011〕53 号	环境税费政策
21	《关于加强排污申报核定与排污费征收汇审考评工作的通知》	环境保护部	环监发〔2011〕11 号	环境税费政策
22	《关于印发循环经济发展专项资金支持餐厨废弃物资源化利用和无害化处理试点城市建设实施方案的通知》	国家发展改革委 财政部	发改办环资〔2011〕1111 号	环境财政政策
23	《关于加强铅蓄电池及再生铅行业污染防治工作的通知》	环境保护部	环发〔2011〕56 号	行业环境政策
24	《关于印发〈"十二五"期间城镇污水处理设施配套管网建设项目资金管理办法〉的通知》	财政部 住房城乡建设部	财建〔2011〕266 号	环境管理政策
25	《关于开展环境污染损害鉴定评估工作的若干意见》	环境保护部	环发〔2011〕60 号	其他环境政策
26	《国家发展改革委关于适当调整电价有关问题的通知》	国家发展改革委	发改价格〔2011〕1101 号	绿色价格政策
27	《国务院批转发展改革委关于 2011 年深化经济体制改革重点工作意见的通知》	国家发展改革委	国发〔2011〕15 号	其他环境政策
28	《财政部　水利部关于印发〈中小河流治理财政专项资金绩效评价暂行办法〉的通知》	财政部 水利部	财建〔2011〕361 号	环境财政政策

续表

序号	政策名称	发布部门	文号或 发布日期	政策类型
29	《中国钢铁行业绿色信贷指南》	环境保护部 中钢协 银监会	2010 年 10 月	环境信用 政策
30	《国务院关于促进牧区又好又快发展的若干意见》	国务院	国发〔2011〕17 号	其他环境 政策
31	《财政部　国家税务总局关于明确废弃动植物油生产纯生物柴油免征消费税适用范围的通知》	财政部 国家税务总局	财税〔2010〕118 号	环境税费 政策
32	《全国绿化委员会　国家林业局关于印发〈全国造林绿化规划纲要（2011—2020 年）〉的通知》	全国绿化委员会 国家林业局	全绿字〔2011〕6 号	综合性环 境政策
33	《财政部　交通运输部关于印发〈交通运输节能减排专项资金管理暂行办法〉的通知》	财政部 交通运输部	财建〔2011〕374 号	环境财政 政策
34	《国家发展改革委关于整顿规范电价秩序的通知》	国家发展改革委	发改价检〔2011〕 1311 号	绿色价格 政策
35	《节能技术改造财政奖励资金管理办法》	财政部 国家发展改革委	财建号〔2011〕367 号	环境财政 政策
36	《关于印发〈天然林资源保护工程财政专项资金管理办法〉的通知》	财政部 国家林业局	财农〔2011〕138 号	环境财政 政策
37	《关于开展节能减排财政政策综合示范工作的通知》	财政部 国家林业局	财建〔2011〕383 号	环境财政 政策
38	《国家林业局关于开展 2010 年森林抚育补贴试点情况抽查工作的通知》	国家林业局	林造发〔2011〕157 号	环境财政 政策
39	《国家发展改革委关于印发贵州省水利建设生态建设石漠化治理综合规划的通知》	国家发展改革委	发改农经〔2011〕 1383 号	综合性环 境政策
40	《关于集中开展限制生产销售使用塑料购物袋专项行动的通知》	国家发展改革委 工信部 环境保护部等	发改环资〔2011〕 1399 号	其他环境 政策
41	《财政部关于印发〈国家重点生态功能区转移支付办法〉的通知》	财政部	财预〔2011〕428 号	环境财政 政策
42	《国家发展改革委关于完善太阳能光伏发电上网电价政策的通知》	国家发展改革委	发改价格〔2011〕 1594 号	绿色价格 政策
43	《财政部　环境保护部关于调整公布第八期环境标志产品政府采购清单的通知》	财政部 环境保护部	2011 年 7 月 28 日	环保综合 名录及 应用
44	《财政部　发展改革委关于调整公布第十期节能产品政府采购清单的通知》	财政部 国家发展改革委	2011 年 7 月 29 日	环保综合 名录及 应用

续表

序号	政策名称	发布部门	文号或 发布日期	政策类型
45	《财政部　科技部关于印发〈中欧中小企业节能减排科研合作资金管理暂行办法〉的通知》	财政部 科技部	财企〔2011〕226 号	环境财政政策
46	《印发关于开展西部地区生态文明示范工程试点的实施意见的通知》	国家发展改革委 财政部 国家林业局	发改西部〔2011〕1726 号	综合性环境政策
47	《国家林业局关于进一步加强林业系统自然保护区管理工作的通知》	国家林业局	2011 年 8 月 17 日	环境管理政策
48	《关于举办中央财政主要污染物减排专项资金项目管理第三期培训班的通知》	环境保护部	环办函〔2011〕987 号	环境财政政策
49	《关于印发完善退牧还草政策的意见的通知》	国家发展改革委 农业部 财政部	发改西部〔2011〕1856 号	其他环境政策
50	《国务院关于印发"十二五"节能减排综合性工作方案的通知》	国务院	国发〔2011〕26 号	综合性环境政策
51	《太湖流域管理条例》	国务院	2011 年 9 月 7 日	环境管理政策
52	《关于促进战略性新兴产业国际化发展的指导意见》	商务部 国家发展改革委 科技部等	商产发〔2011〕310 号	行业环境政策
53	《关于印发〈环境风险评估技术指南—硫酸企业环境风险等级划分方法（试行）〉的通知》	环境保护部 保监会	环发〔2011〕106 号	行业环境政策
54	《关于举办 2011 年度全国排污申报核定与排污费征收工作业务培训班的通知》	环境保护部	环办函〔2011〕1097 号	环境税费政策
55	《全国种植业发展第十二个五年规划（2011—2015 年）》	农业部	2011 年 9 月 20 日	综合性环境政策
56	《关于举办中央财政主要污染物减排专项资金项目管理第四期培训班的通知》	环境保护部	环办函〔2011〕1149 号	环境财政政策
57	《国务院关于修改〈中华人民共和国资源税暂行条例〉的决定》	国务院	国令第 605 号	环境税费政策
58	《环境经济政策配套综合名录（2011 年版）》	环境保护部	2011 年 10 月 14 日	环保综合名录及应用
59	《全国渔业发展第十二个五年规划（2011—2015 年）》	农业部	2011 年 10 月 17 日	行业环境政策
60	《国务院关于加强环境保护重点工作的意见》	国务院	国发〔2011〕35 号	综合性环境政策

续表

序号	政策名称	发布部门	文号或发布日期	政策类型
61	《水利部关于印发〈全国中小河流治理项目资金使用管理实施细则〉的通知》	水利部	水财务〔2011〕569 号	环境财政政策
62	《中华人民共和国资源税暂行条例实施细则》	国务院	2011 年 10 月 28 日	环境税费政策
63	《国家发展改革委办公厅关于开展碳排放权交易试点工作的通知》	国家发展改革委	发改办气候〔2011〕2601 号	排污交易政策
64	《国务院办公厅关于建立完整的先进的废旧商品回收体系的意见》	国务院	国办发〔2011〕49 号	其他环境政策
65	《"十二五"全国环境保护法规和环境经济政策建设规划》	环境保护部	2011 年 11 月 1 日	综合性环境政策
66	《关于开展环保经费保障情况调查的通知》	环境保护部	环办函〔2011〕1321 号	环境财政政策
67	《中华人民共和国海上船舶污染事故调查处理规定》	交通运输部	2011 年 11 月 14 日	其他环境政策
68	《国土资源部关于印发〈矿产资源节约与综合利用"十二五"规划〉的通知》	国土资源部	国土资发〔2011〕184 号	综合性环境政策
69	《国家发展改革委关于印发"十二五"墙体材料革新指导意见的通知》	国家发展改革委	发改环资〔2011〕2437 号	行业环境政策
70	《关于调整完善资源综合利用产品及劳务增值税政策的通知》	财政部国家税务总局	财税〔2011〕115 号	环境税费政策
71	《国家发展改革委关于印发煤层气（煤矿瓦斯）开发利用"十二五"规划的通知》	国家发展改革委	发改能源〔2011〕3041 号	行业环境政策
72	《国家发展改革委　农业部　财政部关于印发"十二五"农作物秸秆综合利用实施方案的通知》	国家发展改革委农业部财政部	发改环资〔2011〕2615 号	综合性环境政策
73	《关于印发〈可再生能源发展基金征收使用管理暂行办法〉的通知》	财政部国家发展改革委国家能源局	财综〔2011〕115 号	环境财政政策
74	《国务院关于印发"十二五"控制温室气体排放工作方案的通知》	国务院	国发〔2011〕41 号	综合性环境政策
75	《中共中央　国务院关于加快水利改革发展的决定》	中共中央国务院	2010 年 12 月 31 日	其他环境政策
76	《国家发展改革委等部门关于印发万家企业节能低碳行动实施方案的通知》	国家发展改革委工信部财政部	发改环资〔2011〕2873 号	行业环境政策
77	《国家发展改革委关于印发"十二五"资源综合利用指导意见和大宗固体废物综合利用实施方案的通知》	国家发展改革委	发改环资〔2011〕2919 号	综合性环境政策
78	《农业部关于进一步加强农业和农村节能减排工作的意见》	农业部	2011 年 12 月 14 日	综合性环境政策

续表

序号	政策名称	发布部门	文号或发布日期	政策类型
79	《国务院关于印发国家环境保护"十二五"规划的通知》	国务院	国发〔2011〕42 号	综合性环境政策
80	《国家发展改革委办公厅 财政部办公厅关于组织申报 2012 年节能技术改造财政奖励备选项目的通知》	国家发展改革委 财政部	2011 年 12 月 20 日	环境财政政策
81	《国家发展改革委关于在广东省、广西自治区开展天然气价格形成机制改革试点的通知》	国家发展改革委	发改价格〔2011〕3033 号	绿色价格政策
82	《关于支持黑龙江省 吉林省 内蒙古自治区 辽宁省实施"节水增粮行动"的意见》	财政部 水利部 农业部	财农〔2011〕502 号	其他环境政策
83	《造纸工业发展"十二五"规划》	国家发展改革委 工信部 国家林业局	发改产业〔2011〕3101 号	行业环境政策
84	《国家重点节能技术推广目录（第四批）》	国家发展改革委	国家发展改革委公告2011 年第 34 号	环保综合名录及应用
85	《林业局印发林业应对气候变化"十二五"行动要点》	国家林业局	2011 年 12 月 31 日	综合性环境政策
86	《关于公共基础设施项目和环境保护节能节水项目企业所得税优惠政策问题的通知》	财政部 国家税务总局	2012 年 1 月 5 日	环境税费政策
87	《关于转让自然资源使用权营业税政策的通知》	财政部 国家税务总局	2012 年 1 月 6 日	环境税费政策
88	《财政部 国家发展改革委关于调整公布第十一期节能产品政府采购清单的通知》	财政部 国家发展改革委	财库〔2012〕9 号	环保综合名录及应用
89	《财政部 国家税务总局关于调整锡矿石等资源税适用税率标准的通知》	财政部 国家税务总局	财税〔2012〕2 号	环境税费政策
90	《国家发展改革委办公厅关于组织申报历史遗留重金属污染治理 2012 年中央预算内投资备选项目的通知》	国家发展改革委	2012 年 2 月 14 日	环境财政政策
91	《中国银监会关于印发绿色信贷指引的通知》	银监会	银监发〔2012〕4 号	环境信用政策
92	《关于节约能源 使用新能源车船车船税政策的通知》	财政部 国家税务总局 工信部	财税〔2012〕19 号	行业环境政策
93	《关于印发〈可再生能源电价附加补助资金管理暂行办法〉的通知》	财政部 国家发展改革委 国家能源局	财建〔2012〕102 号	环境财政政策
94	《关于申报中央财政主要污染物减排专项资金国家环境空气监测网建设项目有关事项的通知》	环境保护部	环办函〔2012〕355 号	其他环境政策

续表

序号	政策名称	发布部门	文号或发布日期	政策类型
95	《国家发展改革委关于完善垃圾焚烧发电价格政策的通知》	国家发展改革委	发改价格〔2012〕801 号	绿色价格政策
96	《国土资源部办公厅关于做好中外合作开采石油资源补偿费征收工作的通知》	国土资源部	国土资厅发〔2012〕14 号	环境财政政策
97	《国务院办公厅关于印发"十二五"全国城镇污水处理及再生利用设施建设规划的通知》	国务院	国办发〔2012〕24 号	综合性环境政策
98	《关于支持农村饮水安全工程建设运营税收政策的通知》	财政部国家税务总局	2012 年 4 月 24 日	环境税费政策
99	《关于加快推动我国绿色建筑发展的实施意见》	财政部住房城乡建设部	财建〔2012〕167 号	行业环境政策
100	《关于印发〈船舶油污损害赔偿基金征收使用管理办法〉的通知》	财政部交通运输部	财综〔2012〕33 号	环境财政政策
101	《关于印发〈废弃电器电子产品处理基金征收使用管理办法〉的通知》	财政部环境保护部国家发展改革委等	财综〔2012〕34 号	环境财政政策
102	《国家发展改革委办公厅关于请组织申报资源节约和环境保护 2013 年中央预算内投资备选项目的通知》	国家发展改革委	发改办环资〔2012〕1335 号	环境财政政策
103	《财政部　水利部关于印发〈中央财政小型农田水利设施建设和国家水土保持重点建设工程补助专项资金管理办法〉的通知》	财政部水利部	财农〔2009〕335 号	环境财政政策
104	《关于印发〈中小企业发展专项资金管理办法〉的通知》	财政部工信部	财企〔2012〕96 号	环境财政政策
105	《关于印发〈2012 年中央对地方国家重点生态功能区转移支付办法〉的通知》	财政部	财预〔2012〕296 号	环境财政政策
106	《关于印发〈电力需求侧管理城市综合试点工作中央财政奖励资金管理暂行办法〉的通知》	财政部、国家发展改革委	财建〔2012〕367 号	环境财政政策
107	《关于开展环境污染强制责任保险试点工作的指导意见》	环境保护部中国保险监督管理委员会	环发〔2013〕10 号	其他环境政策
108	《财政部　国家发展改革委关于印发〈循环经济发展专项资金管理暂行办法〉的通知》	财政部国家发展改革委	财建〔2012〕616 号	环境财政政策
109	《关于印发〈2012 年中央对地方国家重点生态功能区转移支付办法〉的通知》	财政部	财预〔2012〕296 号	环境财政政策
110	《财政部　民航局关于印发〈民航节能减排专项资金管理暂行办法〉的通知》	财政部民航局	财建〔2012〕547 号	环境财政政策

续表

序号	政策名称	发布部门	文号或 发布日期	政策类型
111	《国务院关于印发节能减排"十二五"规划的通知》	国务院	国发〔2012〕40 号	综合性环境政策
112	《关于完善可再生能源建筑应用政策及调整资金分配管理方式的通知》	财政部 住房城乡建设部	财建〔2012〕604 号	环境财政政策
113	《国务院办公厅关于印发国家环境保护"十二五"规划重点工作部门分工方案的通知》	国务院	国办函〔2012〕147 号	综合性环境政策
114	《国务院关于大力实施促进中部地区崛起战略的若干意见》	国务院	国发〔2012〕43 号	综合性环境政策
115	《财政部　环境保护部关于调整公布第十期环境标志产品政府采购清单的通知》	财政部 环境保护部	财库〔2012〕140 号	环保综合名录及应用
116	《关于印发〈大中型水库移民后期扶持结余资金使用管理暂行办法〉的通知》	财政部	财企〔2012〕315 号	环境财政政策
117	《关于出台页岩气开发利用补贴政策的通知》	财政部 国家能源局	财建〔2012〕847 号	环境财政政策
118	《国家发展改革委　国家电监会关于可再生能源电价补贴和配额交易方案（2010 年 10 月—2011 年 4 月）的通知》	国家发展改革委 电监会	发改价格〔2012〕3762 号	环境财政政策
119	《财政部　国家发展改革委　工业和信息化部关于印发节能产品惠民工程高效节能家用热水器推广实施细则的通知》	财政部 国家发展改革委 工信部	财建〔2012〕278 号	其他环境政策
120	《国家发展改革委关于扩大脱硝电价政策试点范围有关问题的通知》	国家发展改革委	发改价格〔2012〕4095 号	行业环境政策
121	《国务院关于印发循环经济发展战略及近期行动计划的通知》	国务院	国发〔2013〕5 号	综合性政策
122	《关于印发半导体照明节能产业规划的通知》	国家发展改革委	发改环资〔2013〕188 号	行业环境政策
123	"节能产品惠民工程"高效节能配电变压器推广目录（第一批）	国家发展改革委	发改委公告 2013 年第 5 号	行业环境政策
124	"节能产品惠民工程"高效节能通风机推广目录（第一批）	国家发展改革委	发改委公告 2013 年第 4 号	行业环境政策
125	"节能产品惠民工程"高效节能清水离心泵推广目录（第一批）	国家发展改革委	发改委公告 2013 年第 3 号	行业环境政策
126	"节能产品惠民工程"高效节能容积式空气压缩机推广目录（第一批）	国家发展改革委	发改委公告 2013 年第 2 号	行业环境政策
127	"节能产品惠民工程"高效节能台式微型计算机推广目录（第二批）	国家发展改革委	发改委公告 2013 年第 1 号	行业环境政策
128	《关于水资源费征收标准有关问题的通知》	国家发展改革委	发改价格〔2013〕29 号	环境税费政策

序号	政策名称	发布部门	文号或 发布日期	政策类型
129	《财政部　国家发展改革委　工业和信息化部关于简化节能家电、高效电机补贴兑付信息管理及加强高效节能工业产品组织实施等工作的通知》	财政部 国家发展改革委 工信部	财建〔2013〕8 号	环境财政政策
130	《关于开展环境污染强制责任保险试点工作的指导意见》	环境保护部 保监会	环发〔2013〕10 号	绿色金融政策
131	"节能产品惠民工程"高效节能家用燃气热水器推广目录（第四批）	国家发展改革委 财政部 工信部	发改委公告 2013 年 第 14 号公告	行业环境政策
132	"节能产品惠民工程"高效节能空气源热泵热水器（机）推广目录（第四批）	国家发展改革委 财政部 工信部	发改委公告 2013 年 第 13 号	行业环境政策
133	"节能产品惠民工程"高效节能单元式空气调节机和冷水机组推广目录（第二批）	国家发展改革委 财政部 工信部	发改委公告 2013 年 第 11 号	行业环境政策
134	"节能产品惠民工程"高效太阳能热水器推广企业目录（第四批）	国家发展改革委 财政部 工信部	发改委公告 2013 年 第 10 号	行业环境政策
135	"节能产品惠民工程"高效节能家用电冰箱推广目录（第四批）	国家发展改革委 财政部 工信部	发改委公告 2013 年 第 9 号	行业环境政策
136	"节能产品惠民工程"高效节能电动洗衣机推广目录（第四批）	国家发展改革委 财政部 工信部	发改委公告 2013 年 第 8 号	行业环境政策
137	"节能产品惠民工程"高效节能平板电视推广目录（第四批）	国家发展改革委 财政部 工信部	发改委公告 2013 年 第 7 号	行业环境政策
138	"节能产品惠民工程"高效节能房间空气调节器推广目录（第九批）	国家发展改革委 财政部 工信部	发改委公告 2013 年 第 6 号	行业环境政策
139	《煤层气产业政策》	国家能源局	2013 年 2 月 22 日	综合性政策
140	《国家发展改革委　国家认监委关于印发〈低碳产品认证管理暂行办法〉的通知》	国家发展改革委 国家认监委	发改气候〔2013〕279 号	综合性政策
141	《财政部　发展改革委　工业和信息化部　海关总署　税务总局　能源局关于调整重大技术装备进口税收政策有关目录的通知》	财政部 发展改革委 工业和信息化部 海关总署 税务总局 能源局	财关税〔2018〕42 号	绿色贸易政策
142	《关于印发〈矿产资源节约与综合利用专项资金管理办法〉的通知》	财政部	财建〔2013〕81 号	环境财政政策

续表

序号	政策名称	发布部门	文号或发布日期	政策类型
143	《关于印发〈矿山地质环境恢复治理专项资金管理办法〉的通知》	财政部	财建〔2013〕80号	环境财政政策
144	《关于享受资源综合利用增值税优惠政策的纳税人执行污染物排放标准有关问题的通知》	财政部	财税〔2013〕23号	环境税费政策
145	"节能产品惠民工程"节能汽车推广目录（第八批）信息变更	国家发展改革委	发改委公告2013第19号	行业环境政策
146	《住房城乡建设部关于印发〈"十二五"绿色建筑和绿色生态城区发展规划〉的通知》	住房与城乡建设部	建科〔2013〕53号	综合性政策
147	《国务院办公厅关于深化限制生产销售使用塑料购物袋实施工作的通知》	国家发展改革委	国办发〔2007〕72号	综合性政策
148	《国家发展改革委关于推动碳捕集、利用和封存试验示范的通知》	国家发展改革委	发改气候〔2013〕849号	综合性政策
149	节能服务公司备案名单（第五批）	国家发展改革委	发改委公告2013年第29号	环境财政政策
150	《国务院批转发展改革委关于2013年深化经济体制改革重点工作意见的通知》	国务院	国发〔2013〕20号	综合性政策
151	《国家发展改革委关于调整销售电价分类结构有关问题的通知》	国家发展改革委	发改价格〔2013〕973号	绿色价格政策
152	《国务院关于促进海洋渔业持续健康发展的若干意见》	国务院	国发〔2013〕11号	行业环境政策
153	《国家林业局 财政部关于印发〈国家级公益林管理办法〉的通知》	财政部	林资发〔2013〕71号	综合性政策
154	《财政部关于印发〈地方特色产业中小企业发展资金管理办法〉的通知》	财政部	财企〔2013〕67号	环境财政政策
155	《科技部 财政部关于2013年度中欧中小企业节能减排科研合作资金项目立项的通知》	科技部 财政部	2013年6月6日	环境财政政策
156	《中华人民共和国国家发展和改革委员会令第3号〈中央预算内投资补助和贴息项目管理办法〉》	国家发展改革委	国家发展和改革委员会第3号令	环境财政政策
157	《国家重点监控企业自行监测及信息公开办法（试行）》	环境保护部	环发〔2013〕81号	综合性政策
158	《关于发挥一事一议财政奖补作用推动美丽乡村建设试点的通知》	财政部	财农改〔2013〕3号	环境财政政策
159	《国务院关于促进光伏产业健康发展的若干意见》	国务院	国发〔2013〕24号	行业环境政策
160	《国土资源部关于进一步规范矿产资源补偿费征收管理的通知》	国土资源部	国土资发〔2013〕77号	环境税费政策

续表

序号	政策名称	发布部门	文号或发布日期	政策类型
161	《关于印发〈再制造产品"以旧换再"试点实施方案〉的通知》	国家发展改革委 财政部 工信部	发改环资〔2013〕1303 号	环境财政政策
162	《中国银监会　国家林业局关于林权抵押贷款的实施意见》	银监会	银监发〔2013〕32 号	绿色金融政策
163	《财政部　环境保护部关于调整公布第十二期环境标志产品政府采购清单的通知》	财政部 环境保护部	财库〔2013〕90 号	环境财政政策
164	《关于分布式光伏发电实行按照电量补贴政策等有关问题的通知》	财政部	财建〔2013〕390 号	环境财政政策
165	《国务院关于加快发展节能环保产业的意见》	国务院	国发〔2013〕30 号	行业环境政策
166	《国家发展改革委关于加大工作力度确保实现 2013 年节能减排目标任务的通知》	国家发展改革委	发改环资〔2013〕1585 号	综合性政策
167	《国家发展改革委关于发挥价格杠杆作用促进光伏产业健康发展的通知》	国家发展改革委	发改价格〔2013〕1638	行业环境政策
168	《国家发展改革委关于调整可再生能源电价附加标准与环保电价有关事项的通知》	国家发展改革委	发改价格〔2013〕1651 号	绿色价格政策
169	《国家发展改革委关于组织开展循环经济示范城市（县）创建工作的通知》	国家发展改革委	发改环资〔2013〕1720 号	综合性政策
170	《国家海洋局办公室关于印发〈2013 年海洋可再生能源专项资金项目申报指南〉的通知》	国家海洋局	2013 年 9 月 9 日	环境财政政策
171	《国务院关于印发〈大气污染防治行动计划〉的通知》	国务院	国发〔2013〕37 号	综合性政策
172	《国家发展改革委办公厅　财政部办公厅关于组织推荐节能产品惠民工程高效电机推广目录的通知》	国家发展改革委	发改办环资〔2013〕2329 号	行业环境政策
173	《关于继续开展新能源汽车推广应用工作的通知》	财政部	财建〔2013〕551 号	环境财政政策
174	《国务院办公厅关于进一步加快煤层气（煤矿瓦斯）抽采利用的意见》	国务院	国办发〔2013〕93 号	综合性政策
175	《关于调整可再生能源电价附加征收标准的通知》	财政部	财综〔2013〕89 号	环境财政政策
176	《关于开展 1.6 升及以下节能环保汽车推广工作的通知》	财政部	财建〔2013〕644 号	环境财政政策
177	《城镇排水与污水处理条例》	国务院	国务院令　第 641 号	综合性政策
178	《2013 年节能减排财政政策综合示范城市名单公示》	国家发展改革委	2013 年 10 月 18 日	环境财政政策

续表

序号	政策名称	发布部门	文号或 发布日期	政策类型
179	《页岩气产业政策》	国家能源局	国家能源局公告 2013 年第 5 号	综合性 政策
180	《畜禽规模养殖污染防治条例》	国务院	国务院令第 643 号 2013 年 11 月 11 日	综合性 政策
181	《关于印发〈江河湖泊生态环境保护项目资金管理办法〉的通知》	财政部	财建〔2013〕788 号	环境财政 政策
182	《国务院办公厅关于促进煤炭行业平稳运行的意见》	国务院	国办发〔2013〕104 号	行业环境 政策
183	《"能效之星"产品目录（2013 年）公告》	工信部	工业和信息化部公告 2013 年第 61 号	行业环境 政策
184	《关于对分布式光伏发电自发自用电量免征政府性基金有关问题的通知》	财政部	财综〔2013〕103 号	环境财政 政策
185	《关于印发〈2013 年第二批中央财政主要污染物减排专项资金项目建设方案〉的通知》	环境保护部	环办函〔2013〕1509 号	环境财政 政策
186	《关于印发〈企业环境信用评价办法（试行）〉的通知》	环境保护部	2013 年 12 月 28 日	综合性 政策
187	《中国保监会关于印发〈保险业服务新型城镇化发展的指导意见〉的通知》	保监会	保监发〔2014〕25 号	绿色金融 政策
188	《关于新能源汽车充电设施建设奖励的通知》	财政部	财建〔2014〕692 号	环境财政 政策
189	《关于提高成品油消费税的通知》	财政部	财税〔2014〕94 号	环境税费 政策
190	《财政部 国家发展和改革委员会 水利部 国务院南水北调办公室关于南水北调工程基金有关问题的通知》	财政部 国家发展改革委 水利部 国务院南水北 调办	财综〔2014〕68 号	环境税费 政策
191	《关于企业范围内荒山 林地 湖泊等占地城镇土地使用税有关政策的通知》	财政部 国家税务总局	财税〔2014〕1 号	环境税费 政策
192	《关于实施煤炭资源税改革的通知》	财政部 国家税务总局	财税〔2014〕72 号	环境税费 政策
193	《关于调整原油、天然气资源税有关政策的通知》	财政部 国家税务总局	财税〔2014〕73 号	环境税费 政策
194	《关于大型水电企业增值税政策的通知》	国家财政部	2014 年 2 月 12 日	环境税费 政策
195	《财政部 税务总局 工业和信息化部 科技部关于免征新能源汽车车辆购置税的公告》	中华人民共和国 财政部 国家税务总局 中华人民共和国 工业和信息化部	财政部公告 2017 年 第 172 号	环境税费 政策

续表

序号	政策名称	发布部门	文号或发布日期	政策类型
196	《关于取消加工贸易项下进口钢材保税政策的通知》	财政部 海关总署 国家税务总局	财关税〔2014〕37 号	绿色贸易政策
197	《国务院办公厅关于进一步推进排污权有偿使用和交易试点工作的指导意见》	国务院办公厅	国办发〔2014〕38 号	排污权交易政策
198	《关于印发〈中央财政林业补助资金管理办法〉的通知》	财政部	财农〔2014〕9 号	生态补偿政策
199	《关于印发〈水土保持补偿费征收使用管理办法〉的通知》	财政部 国家发展改革委 水利部 中国人民银行	财综〔2014〕8 号	生态补偿政策
200	《关于全面清理涉及煤炭原油天然气收费基金有关问题的通知》	财政部、国家发展改革委	财税〔2014〕74 号	生态补偿政策
201	《关于印发〈江河湖泊生态环境保护项目资金绩效评价暂行办法〉的通知》	财政部	财建〔2014〕650 号	环境财政政策
202	《国家发展改革委办公厅关于印发〈重点流域水污染防治项目管理暂行办法〉的通知》	发改委	发改价格〔2014〕2008 号	环境财政政策
203	《关于调整排污费征收标准等有关问题的通知》	发改委	发改价格〔2014〕2008 号	环境税费政策
204	《关于调整中央直属和跨省水力发电用水水资源费征收标准的通知》	发改委、财政部、水利部	发改价格〔2014〕1959 号	环境税费政策
205	《国家发展改革委关于海上风电上网电价政策的通知》	发改委	发改价格〔2014〕1216 号	环境资源定价政策
206	《国家发展改革委关于进一步疏导环保电价矛盾的通知》	发改委	发改价格〔2014〕1908 号	环境资源定价政策
207	《国务院办公厅关于印发 2014—2015 年节能减排低碳发展行动方案的通知》	国务院办公厅	国办发〔2014〕23 号	综合性政策
208	《国务院关于印发社会信用体系建设规划纲要（2014—2020 年）的通知》	国务院	国发〔2014〕21 号	综合性政策
209	《国务院关于加快发展现代保险服务业的若干意见》	国务院	国发〔2014〕29 号	行业环境经济政策
210	《关于调整公布第十三期环境标志产品政府采购清单的通知》	财政部 环境保护部	财库〔2014〕7 号	环境财政政策
211	《关于改革调整上市环保核查工作制度的通知》	环境保护部	环发〔2014〕149 号	绿色金融政策
212	《消耗臭氧层物质进出口管理办法》	环境保护部	环保部令 26 号	绿色贸易政策
213	《关于进一步做好重点行业环境统计工作的通知》	环境保护部办公厅	环办函〔2014〕560 号	行业环境经济政策

续表

序号	政策名称	发布部门	文号或 发布日期	政策类型
214	《交通运输部财政部关于印发〈船舶油污损害赔偿基金征收使用管理办法实施细则〉的通知》	交通部、财政部	交财审发〔2014〕96 号	生态补偿政策
215	《农业部办公厅　财政部办公厅关于深入推进草原生态保护补助奖励机制政策落实工作的通知》	农业部办公厅 财政部办公厅	农办财〔2014〕42 号	生态补偿政策
216	《中国银监会　农业部关于金融支持农业规模化生产和集约化经营的指导意见》	农业部财政司	银监发〔2014〕38 号	绿色金融政策
217	《国务院法制办公室关于〈中华人民共和国环境保护税法（征求意见稿）〉公开征求意见的通知》	国务院法制办公室	2015 年 6 月 10 日	环境税费政策
218	《关于印发〈挥发性有机物排污收费试点办法〉的通知》	财政部 国家发展改革委 环境保护部	财税〔2015〕71 号	环境税费政策
219	《关于印发〈排污权出让收入管理暂行办法〉的通知》	财政部 国家发展改革委 环境保护部	财税〔2015〕61 号	排污权交易政策
220	《关于推进水污染防治领域政府和社会资本合作的实施意见》	财政部 环境保护部	财建〔2015〕90 号	环境 PPP 政策
221	《关于印发〈环保"领跑者"制度实施方案〉的通知》	财政部 国家发展改革委 工业和信息化部 环境保护部	财建〔2015〕501 号	行业环境政策
222	《环境保护部　发展改革委关于加强企业环境信用体系建设的指导意见》	环境保护部 发展改革委	环发〔2015〕161 号	环境信用制度
223	《国务院办公厅关于印发〈编制自然资源资产负债表试点方案〉的通知》	国务院办公厅	国办发〔2015〕82 号	其他环境经济政策
224	《国家发展改革委　环境保护部　国家能源局关于〈实行燃煤电厂超低排放电价支持政策有关问题〉的通知》	国家发展改革委 环境保护部 国家能源局	发改价格〔2015〕2835 号	绿色价格政策

附件3

地方层面出台环境经济政策情况

序号	地方	重要政策名称	发布部门	发布时间	政策类型
1	安徽省	《安徽省绿色建筑专项资金管理暂行办法》	财政厅	财建〔2012〕923 号	环境财政政策
2		《关于印发〈可再生能源建筑应用省级配套能力建设专项资金管理办法〉的通知》	财政厅	2012 年 8 月 9 日	环境财政政策
3		《安徽启动森林保险试点公益林全额补贴》	财政厅、金融办、林业厅和安徽保监局	2012 年 3 月	环境财政政策
4		《安徽省发展改革委安徽省水利厅关于下达水土保持工程 2013 年中央预算内投资计划的通知》	发改委	2012 年 8 月	环境财政政策
5		《关于建设环保专项资金项目储备库的通知》	环保厅	2012 年 9 月 14 日	环境财政政策
6		《安徽省物价局关于加快推进全省城市生活垃圾处理收费工作的通知》	物价局	皖价服〔2012〕161 号	环境税费政策
7		《安徽省人民政府办公厅转发省环保厅安徽保监局关于推进环境污染责任保险试点工作实施意见的通知》	环保厅保监局	皖政办秘〔2012〕165 号	其他环境政策
8		《安徽省人民政府办公厅关于印发〈安徽省绿色建筑行动实施方案〉的通知》	省政府	皖政办〔2013〕37 号	环境财政政策
9.		《安徽省国土资源厅转发国土资源部关于进一步规范矿产资源补偿费征收管理的通知》	国土资源厅	皖国土资函〔2013〕1676 号	环境税费政策
10		《安徽省物价局转发国家发展改革委关于调整发电企业上网电价有关事项的通知》	物价局	皖价商〔2013〕138 号	环境资源定价政策
11		《安徽省物价局关于燃煤发电机组 2013 年第 3 季度脱硝电价款结算的函》	物价局	皖价商函〔2013〕219 号	环境财政政策

序号	地方	重要政策名称	发布部门	发布时间	政策类型
12	安徽省	《安徽省物价局　能源局　环保厅关于完善脱硝电价有关问题的通知》	物价局	皖价商〔2013〕157 号	环境财政政策
13		《安徽省人民政府关于印发〈安徽省大气污染防治行动计划实施方案〉的通知》	省政府	皖政〔2013〕89 号	综合性政策
14		《安徽省物价局关于规范我省水电供区购网电价的函》	物价局	2014 年 1 月 13 日	环境资源定价政策
15		《安徽省财政厅　安徽省物价局　安徽省水利厅　中国人民银行合肥中心支行关于印发〈安徽省水土保持补偿费征收使用管理实施办法〉的通知》	省财政厅	财综〔2014〕328 号	生态补偿政策
16		《安徽省人民政府办公厅关于印发〈安徽省加快黄标车及老旧车淘汰工作方案〉的通知》	安徽省人民政府办公厅	皖政办秘〔2014〕210 号	环境财政政策
17		《安徽省物价局　财政厅　水利厅转发国家发展改革委　财政部　水利部关于水资源费征收标准有关问题的通知》	物价局	皖价商〔2014〕1 号	环境税费政策
18		《安徽省人民政府关于发布安徽省地方政府核准的投资项目目录（2014 年修订本）的通知》	安徽省人民政府	皖政〔2015〕43 号	环保环保综合名录及应用
19	北京市	《北京市发展和改革委员会关于开展二氧化碳排放报告报送及第三方核查工作的通知》	发改委	京发改〔2013〕1546 号	环境财政政策
20		《北京市发展和改革委员会关于调整本市非居民天然气销售价格的通知》	发改委	京发改〔2013〕1655 号	环境资源定价政策
21		《北京市发展和改革委员会关于调整本市非居民供热价格的通知》	发改委	京发改〔2013〕1654 号	环境资源定价政策
22		《北京市人民政府关于印发〈北京市 2013—2017 年清洁空气行动计划〉的通知》	市政府	2013 年 9 月	综合性政策
23		《北京市财政局　北京市市政市容管理委员会　北京市农村工作委员会关于印发〈北京市农村住户家庭炊事用液化石油气市级财政专项补助资金使用管理办法〉的通知》	财政局北京市市政市容管理委员会北京市农村工作委员会	京财公用〔2013〕1905 号	环境财政政策
24		《北京市水务局关于修改部分水务行政规范性文件的公告》	水务局	京水务法〔2013〕62 号	环境税费政策
25		《北京市发展和改革委员会　北京市金融工作局关于印发〈北京市碳排放配额场外交易实施细则（试行）〉的通知》	发改委	京发改规〔2013〕7 号	排污权交易政策

续表

序号	地方	重要政策名称	发布部门	发布时间	政策类型
26	北京市	《北京市发展和改革委员会关于开展碳排放权交易试点工作的通知》	发改委	京发改规〔2013〕5号	排污权交易政策
27		《北京市发展和改革委员会　北京市财政局　北京市环保局关于二氧化硫等四种污染物排污收费标准有关问题的通知》	北京市财政局发改委	京发改〔2013〕2657号	环境税费政策
28		《北京市发展和改革委员会　北京市市政市容管理委员会关于调整本市非居民垃圾处理收费有关事项的通知》	发改委北京市市政市容管理委员会	京发改〔2013〕2662号	环境税费政策
29		《关于疏导本市燃气电价矛盾的通知》	发改委	京发改〔2014〕118号	环境资源定价政策
30		《关于开展能源费用托管型合同能源管理项目试点工作的通知》	市发改委、财政局	京发改〔2014〕240号	环境税费政策
31		《北京市环境保护局关于执行二氧化硫等四种污染物排污收费调整标准有关事宜的通知》	市环保局	京环发〔2014〕27号	环境税费政策
32		《北京市发展和改革委员会关于做好2014年碳排放报告报送核查及有关工作的通知》	市发改委	京发改〔2014〕439号	排污权交易政策
33		《北京市环境保护局办公室关于进一步加强排污费征收工作的通知》	北京市环保局	京环办〔2014〕28号	环境税费政策
34		《北京市发展和改革委员会关于调整北京市再生水价格的通知》	北京市发改委	京发改〔2014〕885号	环境资源定价政策
35		《北京市发展和改革委员会关于调整本市非居民用水价格的通知》	北京市发改委	京发改〔2014〕884号	环境资源定价政策
36		《北京市发展和改革委员会〈关于北京市居民用水实行阶梯水价〉的通知》	北京市发改委	京发改〔2014〕865号	环境资源定价政策
37		《北京市发展和改革委员会关于印发〈规范碳排放权交易行政处罚自由裁量权规定〉的通知》	发改委	京发改规〔2014〕1号	排污权交易政策
38		《北京市财政局　北京市发展和改革委员会关于同意水土保持补偿费收费立项的函》	市财政局	京水务财函〔2014〕39号	生态补偿政策
39		《北京市发展和改革委员会　北京市金融工作局关于印发北京市碳排放权交易公开市场操作管理办法（试行）的通知》	市发改委北京市金融工作局	京发改规〔2014〕2号	排污权交易政策
40		《北京市财政局　北京市水务局　北京市发展改革委关于印发〈北京市污水处理费征收使用管理办法〉的通知》	市财政局	京财农〔2014〕1408号	环境税费政策
41		《北京市财政局　北京市环境保护局〈关于印发〈北京市锅炉改造补助资金管理办法〉补充规定〉的通知》	市财政局北京市环境保护局	2014年7月31日	环境财政政策

序号	地方	重要政策名称	发布部门	发布时间	政策类型
42	北京市	《北京市发展和改革委员会　北京市园林绿化局关于印发〈北京市碳排放权抵消管理办法（试行）〉的通知》	市发改委	京发改规〔2014〕6号	排污权交易政策
43		《北京市发展和改革委员会　北京市园林绿化局关于印发〈北京市碳排放权抵消管理办法（试行）〉的通知》	市发改委	京发改规〔2014〕6号	排污权交易政策
44		《北京市发展和改革委员会关于调整本市非居民供热价格的通知》	市发改委	京发改〔2014〕1875号	环境资源定价政策
45		《北京市发展和改革委员会关于调整本市非居民天然气销售价格的通知》	市发改委	京发改〔2014〕1874号	环境资源定价政策
46		《北京市发展和改革委员会关于调整本市燃气热电厂热力出厂价格的通知》	市发改委	京发改〔2014〕1876号	环境资源定价政策
47		《北京市发展和改革委员会转发国家发展改革委关于进一步疏导环保电价矛盾文件的通知》	市发改委	京发改〔2014〕2030号	环境资源定价政策
48		《北京市财政局　北京市环境保护局关于临时调整我市老旧机动车报废补助标准的通知》	市财政局	京财经一〔2014〕1916号	环境财政政策
49		《北京市发展和改革委员会　北京市质量技术监督局　北京市财政局关于推进在京万家企业和市级考核重点用能单位能源管理体系和碳排放管理体系建设工作的通知》	市发改委	京发改〔2014〕2184号	排污权交易政策
50		《北京市财政局　北京市环境保护局关于印发〈北京市排污费资金收缴使用管理暂行办法〉的通知》	市财政局	京财经一〔2014〕2107号	环境税费政策
51		《北京市发展和改革委员会关于拨付2014年度北京市清洁生产审核费用补助资金的通知》	北京市发展和改革委员会	京发改〔2015〕161号	环境财政政策
52		《北京市人民政府办公厅关于印发〈北京市进一步促进老旧机动车淘汰更新方案（2015—2016年）〉的通知》	北京市人民政府办公厅	京政办发〔2015〕5号	环境财政政策
53		《北京市关于购买纯电动专用车有关财政政策的通知》	北京市财政局　北京市科学技术委员会　北京市经济和信息化委员会　北京市交通委员会　北京市商务委员会	京财经一〔2015〕481号	环境财政政策

续表

序号	地方	重要政策名称	发布部门	发布时间	政策类型
54	北京市	《北京市人民政府办公厅关于对出租汽车提前报废或更新实施相关鼓励措施的通知》	北京市人民政府办公厅	京政办发〔2015〕17 号	环境财政政策
55		《关于印发〈北京市完善差别电价政策的实施意见〉的通知》	北京市发展和改革委员会 北京市经济和信息化委员会 北京市财政局 北京市环境保护局	京发改〔2015〕1359 号	绿色价格政策
56		《北京市财政局 北京市科学技术委员会 北京市经济和信息化委员会关于购买纯电动客车有关财政政策的通知》	北京市财政局 北京市科学技术委员会 北京市经济和信息化委员会	京财经一〔2015〕1159 号	环境财政政策
57		《北京市财政局 北京市发展和改革委员会关于印发〈北京市分布式光伏发电奖励资金管理办法〉的通知》	北京市财政局 北京市发展和改革委员会	京财经一〔2015〕1533 号	环境财政政策
58		《北京市发展和改革委员会 北京市财政局 北京市环境保护局关于挥发性有机物排污收费标准的通知》	北京市发展和改革委员会 北京市财政局 北京市环境保护局	京发改〔2015〕2003 号	环境税费政策
59		《北京市发展和改革委员会 北京市财政局 北京市环境保护局关于调整 5 项重金属污染物排污收费标准的通知》	北京市发展和改革委员会 北京市财政局 北京市环境保护局	京发改〔2015〕2319 号	环境税费政策
60		《北京市人民政府办公厅关于推行环境污染第三方治理的实施意见》	北京市人民政府办公厅	京政办发〔2015〕53 号	环境 PPP 政策
61		《北京市人民政府关于调整〈北京市碳排放权交易管理办法（试行）〉重点排放单位范围的通知》	北京市人民政府	京政发〔2015〕65 号	排污交易政策
62		《北京市发展和改革委员会关于做好 2016 年碳排放权交易试点有关工作的通知》	北京市发展和改革委员会	京发改〔2015〕2866 号	排污交易政策
63	重庆市	《关于做好2011 年城市污水处理费和生活垃圾处置费征收工作的通知》	市政府	渝办发〔2011〕87 号	环境税费政策
64		《关于重金属污染重点防控企业投保环境污染责任保险的通知》	环保局	渝环〔2011〕336 号	行业环境政策
65		《重庆市发展和改革委员会关于重庆市碳排放权交易平台和登记簿系统建设项目的批复》	发改委	渝发改环〔2013〕80 号	排污权交易政策
66		《关于印发〈重庆市主城区鼓励黄标车提前淘汰奖励补贴实施细则〉的通知》	环保局	渝环发〔2013〕72 号	环境财政政策

续表

序号	地方	重要政策名称	发布部门	发布时间	政策类型
67	重庆市	《重庆市人民政府办公厅关于实施差异化环境保护政策推动五大功能区建设的意见》	市政府办公厅	渝府办发〔2014〕80 号	综合性政策
68		《重庆市环境保护局关于印发〈重庆市工业企业排污权有偿使用和交易工作实施细则（试行）〉的通知》	重庆市环境保护局	渝环发〔2015〕45 号	排污交易政策
69	福建省	《福建省环保厅 福建保监局 厦门保监局关于推进环境污染责任保险试点工作的意见》	保监局 环保厅	闽环保法〔2011〕3 号	其他环境政策
70		《福建省人民政府机关事务管理局转发省经贸委 省财政厅关于组织申报 2013 年福建省节能循环经济财政奖励项目的通知》	财政局	闽经贸环资〔2012〕574 号	环境财政政策
71		《关于印发福建省生态保护财力转移支付办法的通知（2013）》	财政厅	闽财预〔2013〕138 号	环境财政政策
72		《福建省人民政府关于实行最严格水资源管理制度的实施意见》	省政府	闽政〔2013〕11 号	综合性政策
73		福建省经贸委 福建省发展改革委 福建省环保厅转发工业和信息化部 发展改革委 环境保护部关于开展工业产品生态设计的指导意见的通知	经贸委	2013 年 3 月	综合性政策
74		《福建省物价局关于运用价格杠杆促进生态文明建设的实施意见》	物价局	闽价综〔2013〕278 号	综合性政策
75		《福建省物价局关于农村污水处理用电价格的通知》	物价局	闽价商〔2013〕303 号	环境财政政策
76		《福建省国土资源厅关于转发〈矿产资源节约与综合利用先进适用技术推广目录和汇编（第二批）〉的通知》	国土资源厅	2013 年 8 月	行业环境经济政策
77		《福建省财政厅转发〈财政部关于分布式光伏发电实行按照电量补贴政策等有关问题的通知〉的通知》	财政厅	2013 年 8 月	环境财政政策
78		《福建省人民政府办公厅关于"十二五"机动车氮氧化物减排工作的意见》	省政府	闽政办〔2013〕120 号	环境财政政策
79		《福建省财政厅关于印发〈设施农业专项资金管理暂行办法〉的通知》	财政厅	闽财农〔2013〕115 号	环境财政政策
80		《福建省财政厅 福建省科技厅 福建省经济贸易委员会 福建省发展和改革委员会转发财政部 科技部 工业和信息化部发展改革委关于〈继续开展新能源汽车推广应用工作〉的通知》	财政厅	2013 年 9 月	环境财政政策

续表

序号	地方	重要政策名称	发布部门	发布时间	政策类型
81		《福建省物价局关于贯彻执行国家发展改革委适当调整电价有关问题的通知》	物价局	2013 年 10 月	环境财政政策
82		《福建省环保厅　福建省财政厅关于组织开展国家级农村环境综合整治项目审核上报的通知》	环保局	2013 年 10 月	环境财政政策
83		《福建省人民政府关于促进海洋渔业持续健康发展十二条措施的通知》	省政府	闽政〔2013〕43 号	综合性政策
84		《福建省财政厅关于印发福建省生态保护财力转移支付办法的通知（2013）》	财政厅	闽财企〔2013〕138 号	生态补偿政策
85		《福建省人民政府关于加快推进乡镇生活污水处理设施建设的实施意见》	省政府	闽政〔2013〕57 号	综合性政策
86		《福建省海洋与渔业厅关于印发〈"百姓富、生态美"2014 年福建海洋生态·渔业资源保护十大行动方案〉的通知》	省海洋与渔业厅	闽海渔〔2014〕40 号	综合性政策
87	福建省	《福建省人民政府办公厅关于印发贯彻落实〈福建省大气污染防治行动计划实施细则〉责任分工方案的通知》	省政府	闽政办〔2014〕72 号	综合性政策
88		《福建省人民政府关于推进排污权有偿使用和交易工作的意见（试行）》	省政府	闽政〔2014〕24 号	排污权交易政策
89		《福建省财政厅　福建省国土资源厅关于规范矿产资源补偿费征收管理工作的通知》	福建省财政厅	闽财非税〔2014〕5 号	生态补偿政策
90		《福建省物价局关于我省燃煤电厂实行除尘电价有关问题的通知》	福建省物价局	闽价商〔2014〕377 号	环境财政政策
91		《福建省发展和改革委员会关于组织申报资源节约和环境保护 2015 年中央预算内投资备选项目的通知》	福建省发展和改革委员会	闽发改区域〔2015〕140 号	环境财政政策
92		《福建省环境保护厅　海峡股权交易中心关于印发〈福建省排污权租赁管理办法（试行）〉的通知》	福建省环境保护厅海峡股权交易中心	闽环发〔2015〕4 号	排污交易政策
93		《福建省人民政府关于推进环境污染第三方治理的实施意见》	福建省人民政府	闽政〔2015〕56 号	环境 PPP 政策
94	甘肃省	《兰州市城市污水处理费征收使用管理办法》	兰州市市政府	兰州市人民政府令〔2011〕第 5 号	环境税费政策
95		《关于开展公益林生态效益补偿工作检查的通知》	林业厅财政厅	甘林生函〔2012〕551 号	环境财政政策

续表

序号	地方	重要政策名称	发布部门	发布时间	政策类型
96	甘肃省	《甘肃省环境保护厅　中国保险监督管理委员会　甘肃监管局关于印发〈甘肃省环境污染责任保险管理暂行办法〉的通知》	环保厅	2013 年 8 月	绿色金融政策
97		《关于印发〈广州市生活垃圾终端处理设施区域生态补偿暂行办法〉的通知》	广州市市政府	穗城管委〔2012〕168 号	环境财政政策
98		《印发广东省生态保护补偿办法的通知》	省政府	粤府办〔2012〕35 号	环境财政政策
99		《广东省人民政府关于印发广东省碳排放权交易试点工作实施方案的通知》	省政府	粤府函〔2012〕264 号	排污权交易政策
100		《广东省经济和信息化委　广东省财政厅关于开展 2012 年淘汰落后产能省财政补助资金申报工作的通知》	经济和信息化委员会财政厅	粤经信材料〔2012〕723 号	环境财政政策
101		《关于调整氮氧化物氨氮排污费征收标准和试点实行差别政策的通知》	发改委	粤价〔2013〕102 号	环境税费政策
102		《省物价局关于调整可再生能源电价附加标准有关问题的通知》	物价局	粤价〔2013〕217 号	环境资源定价政策
103	广东省	《广东省发展改革委　广东省财政厅关于申报 2013 年省低碳发展专项资金（低碳发展示范方向）的通知》	发改委	粤发改资环函〔2013〕3496 号	环境财政政策
104		《广东省发展改革委关于印发广东省碳排放权配额首次分配及工作方案（试行）的通知》	发改委	粤发改资环函〔2013〕3537 号	排污权交易政策
105		《转发国家发展改革委关于调整销售电价分类结构有关问题的通知》	物价局	粤价〔2013〕278 号	环境资源定价政策
106		《2013 年度广东省碳排放权配额有偿发放公告》	发改委	2013 年 12 月	排污权交易政策
107		《广东省物价局　广东省财政厅　广东省环境保护厅关于试点实行排污权有偿使用和交易价格管理有关问题的通知》	物价局　财政厅广东省环境保护厅	粤价〔2013〕291 号	排污权交易政策
108		《省物价局关于排污权交易服务收费标准问题的复函》	物价局	粤价函〔2013〕1469 号	排污权交易政策
109		《广东省发展改革委关于印发广东省应对气候变化"十二五"规划的通知》	省发改委	粤发改资环〔2014〕54 号	综合性政策
110		《广东省人民政府关于印发广东省大气污染　防治行动方案（2014—2017 年）的通知》	省政府	粤府〔2014〕6 号	综合性政策

续表

序号	地方	重要政策名称	发布部门	发布时间	政策类型
111	广东省	《关于核定 2013 年 7—12 月份有关垃圾焚烧发电厂上网电量及电价的通知》	省物价局	粤价〔2014〕47 号	环境资源定价政策
112		《省物价局关于核定 2013 年 7—12 月份有关垃圾焚烧发电厂上网电量及电价的通知》	省物价局	粤价〔2014〕47 号	环境资源定价政策
113		《广东省发展改革委关于印发〈广东省企业碳排放信息报告与核查实施细则（试行）〉的通知》	省发改委	粤发改资环〔2014〕145 号	排污权交易政策
114		《广东省发展改革委关于印发广东省 2014 年度碳排放配额分配实施方案的通知》	广东省发展改革委	粤发改气候〔2014〕495 号	排污权交易政策
115		《省发展改革委　省财政厅　省环境保护厅关于二氧化硫和化学需氧量排污权有偿使用和交易价格的通知》	省发展改革委	粤发改价格函〔2014〕2857 号	排污权交易政策
116		《广东省国土资源厅　广东省财政厅　广东省发展改革委关于矿山地质环境治理恢复保证金的管理办法》	广东省政府	粤国土资地环发〔2014〕322 号	生态补偿政策
117		《广东省环境保护厅　广东省财政厅关于排污权交易的规则（试行）》	广东省环境保护厅　广东省财政厅	粤环〔2015〕9 号	排污交易政策
118	广西壮族自治区	《关于环境污染责任保险工作的实施意见》	广西壮族自治区人民政府	2011 年 8 月 3 日	其他环境政策
119		《中共广西壮族自治区委员会　广西壮族自治区人民政府关于开展以环境倒逼机制推动产业转型升级攻坚战的决定》	广西壮族自治区人民政府	桂发〔2012〕9 号	行业经济政策
120		《广西壮族自治区人民政府办公厅关于转发〈环境保护厅等部门 2015—2017 年鼓励提前淘汰黄标车和老旧车奖励补贴指导意见〉的通知》	广西壮族自治区人民政府办公厅	桂政办发〔2015〕44 号	环境财政政策
121		《广西壮族自治区环境保护厅关于公开征求环境污染第三方治理实施细则（征求意见稿）公众意见的公告》	广西壮族自治区环境保护厅	2016 年 4 月 8 日	环境 PPP 政策
122	贵州省	《关于加强环境保护有关专项资金项目储备库建设管理的通知》	环保厅	2012 年 9 月 21 日	环境财政政策
123		《关于印发〈贵州省主要污染物排污权有偿使用和交易试点方案〉的通知》	环保厅	黔环通〔2013〕59 号	排污权交易政策

续表

序号	地方	重要政策名称	发布部门	发布时间	政策类型
124	贵州省	《关于印发〈关于开展环境污染强制责任保险试点工作的指导意见〉的通知》	环保厅 中国保险监督管理委员会贵州监管局	黔环通〔2013〕220 号	绿色金融政策
125		《贵州省环境保护厅 中国保险监督管理委员会贵州监管局关于全面推进环境污染责任保险工作有关事项的通知》	贵州省环境保护厅 中国保险监督管理委员会贵州监管局	2015 年 4 月 8 日	环境责任保险政策
126		《贵州省环境保护厅关于印发〈贵州省排污权交易指标补充规定（暂行）〉的通知》	贵州省环境保护厅	黔环通〔2015〕159 号	排污交易政策
127	海南省	《海南省物价局关于印发〈海南省城市供水价格调整成本公开实施办法（试行）〉的通知》	物价局	琼价价管〔2011〕384 号	环境资源定价政策
128		《关于印发〈海南省 2012 年森林保险试点实施方案〉的通知》	财政厅	琼财债〔2012〕1702 号	其他环境政策
129		《海南省物价局关于调整发电企业上网电价有关问题的通知》	物价局	琼价价管〔2014〕445 号	环境资源定价政策
130		《海南省物价局 海南省水务厅转发〈国家发展改革委住房城乡建设部关于加快建立完善城镇居民用水阶梯价格制度的指导意见〉的通知》	省物价局官网	琼价价管〔2014〕430 号	环境资源定价政策
131		《关于做好 2014 年度省主要污染物减排专项资金支持项目申报工作的通知》	省国土资源厅	2014 年 3 月 20 日	环境财政政策
132		《海南省物价局关于降低我省国Ⅳ标准车用汽柴油价格的通知》	省物价局	琼价价管〔2014〕430 号	环境财政政策
133		《关于做好 2014 年度省主要污染物减排专项资金支持项目申报工作的通知》	省财政厅	琼土环资控字〔2014〕13 号	环境财政政策
134		《海南省财政厅 海南省商务厅关于做好 2014 年我省老旧汽车报废更新补贴工作的通知》	海南省财政厅	琼财建〔2014〕231 号	环境财政政策
135		《海南省物价局关于调整发电企业上网电价有关问题的通知》	省物价局	琼价价管〔2014〕445 号	环境资源定价政策
136		《海南省物价局关于调整车用压缩天然气价格及有关问题的通知》	省物价局	琼价价管〔2015〕140 号	环境资源定价政策
137		《海南省物价局 海南省水务厅关于加强农村自来水价格管理的通知》	省物价局	琼价价管〔2014〕450 号	环境资源定价政策
138		《海南省人民政府办公厅关于印发〈海南省 2014—2015 年节能减排低碳发展行动方案〉的通知》	省政府	琼府办〔2014〕161 号	综合性政策

续表

序号	地方	重要政策名称	发布部门	发布时间	政策类型
139	海南省	《海南省人民政府关于落实最严格耕地保护制度严守耕地保护红线的通知》	省人民政府	琼府〔2014〕42 号	综合性政策
140		《海南省物价局关于调整一级市场液化石油气最高批发价格的通知》	海南省物价局	琼价价管〔2015〕344 号	环境资源定价政策
141		《海南省物价局转发国家发展改革委关于电动汽车用电价格政策有关问题的通知》	海南省物价局	2014 年 12 月 15 日	环境资源定价政策
142	河北省	《河北省财政厅 河北省林业局关于印发〈中央财政森林生态效益补偿基金管理实施细则〉的通知》	财政厅 林业局	冀财农〔2012〕2 号	环境财政政策
143		《河北省环保厅 河北省财政厅关于组织申报 2013 年度、2014 年度省级自然保护区专项资金的通知》	环保厅	2013 年 9 月 25 日	环境财政政策
144		《河北省物价局关于调整发电企业上网电价有关事项的通知》	物价局	冀价管〔2013〕89 号	环境资源定价政策
145		《河北省人民政府关于印发〈河北省钢铁水泥电力玻璃行业大气污染治理攻坚行动方案〉的通知》	省政府	冀政函〔2013〕154 号	综合性政策
146		《河北省人民政府印发关于进一步加快发展节能环保产业十项措施的通知》	省政府	冀政〔2013〕68 号	综合性政策
147		《河北省物价局关于进一步完善差别电价等有关政策的通知》	物价局	冀价管〔2013〕119 号	环境资源定价政策
148		《河北省发展和改革委员会关于汽油质量升级价格政策的通知》	物价局	冀发改传〔2013〕88 号	环境资源定价政策
149		《河北省物价局 河北省环境保护厅关于制定我省 2014 年度主要污染物排放权交易基准价格的通知》	物价局	冀价经费〔2014〕1 号	排污权交易政策
150		《关于进一步规范和优化电力企业排污许可证审批管理工作的通知》	省环保厅	2014 年 3 月 13 日	排污权交易政策
151		《关于下达 2014 年度财政补贴高效照明产品（节能灯）推广任务量的通知》	发改委	冀发改环资〔2014〕685 号	环境财政政策
152		《关于转发节能重点工程、循环经济和资源节约重大示范项目及重点工业污染治理工程 2014 年中央预算内投资计划（第一批）的通知》	发改委	冀发改投资〔2014〕787 号	环境财政政策
153		《河北省财政厅 河北省环境保护厅关于开展 2013 年中央大气污染防治专项资金项目检查的通知》	财政厅	2014 年 5 月 16 日	环境财政政策
154		《河北省关于转发〈国家发展改革委 工业和信息化部关于电解铝企业用电实行阶梯电价政策的通知〉的通知》	省物价局	冀价管〔2014〕66 号	环境资源定价政策

续表

序号	地方	重要政策名称	发布部门	发布时间	政策类型
155		《河北省物价局关于转发〈国家发展改革委关于海上风电上网电价政策的通知〉的通知》	省物价局	冀价管〔2014〕69 号	环境资源定价政策
156		《关于印发〈河北省钢铁水泥电力玻璃行业大气污染治理攻坚工程项目财政资金阶梯奖补实施办法〉的通知》	河北省大气污染防治工作领导小组办公室	冀政函〔2013〕154 号	环境财政政策
157		《关于对未列入〈河北省钢铁水泥电力玻璃行业大气污染治理攻坚行动方案〉的减排项目申请财政资金奖补有关问题的通知》	河北省环境保护厅办公室	2014 年 8 月 26 日	环境财政政策
158		《河北省物价局　关于调整非居民用存量天然气价格的通知》	省物价局	冀价管〔2014〕92 号	环境资源定价政策
159		《河北省人民政府关于加快山水林田湖生态修复的实施意见》	省政府	冀政〔2014〕86 号	生态补偿政策
160		《河北省物价局关于进一步疏导环保电价矛盾的通知》	河北省省物价局	冀价管〔2014〕95 号	环境资源定价政策
161	河北省	《河北省环境保护厅　河北省财政厅关于组织申报 2014 年省级环境保护以奖代补专项资金项目的通知》	省环保厅	2014 年 9 月 10 日	环境财政政策
162		《河北省财政厅　河北省环境保护厅关于印发〈河北省大气污染防治专项资金使用管理暂行办法（试行）〉的通知》	省财政厅	2014 年 9 月 19 日	环境财政政策
163		《河北省财政厅　河北省环境保护厅关于印发〈河北省生态补偿金管理办法〉的通知》	省财政厅	2014 年 10 月 29 日	生态补偿政策
164		《河北省地方税务局关于发布〈河北省煤炭资源税征收管理办法（试行）〉的公告》	河北省地方税务局	河北省地方税务局公告 2015 年第 1 号	环境税费政策
165		《河北省财政厅　河北省环境保护厅关于印发〈河北省省级自然保护区专项资金使用管理办法（试行）〉的通知》	省财政厅省环境保护厅	2015 年 5 月 15 日	环境财政政策
166		《河北省人民政府办公厅关于推行环境污染第三方治理的实施意见》	河北省人民政府办公厅	冀政办发〔2015〕17 号	环境 PPP 政策
167		《关于印发〈河北省排污权核定和分配技术方案〉的通知》	河北省环境保护厅	冀环办〔2015〕268 号	排污交易政策
168		《河北省人民政府办公厅关于进一步加强财政资金统筹使用的通知》	河北省人民政府办公厅	冀政办发〔2015〕25 号	环境财政政策
169		《河北省人民政府办公厅关于印发河北省排污权有偿使用和交易管理暂行办法的通知》	河北省人民政府办公厅	冀政办字〔2015〕133 号	排污交易政策

续表

序号	地方	重要政策名称	发布部门	发布时间	政策类型
170	河北	《河北省城镇供水用水管理办法》	省长张庆伟	河北省人民政府令〔2015〕第 8 号	绿色价格政策
171	河南省	《关于河南省水环境生态补偿暂行办法的补充通知》	财政厅 水利厅	豫环文〔2012〕50 号	环境财政政策
172		《关于对新乡市调整城市供水价格的批复》	发改委	豫发改价管〔2012〕708 号	环境资源定价政策
173		《省环保厅 省发展改革委关于燃煤发电机组环保电价及环保设施运行监管有关问题补充规定的通知》	河南省环境保护厅 河南省发展和改革委员会	2014 年 9 月 2 日	环境财政政策
174	黑龙江省	《黑龙江省物价监督管理局 黑龙江省财政厅关于调整二氧化硫排污费征收标准的批复》	物价局 财政厅	黑价联〔2012〕64 号	环境税费政策
175		《黑龙江省物价监督管理局转发〈国家发展改革委关于调整销售电价分类结构有关问题的通知〉的通知》	物价局	黑价格〔2013〕277 号	环境资源定价财政
176		《黑龙江省物价监督管理局关于居民单户电采暖用电价格的通知》	物价局	黑价格〔2013〕264 号	环境资源定价政策
177		《黑龙江省人民政府关于印发〈黑龙江省大气污染防治行动计划实施细则〉的通知》	省人民政府	黑政发〔2014〕1 号	综合性政策
178		《黑龙江省物价监督管理局关于主要污染物排污权有偿使用费标准的批复》	省物价局	黑价行〔2014〕43 号	排污权交易政策
179		《黑龙江省物价监督管理局关于执行第四阶段车用柴油价格的通知》	黑龙江省物价监督管理局	黑价明传〔2014〕9 号	环境资源定价政策
180	湖北省	《湖北省城市供水价格调整成本公开暂行办法》	物价局	鄂价成规〔2011〕15 号	环境资源定价政策
181		《关于做好 2011 年中央环保专项资金项目实施工作的通知》	环保厅	鄂环办〔2012〕27 号	环境财政政策
182		《湖北省主要污染物排污权交易办法》	省政府	鄂政发〔2012〕64 号	排污权交易政策
183		《省发展改革委关于印发〈湖北省2012 年节能环保产品推荐目录〉的通知》	发改委	鄂发改环资〔2012〕1045 号	环保目录
184		《省人民政府关于印发〈湖北省主要污染物排污权交易办法〉的通知》	省政府	鄂政发〔2012〕64 号	排污权交易政策
185		《湖北省人民政府关于实行最严格水资源管理制度的意见》	环保厅	鄂政发〔2013〕30 号	综合性政策
186		《关于切实做好中央重金属污染防治专项资金环境监测能力建设项目执行工作的通知》	环保厅	鄂环办〔2013〕199 号	环境财政政策

序号	地方	重要政策名称	发布部门	发布时间	政策类型
187	湖北省	《省国土资源厅转发〈国土资源部关于进一步规范矿产资源补偿费征收管理〉的通知》	国土资源厅	2013 年 8 月 19 日	环境财政政策
188		《省物价局关于印发〈湖北省供热价格管理办法〉的通知》	物价局	鄂价环资规〔2013〕125 号	环境资源定价政策
189		《省物价局转发国家发展改革委关于发挥价格杠杆作用促进光伏产业健康发展的通知》	物价局	2013 年 10 月	环境财政政策
190		《湖北省人大常委会关于大力推进绿色发展的决定》	省环境保护厅	2014 年 3 月 27 日	综合性政策
191		《湖北省碳排放权管理和交易暂行办法》	省政府	湖北省人民政府令第 371 号	排污权交易政策
192		《省人民政府办公厅关于切实加强全省饮用水水源保护工作的通知》	省政府	鄂政办发〔2014〕29 号	综合性政策
193		《2014—2015 年节能减排低碳发展行动方案》	省财政厅	鄂政办发〔2014〕55 号	综合性政策
194		《关于印发〈湖北省排污权有偿使用和交易试点工作实施方案（2014—2020 年）〉的通知》	湖北省环境保护厅	鄂环办〔2014〕278 号	排污权交易政策
195		《关于印发〈湖北省企业环境信用评价体系〉的通知》	湖北省环保厅	鄂环办〔2014〕341 号	综合性政策
196		《湖北省环保厅关于进一步加强排污许可证管理工作的通知》	湖北省环保厅	鄂环发〔2015〕17 号	排污权交易政策
197	湖南省	《关于开展 2011 年度环境责任保险工作的通知》	省政府	湘环函〔2011〕181 号	其他环境政策
198		《长沙市人民政府办公厅关于印发〈长沙市境内河流生态补偿办法（试行）〉的通知》	长沙市市政府	长政办发〔2012〕3 号	环境财政政策
199		《关于深入开展 2012 年度环境污染责任保险试点工作的通知》	环保厅	湘环发〔2012〕40 号	其他环境政策
200		《长沙市环境保护局关于印发〈长沙市境内河流生态补偿实施细则（试行）〉的通知》	长沙市环保局	长环发〔2012〕28 号	其他环境政策
201		《湖南省物价局　湖南省财政厅　湖南省水利厅关于调整水资源费征收标准的通知》	物价局	湘价费〔2013〕104 号	环境税费政策
202		《湖南省人民政府关于印发〈湖南省最严格水资源管理制度实施方案〉的通知》	水利厅	湘政发〔2013〕32 号	综合性政策
203		《湖南省物价局关于对部分省电网统调燃煤机组执行除尘电价的通知》	物价局	湘价电〔2013〕137 号	环境财政政策

续表

序号	地方	重要政策名称	发布部门	发布时间	政策类型
204	湖南省	《湖南省人民政府关于印发〈湖南省主要污染物排污权有偿使用和交易管理办法〉的通知》	省人民政府	湘政发〔2014〕4 号	排污权交易政策
205		《湖南省财政厅　湖南省林业厅关于印发〈湖南省森林生态效益补偿基金管理办法〉的通知》	省财政厅　省环保厅	湘财农〔2014〕1 号	生态补偿政策
206		《湖南省财政厅　湖南省环境保护厅关于印发〈湖南省环境保护专项资金使用管理办法〉的通知》	省环境保护厅	湘财建〔2014〕6 号	环境财政政策
207		《湖南省物价局　湖南省财政厅关于主要污染物排污权有偿使用收费和交易政府指导价格标准有关问题的通知》	湖南省物价局、湖南省财政厅	湘价费〔2014〕98 号	排污权交易政策
208		《关于印发〈湖南省主要污染物排污权有偿使用和交易实施细则〉的通知》	湖南省环保厅	湘环发〔2014〕29 号	排污权交易政策
209		《湖南省环境保护厅关于印发〈湖南省排污权有偿使用和交易资金使用规定(试行)〉的通知》	湖南省环境保护厅	湘环发〔2014〕33 号	排污权交易政策
210		《关于印发〈湖南省居民生活用天然气阶梯价格实施办法〉的通知》	湖南省发展和改革委员会	湘发改价商〔2014〕1175 号	环境资源定价政策
211		《湖南省环境保护厅关于印发〈湖南省企业环境信用评价管理办法〉的通知》	湖南省环境保护厅	湘环发〔2015〕1 号	环境信用制度
212		《关于印发〈湖南省重金属总量指标交易管理规程(试行)〉的通知》	湖南省环境保护厅	湘环发〔2015〕32 号	排污权交易政策
213		《湖南省环境保护厅关于加强排污许可证管理工作的通知》	湖南省环境保护厅	湘环发〔2015〕28 号	排污权交易政策
214	吉林省	《关于核定引嫩入白供水工程试行供水价格的通知》	环保厅物价局吉林省水利厅	吉省价审批〔2012〕2 号	环境资源定价政策
215		《吉林省财政厅　吉林省水利厅关于印发〈吉林省省级公益性水利工程维修养护专项补助经费使用管理暂行办法实施细则〉的通知》	水利局	吉财水〔2012〕888 号	环境财政政策
216		《吉林省人民政府关于印发吉林省落实大气污染防治行动计划实施细则的通知》	省政府	吉政发〔2013〕31 号	综合性政策
217		《关于印发〈吉林省省级污染减排和大气污染防治专项资金管理办法〉的通知》	省环保厅省财政厅	2014 年 6 月 10 日	环境财政政策
218		《关于建筑、市政工程施工扬尘污染防治费计取规定的通知》	吉林省住房和城乡建设厅	吉建造〔2014〕15 号	环境税费政策
219		《吉林省人民政府关于印发吉林省建设项目使用林地砍伐林木补偿标准的通知》	吉林省人民政府	吉政明电〔2014〕13 号	生态补偿政策

续表

序号	地方	重要政策名称	发布部门	发布时间	政策类型
220	吉林省	《吉林省物价局关于规范天然气价格管理及实施居民生活用气阶梯价格制度的指导意见》	吉林省物价局	吉省价格〔2014〕200 号	环境资源定价政策
221	江苏省	《无锡市环境污染责任保险实施意见》	无锡市市政府	锡政办发〔2011〕48 号	综合性政策
222		《江苏省政府关于进一步加快发展循环经济的意见》	省政府	苏政发〔2013〕8 号	综合性政策
223		《省政府关于印发江苏省"十二五"循环经济发展规划的通知》	省政府	苏政发〔2013〕7 号	综合性政策
224		《徐州市南水北调水环境质量区域补偿实施方案（试行）》	徐州市市政府	2012 年 3 月	环境财政政策
225		《江苏省国土资源厅　江苏省财政厅关于印发〈江苏省矿产资源补偿费减免暂行办法〉的通知》	国土资源厅财政厅	苏国土资规发〔2012〕5 号	环境财政政策
226		《江苏省政府办公厅关于转发省发展改革委省财政厅全省园区循环化改造推进工作方案的通知》	省政府	苏政办发〔2013〕4 号	综合性政策
227		《江苏省环境保护厅江苏省财政厅江苏省物价局关于印发〈江苏省二氧化硫排污权有偿使用和交易管理办法（试行）〉的通知》	物价局	苏环规〔2013〕2 号	排污权交易政策
228		《江苏省物价局关于明确电动汽车充换电设施用电价格和服务价格的通知》	省物价局	苏价工〔2014〕69 号	环境资源定价政策
229		《江苏省政府办公厅关于转发省环保厅省财政厅江苏省生态红线区域保护监督管理考核暂行办法》	省财政厅	江苏省政府办公厅关于转发省环保厅省财政厅	综合性政策
230		《江苏省省物价局关于调整电价有关事项的通知》	省物价局	2014 年 8 月 29 日	环境资源定价政策
231		《江苏省关于下达 2014 年交通运输节能减排专项资金的通知》	省财政厅	苏财建〔2014〕218 号	环境财政政策
232		《江苏省物价局关于明确推广使用第四阶段车用柴油价格有关问题的通知》	省物价局	苏价工〔2014〕331 号	环境资源定价政策
233		《江苏省政府办公厅关于印发江苏省 2014—2015 年节能减排低碳发展行动实施方案的通知》	省政府	苏政办发〔2014〕74 号	综合性政策
234		《关于我省 2014 年纯电动客车及乘用车推广应用省级财政补贴标准的补充通知》	省财政厅	苏财工贸〔2014〕153 号	环境财政政策
235		《江苏省政府关于全面推进农作物秸秆综合利用的意见》	江苏省政府	苏政发〔2014〕126 号	环境财政政策

续表

序号	地方	重要政策名称	发布部门	发布时间	政策类型
236	江苏省	《江苏省省政府办公厅关于转发省财政厅省环保厅江苏省生态补偿转移支付暂行办法的通知》	江苏省政府	苏政办发〔2013〕193 号	生态补偿政策
237		《江苏省政府办公厅关于转发省财政厅省环保厅江苏省水环境区域补偿实施办法（试行）的通知》	财政厅	苏政办发〔2013〕195 号	生态补偿政策
238		《关于 2015 年新能源汽车推广应用省级财政补贴实施细则的补充通知》	省财政厅	苏财工贸〔2015〕126 号	环境财政政策
239		《关于下达 2015 年度绿色江苏专项资金（第一批）的通知》	省财政厅	2015 年 1 月 30 日	环境财政政策
240		《江苏省财政厅省经济和信息化委关于印发〈2015 年江苏省新能源汽车推广应用省级财政补贴实施细则〉的通知》	省财政厅省经济和信息化委	苏财工贸〔2015〕19 号	环境财政政策
241		《江苏省财政厅省交通运输厅关于印发〈江苏省省级交通运输节能减排专项资金管理办法〉的通知》	省财政厅省交通运输厅	苏财规〔2015〕7 号	环境财政政策
242		《江苏省财政厅关于下达 2015 年度省级农业可再生资源循环利用专项资金的通知》	省财政厅	苏财农〔2015〕45 号	环境财政政策
243		《江苏省财政厅关于印发〈江苏省农业可再生资源循环利用专项资金管理办法〉的通知》	省财政厅	苏财规〔2015〕27 号	环境财政政策
244	江西省	《江西省发展改革委关于调整天然气价格的通知》	发改委	2013 年 7 月 5 日	环境资源定价政策
245		《江西省发展改革委 江西省财政厅 江西省水利厅关于调整全省水资源费征收标准的通知》	水利厅	2013 年 7 月	环境税费政策
246		《江西省发改委关于进一步扩大小水电上网价格委托管理范围的通知》	物价局	赣发改商价〔2013〕467 号	环境资源定价政策
247		《江西省环境保护厅关于印发〈环保系统关于加快发展环保产业的政策措施〉的通知》	发改委	2013 年 9 月	综合性政策
248		《江西省发展改革委关于印发〈小水电上网电价定价规范〉的通知》	发改委	赣发改商价〔2013〕595 号	环境资源定价财政
249		《江西省发展改革委 江西省林业厅关于下达退耕还林工程配套荒山荒地造林 2013 年中央预算内投资计划的通知》	发改委	2013 年 11 月	生态补偿政策
250		《江西省水利厅关于调整并规范取水许可、水资源费征收及建设项目水资源论证报告书审批权限的通知》	水利厅	2013 年 12 月	环境税费政策

续表

序号	地方	重要政策名称	发布部门	发布时间	政策类型
251	江西省	《江西省环境保护厅关于推进江西省环境污染强制责任保险试点工作的通知》	环保厅	2014年12月24日	绿色金融政策
252		《江西省发展改革委关于完善居民生活用电试行阶梯电价有关问题的通知》	发改委	赣发改商价〔2013〕987号	环境资源定价政策
253		《江西省财政厅　江西省地方税务局关于调整和确定我省岩金矿石等品目资源税税额标准的通知》	省财政厅	赣财法〔2014〕16号	环境税费政策
254		《江西省发展改革委关于制定城市管道天然气销售价格的指导意见》	江西省发展改革委	赣发改商价〔2014〕766号	环境资源定价政策
255		《关于免征新能源汽车车辆购置税的公告》	江西省财政厅	2014年8月7日	环境税费政策
256	内蒙古自治区	《内蒙古自治区人民政府办公厅关于印发〈自治区主要污染物排污权有偿使用和交易试点实施方案〉的通知》	内蒙古自治区政府	2011年3月	排污权交易政策
257		《内蒙古自治区关于开展环境污染责任保险试点工作的意见》	内蒙古自治区政府	2012年12月	其他环境政策
258		《内蒙古自治区发展和改革委员会关于调整非居民用天然气价格的通知》	内蒙古自治区发展和改革委员会	内发改价字〔2015〕791号	绿色价格政策
259		《内蒙古自治区发展和改革委员会关于降低非居民天然气价格的通知》	内蒙古自治区发展和改革委员会	2015年11月26日	绿色价格政策
260		《关于印发〈内蒙古自治区能效"领跑者"制度实施方案〉的通知》	内蒙古自治区应对气候变化及节能减排工作领导小组	2015年12月28日	行业环境政策
261	辽宁省	《2011年清洁生产审核市控以上重点企业排污状况表》	辽宁省大连市环保局	2011年7月	行业环境政策
262		《2011年清洁生产审核企业排污状况表》	大连市环保局	2011年7月	行业环境政策
263		《辽宁省人民政府关于印发〈辽宁海岸带保护和利用规划〉的通知》	省政府	辽政发〔2013〕28号	综合性政策
264		《辽宁省人民政府办公厅关于印发辽宁省实行最严格水资源管理制度考核办法的通知》	辽宁省政府	辽政办发〔2014〕16号	综合性政策
265		《辽宁省人民政府办公厅转发省海洋渔业厅关于在渤海实施海洋生态红线制度意见的通知》	辽宁省政府	辽政办发〔2014〕18号	综合性政策
266		《辽宁省环境保护厅关于〈印发辽宁省排污许可证管理暂行办法〉的通知》	辽宁省环境保护厅	辽环发〔2015〕28号	排污交易政策

续表

序号	地方	重要政策名称	发布部门	发布时间	政策类型
267	辽宁省	《辽宁省人民政府办公厅关于加快新能源汽车推广应用的实施意见》	辽宁省人民政府办公厅	辽政办发〔2015〕55 号	环境财政政策
268		《辽宁省环境保护厅关于印发〈辽宁省燃煤发电机组环保电价及环保设施运行监管实施细则〉的通知》	辽宁省环境保护厅辽宁省物价局	辽环办〔2015〕21 号	绿色价格政策
269	青海省	《青海省人民政府办公厅关于印发〈青海省地方水利建设基金筹集使用和管理实施办法〉的通知》	省政府	青政办〔2012〕226 号	环境财政政策
270		《青海省人民政府办公厅转发省财政厅等部门关于青海省重点生态功能区草原日常管护经费补偿机制实施办法的通知》	省政府	青政办〔2012〕227 号	环境财政政策
271		《关于对申请上市的企业和申请再融资的上市企业进行环境保护核查的规定》	省政府	2012 年 10 月 9 日	行业环境政策
272		《青海省环境保护厅关于印发环境保护部〈国家重点监控企业自行监测及信息公开办法（试行）〉和〈国家重点监控企业污染源监督性监测及信息公开办法（试行）〉的通知》	环保厅	2013 年 9 月	综合性政策
273		《青海省环境保护厅关于青海省主要污染物排污权交易规则的补充通知》	青海省环境保护厅	2015 年 3 月 9 日	排污交易政策
274		《青海省发展和改革员会关于建立健全居民生活用气阶梯价格制度的指导意见》	青海省发展和改革委员会	2015 年 4 月 3 日	绿色价格政策
275		《省发展改革委　省财政厅　省水利厅关于我省水土保持补偿费征收标准（试行）的通知》	省发展改革委省财政省水利厅	青发改价格〔2015〕258 号	生态补偿政策
276		《关于做好第二批环境污染责任保险试点工作的通知》	环保厅	青环发〔2015〕245 号	环境责任保险政策
277		《青海省环境保护厅关于印发〈青海省排污许可证管理暂行规定〉的通知》	青海省环境保护厅	青环发〔2015〕368 号	排污交易政策
278		《青海省发展和改革委员会关于我省电解铝企业用电 2015 年度阶梯电价标准的通知》	青海省发展和改革委员会	青发改价格〔2015〕852 号	绿色价格政策
279	山东省	《海洋生态损害赔偿费和损失补偿费管理暂行办法》	省政府	2011 年 7 月	其他环境政策
280		《关于印发〈墨水河流域生态补偿暂行办法〉的通知》	青岛市市政府	青环发〔2011〕88 号	环境财政政策
281		《关于印发〈关于积极推进水价改革的指导意见〉的通知》	物价局财政厅水利厅等	鲁价格发〔2011〕183 号	环境资源定价政策

续表

序号	地方	重要政策名称	发布部门	发布时间	政策类型
282		《山东省中央环境保护专项资金污染防治项目绩效评价试点工作方案》	环保厅	2012年8月13日	环境财政政策
283		《山东省人民政府关于贯彻国发〔2012〕19号文件〈进一步加快节能环保产业发展的实施意见〉》	省政府	鲁政发〔2013〕6号	综合性政策
284		《山东省人民政府办公厅关于印发山东省黄标车提前淘汰补贴管理办法的通知》	省政府	鲁政办发〔2013〕28号	环境财政政策
285		《山东省人民政府办公厅关于印发山东省城乡污水处理及再生利用设施建设规划（2013—2015年）的通知》	省政府	鲁政办发〔2013〕26号	综合性政策
286		《山东省海洋与渔业厅关于印发〈山东省海洋特别保护区管理暂行办法〉的通知》	省海洋与渔业厅	鲁海渔函〔2014〕19号	综合性政策
287		《山东省人民政府办公厅关于印发山东省环境空气质量生态补偿暂行办法的通知》	省人民政府	鲁政办字〔2014〕27号	生态补偿政策
288		《山东省人民政府办公厅关于加强村镇污水垃圾处理设施建设的意见》	省政府	鲁政办字〔2014〕55号	环境财政政策
289	山东省	《关于征求〈山东省企业环境信用评价办法（征求意见稿）〉意见的通知》	环保厅	2014年7月7日	绿色金融政策
290		《山东省人民政府关于南四湖生态环境保护试点总体实施方案中期调整意见的批复》	省政府	鲁政字〔2014〕130号	生态补偿政策
291		《山东省人民政府办公厅关于印发〈山东省治理淘汰黄标车工作方案〉的通知》	省政府	鲁政办字〔2014〕98号	环境财政政策
292		《山东省黄标车"黄改绿"补贴管理暂行办法》	省财政厅	2014年9月3日	环境财政政策
293		《山东省人民政府关于贯彻落实国〔2013〕24号文件促进光伏产业健康发展的意见》	省政府	鲁政发〔2014〕16号	行业环境经济政策
294		《山东省人民政府办公厅关于印发山东省深化价格改革实施方案的通知》	山东省人民政府办公厅	鲁政办发〔2014〕40号	环境资源定价政策
295		《山东省财政厅 山东省交通运输厅关于印发〈山东省节能与新能源城市公交车示范推广资金管理暂行办法〉的通知》	山东省财政厅 山东省交通运输厅	鲁财建〔2015〕32号	环境财政政策
296		《关于加快推进燃煤机组（锅炉）超低排放的指导意见》	省环保厅、省发改委、省经信委、省财政厅、省物价局	鲁环发〔2015〕98号）	环境财政政策

续表

序号	地方	重要政策名称	发布部门	发布时间	政策类型
297	山东省	《山东省人民政府办公厅关于修改山东省环境空气质量生态补偿暂行办法的通知》	山东省人民政府办公厅	鲁政办字〔2015〕44 号	生态补偿政策
298	山西省	《关于试行环境污染责任保险工作的通知》	环保厅保监局	晋环发〔2011〕194 号	其他环境政策
299		《山西省环境保护厅关于深入开展环境污染责任保险试行工作的通知》	环保厅	晋环发〔2011〕328 号	其他环境政策
300		《关于组织申报 2013 年环保专项资金项目的通知》	财政厅	2013 年 3 月	环境财政政策
301		《山西省环境保护厅山西省农业厅关于进一步加大畜禽养殖污染减排项目推进力度的通知》	环保厅	晋环发〔2013〕84 号	环境财政政策
302		《山西省人民政府关于印发〈山西省加快发展节能环保产业实施方案〉的通知》	省政府	晋政发〔2013〕42 号	行业环境经济政策
303		《山西省人民政府办公厅关于印发山西省大气污染防治 2014 年行动计划的通知》	省政府	晋政办发〔2014〕13 号	综合性政策
304		《山西省人民政府关于实行最严格水资源管理制度的实施意见》	省政府	晋政发〔2014〕13 号	综合性政策
305		《山西省人民政府关于印发〈山西省实行最严格水资源管理制度工作方案和考核办法〉的通知》	省政府	晋政办发〔2014〕29 号	综合性政策
306		《山西省人民政府关于印发〈涉煤收费清理规范工作方案〉的通知》	山西省人民政府	晋政发〔2014〕20 号	环境税费政策
307		《山西省人民政府办公厅关于加快城镇污水处理设施建设确保"十二五"城镇生活源减排任务完成的通知》	山西省人民政府	晋政办发〔2014〕53 号	环境财政政策
308		《山西省人民政府办公厅关于印发山西省加快推进新能源汽车产业发展和推广应用若干政策措施的通知》	山西省人民政府办公厅	晋政办发〔2014〕77 号	行业环境经济政策
309		《山西省人民政府办公厅关于印发山西省黄标车及老旧车淘汰工作实施方案的通知》	山西省人民政府办公厅	晋政办发〔2014〕78 号	环境财政财政
310		《山西省人民政府关于印发山西省社会信用体系建设规划（2014—2020 年）的通知》	山西省人民政府	晋政发〔2014〕40 号	综合性政策
311	陕西省	《陕西省人民政府办公厅发布关于印发〈省主要污染物排污权有偿使用和交易试点实施方案〉的通知》	省政府	陕政办发〔2012〕14 号	其他环境政策

序号	地方	重要政策名称	发布部门	发布时间	政策类型
312	陕西省	《陕西省环境保护厅 中国保险监督管理委员会 陕西监管局关于转发环境保护部 中国保监会〈关于开展环境污染强制责任保险试点工作的指导意见〉的通知》	环保厅	陕环发〔2013〕20号	绿色金融政策
313		《关于加强陕西省淘汰注册运营"黄标车"补贴资金管理的通知》	环保厅	陕财办建〔2013〕26号	环境财政政策
314		《陕西省放射性污染防治条例》	陕西省人民代表大会常务委员会	2014年10月1日	综合性政策
315		《关于印发陕西省排污许可证管理暂行办法的通知》	环保厅	陕环发〔2015〕20号	排污交易政策
316		《陕西省环境保护厅 陕西省财政厅关于陕北陕南城市燃煤锅炉拆改补贴办法和奖励标准有关问题的通知》	陕西省环境保护厅 陕西省财政厅	陕环发〔2015〕29号	环境财政政策
317		《关于印发〈关中地区燃煤火电机组超低排放改造补贴办法和奖励标准有关问题〉的通知》	陕西省环境保护厅 陕西省财政厅 陕西省发展和改革委员会	陕发改煤电〔2015〕79号	绿色价格政策
318		《陕西省人民政府办公厅关于印发加快推进环境污染第三方治理实施方案的通知》	陕西省人民政府办公厅	陕政办发〔2015〕70号	环境PPP政策
319		《陕西省环境保护厅办公室转发环境保护部办公厅关于执行调整排污费征收标准政策有关具体问题的通知》	陕西省环境保护厅办公室	陕环办发〔2015〕71号	环境税费政策
320	上海市	《关于下达2011年基本农田生态补偿补贴资金的通知》	市政府	闵农委〔2011〕18号	环境财政政策
321		《关于下达本市2013年节能减排专项资金安排计划（第二批）的通知》	发改委	沪发改环资〔2013〕050号	环境财政政策
322		《关于下达本市2013年节能减排专项资金安排计划（第五批）的通知》	发改委	沪发改环资〔2013〕093号	环境财政政策
323		《关于下达本市2013年节能减排专项资金安排计划（第六批）的通知》	发改委	沪发改环资〔2013〕110号	环境财政政策
324		《关于印发〈上海市燃煤电厂高效除尘改造实施方案〉和〈上海市燃煤电厂脱硝设施超量减排补贴政策实施方案〉的通知》	发改委	沪发改环资〔2013〕121号	环境财政政策
325		《上海市发展改革委关于转发〈国家发展改革委关于印发〈分布式发电管理暂行办法〉的通知〉的通知》	发改委	沪发改能源〔2013〕158号	环境财政政策
326		《上海市物价局 上海市绿化和市容管理局关于本市单位生活垃圾处理收费有关事项的通知》	发改委	沪价费〔2013〕10号	环境税费政策

续表

序号	地方	重要政策名称	发布部门	发布时间	政策类型
327	上海市	《上海市发展改革委关于组织申报2013年循环经济发展和资源综合利用财政补贴项目的通知》	发改委	沪发改环资〔2013〕140号	环境财政政策
328		《关于下达本市2013年节能减排专项资金安排计划（第八批）的通知》	发改委	沪发改环资〔2013〕142号	环境财政政策
329		《上海市物价局关于调整本市发电企业上网电价有关事项的通知》	物价局	沪价管〔2013〕3号	环境资源定价财政
330		《上海市物价局关于完善本市垃圾焚烧发电上网电价的通知》	物价局	沪价管〔2013〕18号	环境资源定价政策
331		《关于调整本市水资源费征收标准的复函》	发改委	沪价管〔2013〕24号	环境税费政策
332		《上海市物价局关于调整本市车用液化石油气零售价格的通知》	物价局	沪价管〔2014〕18号	环境资源定价政策
333		《关于下达本市2014年节能减排专项资金安排计划（第一批）的通知》	发改委	沪发改环资〔2014〕10号	环境财政政策
334		《关于转发〈财政部　国家税务总局关于对废矿物油再生油品免征消费税的通知〉的通知》	市财政局、发改委	沪财税〔2014〕17号	环境税费政策
335		《上海市2014年产业结构调整重点工作安排》	市人民政府	沪府办发〔2014〕15号	综合性政策
336		《上海市人民政府办公厅关于转发市发展改革委等三部门制订的〈上海市促进产业结构调整差别电价实施管理办法〉的通知》	市人民政府	沪府办发〔2014〕12号	环境资源定价政策
337		《关于规范居民非生活垃圾清运收费的通知》	上海市物价局	沪价费〔2014〕10号	环境税费政策
338		《市发展改革委印发〈可再生能源和新能源发展专项资金扶持办法〉》	市发改委	2014年4月21日	环境财政政策
339		《上海市发展和改革委员会（物价局）关于车用汽、柴油价格的通知》	上海市发改委	沪发改价管〔2014〕18号	环境资源定价政策
340		《上海市物价局　上海市环保局关于转发国家发展改革委　环境保护部〈燃煤发电机组环保电价及环保设施运行监管办法〉的通知》	市物价局	沪发改价管〔2012〕027号	环境财政政策
341		《市政府办公厅关于转发市发展改革委等六部门制订的上海市鼓励购买和使用新能源汽车暂行办法》	市政府	沪府办发〔2014〕21号	环境财政政策
342		《关于下达本市2014年节能减排专项资金安排计划（第三批）的通知》	市发改委	沪发改环资〔2014〕97号	环境财政政策
343		《上海市大气污染防治条例》	市政府	2014年7月28日	综合性政策
344		《关于下达本市2014年节能减排专项资金安排计划（第五批）的通知》	上海市发展和改革委员会	沪发改环资〔2014〕140号	环境财政政策

续表

序号	地方	重要政策名称	发布部门	发布时间	政策类型
345		《上海市物价局关于进一步疏导环保电价矛盾的通知》	市物价局	沪价管〔2014〕19 号	环境资源定价政策
346		《关于下达本市 2014 年节能减排专项资金安排计划（第七批）的通知》	市财政厅	沪发改环资〔2014〕155 号	环境财政政策
347		《关于下达本市 2014 年节能减排专项资金安排计划（第八批）的通知》	市财政厅	沪发改环资〔2014〕157 号	环境财政政策
348		《上海市发展改革委关于组织申报 2015 年可再生能源和新能源发展专项资金使用计划的通知》	市发改委	沪发改能源〔2014〕219 号	环境财政政策
349		《关于实施本市非居民用户天然气销售价格联动调整的通知》	市发改委	沪价管〔2015〕11 号	环境资源定价政策
350		《上海市环境保护局关于印发〈上海市主要污染物排放许可证管理办法〉的通知》	市环保局	2014 年 10 月 8 日	排污权交易政策
351		《关于印发〈上海市光伏发电项目管理办法〉的通知》	上海市发展和改革委员会	沪发改能源〔2014〕237 号	环境财政政策
352		《关于下达本市 2014 年节能减排专项资金安排计划（第九批）的通知》	市财政厅	沪发改环资〔2014〕173 号	环境财政政策
353	上海市	《关于调整完善本市燃煤（重油）锅炉和窑炉清洁能源替代支持政策的通知》	发改委经济和信息化委员会财政局	沪发改环资〔2014〕182 号	环境财政政策
354		《关于下达本市 2014 年节能减排专项资金安排计划（第十二批）的通知》	发改委	沪发改环资〔2014〕195 号	环境财政政策
355		《2015 年本市推进高污染车辆环保治理工作方案》	上海市交通委员会上海市环境保护局上海市公安局	2015 年 3 月 20 日	环境财政政策
356		《上海市环境保护局关于印发〈上海市 2015—2016 年度主要污染物排放许可证核发和管理工作方案〉的通知》	上海市环境保护局	2015 年 4 月 3 日	排污交易政策
357		《上海市物价局关于落实〈国家发展改革委关于降低燃煤发电上网电价和工商业用电价格的通知〉的通知》	上海市物价局	沪价管〔2015〕2 号	绿色价格政策
358		《上海市环境保护局关于印发〈上海市 2015—2016 年排污许可证核发和证后监管工作要点〉的通知》	上海市环境保护局	沪环保总〔2015〕376 号	排污交易政策
359		《上海市发展改革委 上海市财政局关于开展分布式光伏"阳光贷"有关工作的通知》	上海市发展和改革委员会上海市财政局	沪发改能源〔2015〕166 号	绿色信贷政策
360	四川省	《四川省省级环境保护专项资金转移支付管理暂行办法》	财政厅环保厅	川财建〔2011〕164 号	环境财政政策

续表

序号	地方	重要政策名称	发布部门	发布时间	政策类型
361	四川省	《四川省省级环境保护专项资金管理暂行办法》	财政厅 环保厅	川财建〔2011〕164 号	环境财政政策
362		《关于印发四川省国家重点生态功能区转移支付资金管理暂行办法的通知》	财政厅	川财预〔2011〕151 号	环境财政政策
363		《关于继续开展环境污染责任保险试点工作的通知》	环保厅	川环函〔2012〕376 号	其他环境政策
364		《成都市排污权交易管理规定》	成都市市政府	成都市人民政府令第 175 号	排污权交易政策
365		《四川省森林生态效益补偿基金管理办法》	林业厅 财政厅	川财农〔2012〕168 号	环境财政政策
366		《关于开展中央环保专项资金污染防治项目绩效评价工作的通知》	环保局	川环办函〔2012〕186 号	环境财政政策
367		《关于深入开展环境污染责任保险工作的通知》	环保局	2012 年 11 月 9 日	其他环境政策
368		《四川省环境保护厅　四川省财政厅关于组织申报 2013 年中央重金属污染防治专项资金项目的通知》	环保厅	川环发〔2013〕100 号	环境财政政策
369		《四川省环境保护厅　四川省财政厅关于申报 2013 年省级自然生态保护专项资金项目的通知》	环保厅	川环函〔2013〕1010 号	环境财政政策
370		《四川省环境保护厅办公室关于加快实施 2013 年省级环保专项资金水质自动站和空气自动监测系统建设项目的通知》	环保厅	川环办函〔2013〕159 号	环境财政政策
371		《关于贯彻实施〈企业环境信用评价办法（试行）〉的通知》	省环保厅	川环发〔2014〕55 号	综合性政策
372		《省经济和信息化委　财政厅关于组织申报高风险污染物削减中央财政清洁生产专项资金奖励的通知》	四川省经济和信息化委员四川省财政厅	川经信环资〔2015〕31 号	环境财政政策
373		《关于开展 2014 年草原生态保护补助奖励机制政策实施绩效考评工作的通知》	四川省实施草原生态保护补助奖励政策工作领导小组办公室	2015 年 7 月 14 日	生态补偿政策
374		《四川省农业厅关于抓紧落实 2015 年草原生态保护补助奖励政策的通知》	四川省农业厅	2015 年 8 月 3 日	生态补偿政策
375		《四川省环境保护厅　四川保监局关于继续推进环境污染责任保险试点工作的通知》	四川省环境保护厅四川保监局	川环函〔2015〕1137 号	环境责任保险政策
376		《关于开展草原生态补奖政策和退牧还草工程实施进度督促检查的通知》	四川省农业厅	2015 年 9 月 28 日	生态补偿政策

序号	地方	重要政策名称	发布部门	发布时间	政策类型
377	四川省	《四川省发展和改革委员会　四川省住房和城乡建设厅关于放开非居民和特种行业用自来水销售价格的通知》	发展和改革委员会　四川省住房和城乡建设厅	川发改价格〔2015〕844号	绿色价格政策
378		《四川省发展和改革委员会关于放开非居民用天然气销售价格的通知》	四川省发展和改革委员会	川发改价格〔2015〕919号	绿色价格政策
379		《关于利用2014年水电站超发电量收益清算资金对公用燃煤机组欠发电量进行电价补偿的公示》	四川省发展和改革委员会	2015年12月25日	绿色价格政策
380	天津市	《天津子牙循环经济产业区管理办法》	市政府	2013年津政令第2号	综合性政策
381		《天津市发展和改革委员会关于我市调整非居民用天然气销售价格的通知》	发改委	2013年7月	环境资源定价政策
382		中国进出口受控消耗臭氧层物质名录第一批至第六批	环保局	2013年8月	绿色贸易政策
383		《天津市财政局关于政府采购支持节能环保产品的实施意见》	财政局	津财采〔2013〕28号	环境财政政策
384		《市发展改革委关于我市调整非居民供热价格的通知》	发改委	津发改管〔2013〕1135号	环境资源定价政策
385		《天津市人民政府办公厅关于印发天津市碳排放权交易管理暂行办法的通知》	市政府	津政办发〔2016〕31号	排污权交易政策
386		《天津市人民政府办公厅关于转发市水务局拟定的天津市计划用水管理办法的通知》	市政府	津政办发〔2014〕29号	综合性政策
387		《市发改委　市财政局　市环保局关于印发二氧化硫等4种污染物排污费征收标准调整及差别化收费实施细则（试行）的通知》	市环保局	津发改价管〔2014〕272号	环境税费政策
388		《市发展改革委　市环保局关于燃煤发电机组环保电价及环保设施运行监管有关问题的通知》	发改委	发改价格〔2014〕536号	环境财政政策
389		《天津市人民政府关于印发天津市永久性保护生态区域管理规定的通知》	天津市人民政府	津政发〔2014〕13号	环境财政政策
390		《天津市人民政府办公厅关于印发贯彻落实京津冀及周边地区大气污染防治协作机制会议精神12条措施的通知》	市政府	津政办发〔2014〕84号	综合性政策
391		《天津市人民政府办公厅关于印发天津市散煤清洁化替代工作实施方案的通知》	市政府	津政办发〔2014〕89号	综合性政策

续表

序号	地方	重要政策名称	发布部门	发布时间	政策类型
392	天津市	《天津市绿色供应链管理暂行办法》	市发展改革委 市工业和信息化委　市商务委 市财政局市建委 市环保局　市市场监管委	津政办发〔2015〕101 号	绿色采购政策
393		《市发展改革委　市财政局　市环保局关于调整烟尘和一般性粉尘排污费征收标准的通知》	市发展改革委市财政局市环保局	津发改价管〔2015〕352 号	环境税费政策
394		《天津市环保局关于印发烟尘和一般性粉尘排污费征收标准调整及收费实施细则（试行）的通知》	市环保局	津环保财〔2015〕82 号	环境税费政策
395		市环保局关于施工工地排污申报与排污费征收有关问题的通知	市环保局	2015 年 5 月 29 日	环境税费政策
396		《市发展改革委关于天津市碳排放权交易试点纳入企业 2014 年度碳排放履约情况的公告》	天津市发展和改革委员会	2015 年 7 月 15 日	排污交易政策
397		市环保局关于加强施工扬尘排污费征收工作的通知	市环保局	2015 年 8 月 18 日	环境税费政策
398		《天津市人民政府办公厅关于转发市水务局拟定的天津市超计划用水累进加价收费征收管理规定的通知》	市水务局	津政办发〔2015〕72 号	绿色价格政策
399		《天津市发展改革委关于国电津能滨海热电燃煤发电机组执行超低排放电价的通知》	天津市发展改革委	2015 年 10 月 26 日	绿色价格政策
400	新疆维吾尔自治区	《关于将沙雅县列为国家石油开采生态补偿试点县的请示》	环保厅	2011 年 10 月	综合性环境政策
401		《关于加强矿产资源补偿费征收有关工作的通知》	国土资源厅	2012 年 4 月 26 日	环境财政政策
402		《关于提高二氧化硫和化学需氧量排污费征收标准的通知》	发改委	新发改收费〔2012〕1919 号	行业环境政策
403		《关于推进新疆环境污染责任保险试点工作的通知》	环保厅	新环法发〔2013〕138 号	绿色金融政策
404		《关于调整排污费征收标准等有关问题的通知》	自治区发展改革委　自治区财政厅　自治区环保厅	新发改收费〔2015〕363 号	环境税费政策
405		《关于印发〈新疆维吾尔自治区排污许可证管理暂行办法）的通知》	新疆维吾尔自治区环境保护厅	新环发〔2015〕207 号	排污交易政策
406		《关于合理调整我区污水处理收费标准的指导意见》	自治区发展改革委　自治区财政厅　自治区住建厅	新发改农价〔2015〕1457 号	绿色价格政策

续表

序号	地方	重要政策名称	发布部门	发布时间	政策类型
407	新疆维吾尔自治区	《关于印发〈新疆维吾尔自治区排污权有偿使用和交易试点工作暂行办法〉的通知》	新疆维吾尔自治区人民政府办公厅	新政办发〔2015〕164号	排污交易政策
408	云南省	《云南省省级公益林生态效益补偿资金管理办法》	财政厅林业局	云财农〔2009〕395号	环境财政政策
409		《云南省环保厅关于开展2014年度省级污染减排专项资金项目申报工作的通知》	环保厅	云环通〔2013〕号	环境财政政策
410	浙江省	《温州市排污权有偿使用和交易试行办法》	温州市市政府	2011年温政令第123号	排污权交易政策
411		《关于推进绿色信贷工作的实施意见》	环保厅浙江银监局	浙环发〔2011〕34号	绿色信用政策
412		《浙江绿色信贷信息共享备忘录》	环保厅银监局	2011年5月10日	绿色信用政策
413		《关于对我省2011年第一批超能耗限额标准单位落实惩罚性电价的通知》	经信委物价局电监办	浙经信资源〔2011〕494号	行业环境政策
414		《关于正式启用绿色信贷信息共享专用平台的通知》	环保厅	浙环发〔2011〕70号	绿色信用政策
415		《嘉兴市绿色信贷政策实施效果评价办法（暂行）》	嘉兴市市政府	2011年11月28日	绿色信用政策
416		《浙江省体制改革"十二五"规划》	省政府	2012年5月8日	综合性环境政策
417		《关于下达2012年度市级以上公益林及水源涵养林森林生态效益补偿资金的通知》	宁波市林业局	2012年5月30日	环境财政政策
418		《浙江省财政厅　浙江省林业厅关于印发〈浙江省湿地保护补助资金管理办法〉的通知》	财政厅林业局	浙财农〔2012〕286号	环境财政政策
419		《浙江省人民政府办公厅转发省物价局等4部门关于浙江省差别化电价加价实施意见的通知》	省政府	浙政办发〔2013〕2号	环境资源定价政策
420		浙江省人民政府办公厅关于加强环境资源配置量化管理推动产业转型升级的意见	省政府	浙政办发〔2013〕8号	综合性政策
421		《浙江省人民政府办公厅关于印发浙江省环境空气质量管理考核办法（试行）的通知》	省政府	浙政办发〔2013〕72号	环境财政政策
422		《浙江省财政厅关于公开征求〈浙江省财政林业补贴资金与项目管理办法〉（草案）意见的公告》	财政局	2013年7月	生态补偿政策

续表

序号	地方	重要政策名称	发布部门	发布时间	政策类型
423		《浙江省财政厅 浙江省国土资源厅关于提高省统筹补充耕地项目耕地开垦费收缴标准的通知》	浙江省财政厅国土资源厅	浙财农〔2013〕298 号	环境税费政策
424		《浙江省国土资源厅关于印发〈浙江省国土资源厅专项资金预算绩效评价管理办法〉的通知》	国土资源厅	2013 年 10 月	环境财政政策
425		《浙江省物价局关于转发国家发展改革委调整销售电价分类结构有关问题的通知》	省物价局	浙价资〔2013〕273 号	环境资源定价政策
426		《浙江省人民政府办公厅关于印发浙江省控制温室气体排放实施方案的通知》	省环保厅	浙政办发〔2013〕144 号	综合性政策
427		《浙江省物价局关于印发〈浙江省天然气价格管理办法（试行）〉的通知》	物价局	2013 年 12 月 30 日	环境资源定价政策
428		《浙江省人民政府关于印发浙江省大气污染防治行动计划（2013—2017 年）的通知》	省政府	浙政发〔2013〕59 号	综合性政策
429		《浙江省物价局 省财政厅 省环保厅关于调整我省排污费征收标准的通知》	物价局	环价资〔2014〕36 号	环境税费政策
430	浙江省	《关于转发国家发展改革委发挥价格杠杆作用促进光伏产业健康发展的通知》	省物价局	浙价资〔2014〕26 号	行业环境经济政策
431		《浙江省财政厅 浙江省住房和城乡建设厅关于印发浙江省城乡生活垃圾处理设施建设专项资金管理办法的通知》	省财政厅	浙财建〔2014〕8 号	环境财政政策
432		《浙江省财政厅 浙江省能源局关于印发浙江省可再生能源发展专项资金管理暂行办法的通知》	省财政厅	浙财建〔2015〕53 号	环境财政政策
433		《省物价局 省财政厅 省环保厅关于调整我省排污费征收标准的通知》	省物价局	环价资〔2014〕36 号	环境税费政策
434		《浙江省财政厅 浙江省物价局 浙江省水利厅 中国人民银行杭州中心支行转发财政部 国家发展改革委 水利部 中国人民银行关于印发〈水土保持补偿费征收使用管理办法〉的通知》	省财政浙江省物价局浙江省水利厅中国人民银行杭州中心支行	浙财综〔2014〕27 号	生态补偿政策
435		《浙江省财政厅 中共浙江省委浙江省人民政府农业和农村工作领导小组办公室关于印发浙江省省级单位"五水共治"捐款资金使用管理办法的通知》	省财政省农办	浙财农〔2014〕55 号	环境财政政策

续表

序号	地方	重要政策名称	发布部门	发布时间	政策类型
436	浙江省	《浙江省人民政府关于印发浙江省2014年主要污染物总量减排计划的通知》	省政府	浙政发〔2014〕23号	综合性政策
437		《关于转发国家发展改革委　环境保护部〈燃煤发电机组环保电价及环保设施运行监管办法〉的通知》	省物价局浙江省环境保护厅	浙价资〔2014〕135号	环境财政政策
438		《浙江省物价局等部门关于转发国家发展改革委等部门运用价格手段促进水泥行业产业结构调整有关事项的通知》	省物价局	浙价资〔2014〕142号	行业环境经济政策
439		《浙江省物价局　浙江省环境保护厅关于非省统调公用热电联产发电机组执行脱硫电价及脱硫电价考核有关工作意见的通知》	省物价局	浙价资〔2014〕136号	环境资源定价政策
440		《浙江省物价局关于完善小水电上网电价政策有关事项的通知》	浙江省物价局	浙价资〔2014〕150号	环境资源定价政策
441		《浙江省物价局　浙江省财政厅　浙江省水利厅关于调整我省水资源费分类及征收标准的通知》	浙江省物价局浙江省财政厅浙江省水利厅	浙价资〔2014〕207号	环境税费政策
442		《浙江省物价局　浙江省财政厅　浙江省水利厅关于水土保持补偿费收费标准的通知》	省物价局	浙价费〔2014〕224号	生态补偿政策
443		《浙江省物价局关于杭州市区非居民生活污水处理费收费标准的批复》	浙江省物价局	2014年11月14日	环境税费政策
444		《浙江省物价局关于调整非居民用天然气价格的通知》	浙江省物价局	2014年11月14日	环境资源定价政策
445		《关于做好2014年省级环保专项资金使用管理的通知》	浙江省环境保护厅	2014年11月18日	环境财政政策
446		《浙江省财政厅　浙江省林业厅关于印发浙江省林业发展和资源保护专项资金管理办法（试行）的通知》	浙江省财政厅浙江省林业厅	浙财农〔2015〕35号	环境财政政策
447		《浙江省财政厅　浙江省能源局关于印发浙江省可再生能源发展专项资金管理办法的通知》	浙江省财政厅浙江省能源局	浙财建〔2015〕53号	环境财政政策
448		《浙江省财政厅　浙江省环境保护厅关于印发浙江省环境保护专项资金管理办法的通知》	浙江省财政厅浙江省环境保护厅	浙财建〔2015〕129号	环境财政政策
449		《浙江省人民政府办公厅关于加强农村生活污水治理设施运行维护管理的意见》	浙江省人民政府办公厅	浙政办发〔2015〕86号	环境财政政策
450		《关于印发〈浙江省排污权指标基本账户核算与登记试行规定〉的通知》	浙江省环境保护厅	2015年8月13日	排污交易政策